①リュウキュウヤマガメ (1b) とヤエヤマセマルハコガメ (1c) の雑種第一代と思われるカメ (1a)（写真提供：菅原隆博、環境省西表島野生生物保護施設、太田英利。第15章参照）

②ニホンスッポン　特有の遺伝組成をもつ日本本土在来のニホンスッポンは、外来集団による生息の圧迫や遺伝的撹乱が懸念されるが、現状の詳細については情報不足である。（写真提供：松井正文。第15章参照）

カメ目

④ミシシッピアカミミガメ　国外外来生物ミシシッピアカミミガメは、日本各地に定着し、在来種と生態系に大きな悪影響を及ぼしている。（写真提供：松井正文。第1章参照）

③ニホンイシガメ (3a) とクサガメ (3b)　日本固有種ニホンイシガメは、クサガメとの交雑、ミシシッピアカミミガメによる生息の圧迫、人による採集圧などもあって希少となりつつある。クサガメは江戸期ないしそれ以前の古い外来種と推定されている。（写真提供：松井正文、田邊真吾。第5章、第15章参照）

①探索姿勢を示すサキシマキノボリトカゲの雄（写真提供：田中　聡。第3章参照）

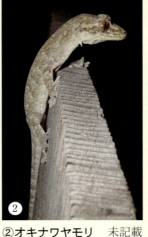

②オキナワヤモリ　未記載種オキナワヤモリはミナミヤモリの隠蔽種である。（写真提供：戸田　守。第14章、第15章参照）

トカゲ亜目

③オカダトカゲ青ヶ島（3a）とオカダトカゲ伊豆半島（3b）　伊豆諸島（青ヶ島産）から知られていたオカダトカゲは伊豆半島にも分布することがわかった。（写真提供：疋田　努、関　慎太郎。第7章参照）

④中琉球の代表的なカナヘビであるアオカナヘビ（写真提供：竹中　踐。第4章参照）

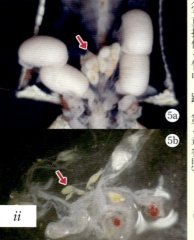

⑤ニホンカナヘビ卵巣（5a）とミナミヤモリ卵巣（5b）　卵巣内に残存する白体（矢印）は過去の産卵数を示す。（写真提供：竹中　踐。第4章参照）

⑥レッドリストで絶滅危惧Ⅱ類とされるクロイワトカゲモドキ（写真提供：菅原隆博。第15章参照）

⑦北・中琉球産のヘリグロヒメトカゲは、スベトカゲ類の中で最初に分岐した独立の系列とされる（写真提供：菅原隆博。第13章参照）

ヘビ亜目

① ヘビ類の代表的な模様。1a：縦縞（シマヘビ）、1b：横縞（アオマダラウミヘビ）、1c：不規則な大斑紋（ニホンマムシ）、1d：単一で地味な色（ジムグリ）（写真提供：沼田英治、森 哲。第6章参照）

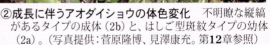

② 成長に伴うアオダイショウの体色変化　不明瞭な縦縞があるタイプの成体（2b）と、はしご型斑紋タイプの幼体（2a）。（写真提供：菅原隆博、見澤康充。第12章参照）

③ 雑種起源の3倍体単為生殖種と考えられるブラーミニメクラヘビ（写真提供：関 慎太郎。第9章参照）

④ 沖縄県久米島だけに分布する絶滅危惧IA類のキクザトサワヘビ（写真提供：佐藤文保。第15章参照）

⑤ ハブの毒牙（5a）とピット器官（5b、矢印）（写真提供：西村昌彦。第18章参照）

iii

②プロガノケリスの復元組立骨格（アメリカ自然史博物館の展示）

①オドントケリス（中国科学院古脊椎動物与古人類研究所所蔵）

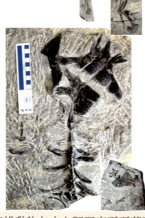

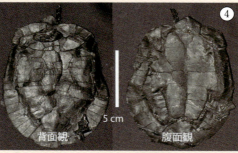

③メイオラニア（*Meiolania*）の復元組立骨格（アメリカ自然史博物館の展示）

④シンチャンケリス科の属種未定の完全骨格（国立科学博物館所蔵の標本）

⑤最古のウミガメ類、サンタナケリス（*Santanachelys*）（早稲田大学所蔵の標本）

化石爬虫類

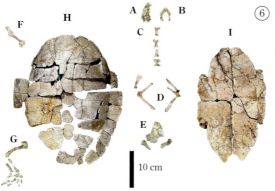

⑥ニホンハナガメ（*Ocadia nipponica*）
A：頭骨、B：下顎、C：頚椎、D：肩帯、E：腰帯、F：左上腕骨、G：左後肢、H：背甲、I：腹甲。腹甲（腹面観）以外はいずれも背面観（千葉県立中央博物館所蔵の模式標本）

⑦フクイラプトル（*Fukuiraptor*）の復元組立骨格（福井県立恐竜博物館の展示）

⑧フタバサウルス（*Futabasaurus*）の復元組立骨格（いわき市石炭化石館の展示）

iv

これからの爬虫類学

京都大学名誉教授
松井正文 編

裳華房

The Directions in Herpetology

edited by

Masafumi MATSUI, Dr. Sci.

SHOKABO

TOKYO

目　次

第Ⅰ編　爬虫類学の現状

1章　爬虫類学と日本における研究史　［松井正文］

- 1-1　はじめに －爬虫類学とは－ …………………………………… 2
- 1-2　爬虫類とは …………………………………………………………… 2
  - 1-2-1　爬虫類の特徴 ……………………………………………… 2
  - 1-2-2　爬虫類の系統と分類 ……………………………………… 4
  - 1-2-3　日本の爬虫類相 …………………………………………… 4
- 1-3　日本における爬虫類研究の歴史 ………………………………… 9
- 1-4　おわりに …………………………………………………………… 13

第Ⅱ編　爬虫類の生態と行動

2章　爬虫類の生態学の最前線　［竹中　践］

- 2-1　爬虫類の特徴から生じる生態学的基本問題 …………………… 16
- 2-2　爬虫類の特徴と行動生態学 ……………………………………… 17
- 2-3　食性と種間関係 …………………………………………………… 19
- 2-4　生活史に関わる要因 ……………………………………………… 22
- 2-5　爬虫類の生態学研究の新たな傾向 ……………………………… 23

3章　キノボリトカゲの生態・行動 －体サイズの性的二型を中心に－
　　　　　　　　　　　　　　　　　　　　　　　　　　　［田中　聡］

- 3-1　はじめに …………………………………………………………… 27
- 3-2　体サイズの性的二型の確認 ……………………………………… 28
- 3-3　採餌行動と餌利用 －食物をめぐる種間競争仮説の検討－ …… 30
- 3-4　雄と雌の繁殖成功度の比較 －性選択仮説の検討－ ………… 34

4章　カナヘビ類の繁殖生態　［竹中　践］

- 4-1　トカゲ類、カナヘビ類の繁殖生態学とは ……………………… 38
- 4-2　トカゲ類の繁殖生態学の変遷 …………………………………… 40
- 4-3　カナヘビ類の繁殖生態 …………………………………………… 42

目　　次

  4-4 カナヘビ類の繁殖生態学の今後の展望 ……………………………… *47*

5 章　日本産イシガメ科カメ類の生態　［安川雄一郎］

 5-1 はじめに ………………………………………………………………… *50*
 5-2 日本産イシガメ科カメ類とその生態学的研究 ……………………… *51*
  5-2-1 生息環境と季節的移動　……………………………*53*
  5-2-2 個体群構成と成長　…………………………………*55*
  5-2-3 繁　　殖　……………………………………………*57*
  5-2-4 食　　性　……………………………………………*58*
 5-3 おわりに ………………………………………………………………… *60*

6 章　ヘビ類の行動　［森　　哲］

 6-1 行動の研究方法 ………………………………………………………… *61*
  6-1-1 観　　察　……………………………………………*61*
  6-1-2 研究の手順　…………………………………………*62*
 6-2 主立った行動とその研究例 …………………………………………… *63*
  6-2-1 体温調節行動　………………………………………*63*
  6-2-2 対捕食者行動　………………………………………*64*
  6-2-3 社会行動　……………………………………………*66*
  6-2-4 採餌行動　……………………………………………*69*
 6-3 ヘビの行動学はこれから ……………………………………………… *71*

7 章　島嶼の爬虫類 −伊豆諸島のオカダトカゲ−　［疋田　努］

 7-1 はじめに ………………………………………………………………… *72*
 7-2 オカダトカゲの分類史 ………………………………………………… *72*
 7-3 伊豆諸島の生物地理仮説 ……………………………………………… *74*
  7-3-1 古伊豆半島説と海上分散説　………………………*74*
  7-3-2 伊豆半島の衝突と伊豆諸島地域の古地理　………*75*
 7-4 オカダトカゲ …………………………………………………………… *75*
  7-4-1 オカダトカゲの種分化とその時期　………………*75*
  7-4-2 オカダトカゲの種内の分化　………………………*77*
  7-4-3 オカダトカゲの体色の変異　………………………*77*
  7-4-4 オカダトカゲの捕食者　……………………………*78*
  7-4-5 生活史特性の地理的変異　…………………………*79*
  7-4-6 オカダトカゲの鱗の形質の変異　…………………*81*
 7-5 伊豆諸島・伊豆半島の爬虫類相 ……………………………………… *82*
 7-6 おわりに ………………………………………………………………… *84*

8章　爬虫類の寄生虫学　［長谷川英男］

- 8-1　はじめに ··· 85
- 8-2　宿主特異性はあるか ··· 89
- 8-3　特異な生活環を有する寄生虫 ································ 89
  - 8-3-1　哺乳類を中間宿主とする線虫 ·················· 89
  - 8-3-2　超早熟の寄生虫 ······························· 90
  - 8-3-3　世代交代をする寄生線虫 ······················· 91
- 8-4　多型性を示す寄生虫 ··· 93
- 8-5　陸生爬虫類寄生虫の動物地理学 ······························ 94
- 8-6　おわりに ··· 96

第Ⅲ編　爬虫類の遺伝と系統分類

9章　単為発生の爬虫類　［太田英利］

- 9-1　単為発生とは ·· 100
- 9-2　絶対的単為生殖をする爬虫類の特徴 ························ 102
- 9-3　絶対的単為生殖をする爬虫類の起源と進化 ·················· 103
- 9-4　日本の絶対的単為生殖爬虫類 ······························· 106
  - 9-4-1　オガサワラヤモリ（*Lepidodactylus lugubris*） ············ 106
  - 9-4-2　キノボリヤモリ（*Hemiphyllodactylus typus*） ······ 111
  - 9-4-3　ブラーミニメクラヘビ（*Indotyphlops braminus*） ······ 112
- 9-5　近年相次ぐ、爬虫類における条件的単為生殖の事例 ············ 113

10章　イシガメ科の系統分類　［安川雄一郎］

- 10-1　はじめに ·· 115
- 10-2　リクガメ上科4科の系統関係 ································ 117
- 10-3　イシガメ科内の系統関係 ···································· 120

11章　カメ類などの化石爬虫類　［平山　廉］

- 11-1　日本産の化石爬虫類について ······························· 124
- 11-2　カメ類 ·· 124
- 11-3　恐竜類 ·· 130
- 11-4　その他の爬虫類 ··· 132
- 11-5　おわりに：羽毛恐竜の発見など ····························· 133

目　次

12章　日本産ヘビ類の分類　［鳥羽通久］

　12-1　はじめに ·· 134
　12-2　日本列島主要部のヘビ類 ······································· 134
　　　12-2-1　ヤマカガシ（*Rhabdophis tigrinus*）············· 134
　　　12-2-2　ヒバカリ（*Hebius vibakari vibakari*） ········· 137
　　　12-2-3　ナメラ属（*Elaphe*）···································· 138
　　　12-2-4　ジムグリ属（*Euprepiophis*） ······················ 139
　　　12-2-5　マダラヘビ属（*Dinodon*）·························· 140
　　　12-2-6　タカチホヘビ（*Achalinus spinalis*）··········· 141
　　　12-2-7　マムシ属（*Gloydius*） ································ 141
　12-3　南西諸島のヘビ類 ··· 143
　12-4　ウミヘビ類 ·· 144

13章　爬虫類の分子系統学　［本多正尚］

　13-1　なぜ遺伝子を分析するのか ·································· 145
　13-2　分子系統から何がわかるか ·································· 146
　　　13-2-1　スベトカゲ亜科とは ···································· 146
　　　13-2-2　形態学・核学・免疫学からわかったこと ···· 146
　　　13-2-3　問題はどこにあるか ···································· 149
　　　13-2-4　マブヤトカゲグループの分化 ····················· 150
　　　13-2-5　スベトカゲ亜科の系統関係 ························ 152
　13-3　「これから」の爬虫類分子系統学 ························ 153

14章　琉球列島における陸生爬虫類の種分化　［戸田　守］

　14-1　はじめに ·· 156
　14-2　複数の系統群に共通する種分化パターンと地理的分断 ······ 157
　14-3　琉球列島の島々の隔離と種分化 －爬虫類相の類似度に基づく議論－ 158
　14-4　爬虫類相の類似度に基づく古地理推定の問題点 ··············· 161
　14-5　種や集団間の分化の古さを調べる －分子情報を用いた
　　　　系統地理解析の有用性－ ··· 162
　14-6　系統地理学解析の実践に向けて ·························· 164
　14-7　系統地理情報に基づく古地理推定の理論的基盤 ······· 165
　14-8　古地理の推定から種分化学へ －外的要因の特定の先にあるもの－ 167
　14-9　系統地理解析の基盤としての分類学の重要性 ············ 171
　14-10　おわりに·· 172

第IV編　爬虫類の保全・飼育・防除

15章　爬虫類の保全　［太田英利・当山昌直］

- **15-1**　はじめに ……………………………………………………… 174
- **15-2**　レッドデータブックの改訂 ………………………………… 175
  - 15-2-1　レッドリスト、レッドデータブックとは …………… 175
  - 15-2-2　1991年版レッドデータブックの内容は
    2000年版でどう変わったか ……………………… 177
  - 15-2-3　1991年版レッドデータブックの内容は
    2000年版でなぜ変わったか ……………………… 180
- **15-3**　最新版（2014年版）のレッドデータブックの内容と今後の課題　183

16章　ウミガメ類の研究の現状と保全　［亀崎直樹］

- **16-1**　はじめに ……………………………………………………… 188
- **16-2**　分類・系統 …………………………………………………… 189
- **16-3**　発生、とくに温度依存性決定について …………………… 191
- **16-4**　行動・生態 …………………………………………………… 192
- **16-5**　日本近海のウミガメ類の現状 ……………………………… 195
  - 16-5-1　アカウミガメ …………………………………………… 195
  - 16-5-2　アオウミガメ …………………………………………… 196
  - 16-5-3　タイマイ ………………………………………………… 197
  - 16-5-4　その他 …………………………………………………… 198
- **16-6**　ウミガメ類の保護 …………………………………………… 198

17章　爬虫類の飼育と繁殖　［千石正一］

- **17-1**　はじめに ……………………………………………………… 200
  - 17-1-1　飼育とはどういうことか ……………………………… 200
  - 17-1-2　なぜ飼うのか …………………………………………… 201
- **17-2**　爬虫類の飼育をめぐる問題 ………………………………… 202
  - 17-2-1　飼育の目的と展開 ……………………………………… 202
  - 17-2-2　研究者と飼育者 ………………………………………… 203
  - 17-2-3　希少種に強い圧力 ……………………………………… 204
  - 17-2-4　日本の爬虫類輸入の実態 ……………………………… 206
  - 17-2-5　外来化の要因 …………………………………………… 208
- **17-3**　保全のための飼育 …………………………………………… 209
  - 17-3-1　域外保全 ………………………………………………… 209
  - 17-3-2　ワニの保全と利用 ……………………………………… 211

目　次

  17-4　爬虫類飼育の未来 ………………………………………………… *212*
   17-4-1　公共的な飼育 …………………………………………… *212*
   17-4-2　私的飼育の姿勢 ………………………………………… *213*

18 章　ハブの生態と防除　［西村昌彦］

  18-1　はじめに ……………………………………………………………… *215*
  18-2　ハブの概説と被害 ………………………………………………… *216*
  18-3　ハブ対策とその研究の現状 ……………………………………… *218*
   18-3-1　ハブ対策の道具 ………………………………………… *218*
   18-3-2　研究段階の道具 ………………………………………… *219*
  18-4　研究面でのハブゆえの利点 ……………………………………… *220*
   18-4-1　ハブ自体の資料 ………………………………………… *220*
   18-4-2　咬症と目撃の資料 ……………………………………… *223*
  18-5　研究面での困難さや課題 ………………………………………… *224*
  18-6　ハブ対策の進展のために ………………………………………… *226*

第 V 編　爬虫類学の未来

19 章　爬虫類学の現状と将来に向けて　［松井正文］

  19-1　日本の爬虫類研究の現状 ………………………………………… *228*
   19-1-1　日本における爬虫類研究の現状 …………………… *228*
   19-1-2　日本爬虫両棲類学会和文誌 ………………………… *228*
   19-1-3　日本爬虫両棲類学会英文誌 ………………………… *229*
   19-1-4　日本動物学会機関誌 …………………………………… *230*
  19-2　世界における爬虫類研究の現状と将来 ………………………… *232*
  19-3　爬虫類学の研究課題と将来の問題 ……………………………… *234*
  19-4　爬虫類学を始める人のために …………………………………… *236*
  19-5　本書の刊行の経緯についての断り書き ………………………… *237*

参考文献・引用文献一覧 …………………………………………………… *239*
生物名（和名）索引 ………………………………………………………… *255*
生物名（学名）索引 ………………………………………………………… *260*
事項索引 ……………………………………………………………………… *263*
執筆者紹介 …………………………………………………………………… *269*

本書を読むにあたって

1. 専門用語について

できる限り和訳した語を用いたが、原則的には各執筆者の意思を尊重し、同じことを意味する語句について、全体としての統一はとらなかった。

2. 生物名について

生物名はできる限り和名を用い、特定できる場合は各章の初出時に学名を付した。

3. 文献について

必要に応じて、本文中では引用先（文献の執筆者名と発表年）を明記した。文献のリストは、巻末に「参考文献・引用文献一覧」として、各章ごとに執筆者のアルファベット順に記した。

4. WWWサイトについて

本文中でWWWサイト（ウェブサイト）を引用・紹介している場合があるが、いずれもURLアドレスは2017年1月現在のものである。

5. 脚注について

読みやすさを考慮して、脚注は原則として使用せず、問題のある語句は（）内に説明や同義語などを補う形を優先したが、編集者・執筆者による補注が必要と思われた場合のみ、脚注を設けた。

第Ⅰ編
爬虫類学の現状

1章　爬虫類学と日本における研究史

1. 爬虫類学と日本における研究史

松井正文

1-1　はじめに －爬虫類学とは－

　爬虫類学（Herpetology）とはその名のとおり、爬虫類（Reptiles；爬虫綱 Class Reptilia）を扱う学問研究分野である。しかし、爬虫類学という名称はあまり一般的ではなく、爬虫類は両棲類とともに爬虫両棲類学（Herpetology：爬虫類学と同一名称）の一部として研究されるのがふつうである。

　実際には、爬虫類は両棲類とはまったく異質の動物群である（松井 1996）。爬虫類は、胚の発生に必要な水環境を卵の中に保持する羊膜（amnion）を獲得し、繁殖も含め、乾燥した環境での生活にほぼ完全に適応している。系統関係から見ると、爬虫類はその内部に鳥類・哺乳類をも含む異質の動物の集団で、それらとともに羊膜類（Amniota）という名称で一括されるべき動物である。にもかかわらず、爬虫類が両棲類と一緒に爬虫両棲類学という学問分野で扱われるのは、18世紀からの世界的伝統であり、採集場所や採集方法、標本作成法など、実際に研究を行う上で、両者に共通点が多いからであろう（松井 2005）。さらに、両者とも外温性の陸上脊椎動物であるという点で、共通の土俵で生態や行動、生理機能を研究できることも、理由として挙げられる。

　このように爬虫両棲類学という大枠のなかで、爬虫類学は爬虫類を対象として、その分類、生態、行動、生理、遺伝といった基礎生物学の諸分野を扱い、それに加えて医学、薬学、農学、工学、環境科学に及ぶ応用生物学の範疇をも扱う学問研究分野である。

1-2　爬虫類とは

1-2-1　爬虫類の特徴

　羊膜類は骨格の面からも、肩甲骨と烏口骨が別個に骨化し、翼状骨に翼状の膨らんだ部分をもち、間椎心が退化するなどの共通の特徴をもつが、系統関係

からは、初期爬虫類、獣型爬虫類・哺乳類、トカゲ類・ヘビ類・カメ類・ワニ類＋恐竜＋鳥類の3群に区分される（松井 2006）。しかし、現生種に限った場合には、爬虫類と鳥類・哺乳類の違いは明瞭な上、これらを別個に扱う分類方法は一般にもきわめて広く浸透しているため、本書でも爬虫類のみを一括して1つの綱として扱っておく。

　現生爬虫類のもつ特徴は次のようなものである（中村ら 1988）。体の表面は鱗となった角質層に覆われるのがふつうで、鳥類に見られる羽毛や、哺乳類に見られる体毛をもたない。皮膚が鱗に覆われたため、両棲類の皮膚に多く見られる腺組織は、ほとんどの種ではまったく失われている。両棲類と異なり、肺呼吸のみを行うのがふつうである。ただし、水生のヘビ類は皮膚呼吸するし、越冬中の淡水生カメ類などでは皮膚呼吸の割合は比較的高く、喉や総排出肛内の粘膜を通した特殊な呼吸も行う。また、胚発生後は、成長の初期段階でも鰓をもつものはない。現生種では両棲類同様、外（変）温性が普通である。心臓は両棲類と同じく2心房1心室がふつうだが、ワニ類では心室内の隔壁が良く発達し、ほぼ2心房2心室といえる状態となっている。腎臓は両棲類と異なり、鳥類、哺乳類と同じ後腎性である。

　両棲類の多くと異なって雄は陰茎をもち、交尾をするのが一般的である。卵は両棲類と異なり、上述のように鳥類、哺乳類と同じ羊膜性である。繁殖様式は卵生、胎生のいずれかで、卵は両棲類と違って卵殻をもつのがふつうである。脳神経は両棲類の11対と異なり、鳥類、哺乳類と同じ13対である。両棲類の一部に見られるような側線系をもつことはない。

　一部の種には二次口蓋が発達し、鼻腔後部にはヤコプソン器官（Jacobson's organ 鋤鼻器；第2章参照）が発達する。両棲類の側頭部にあって鼓膜が張っていた耳切痕は消失し、多くの群では側頭窓が開いている。後頭顆は底蝶形骨から形成され、対をなさない。脊柱の頸椎、胸腰椎、仙椎、尾椎への分化は両棲類より進んでいる。頭骨と脊柱の関節に第1頸椎だけが関与する両棲類とは異なり、鳥類、哺乳類と同じく第1頸椎は変形して環椎を形成し、その一部に癒着した第2頸椎も関節に関与する。

　仙椎は両棲類では1個だが、爬虫類では2個以上ある。尾椎には血道弓はなく、種によってシェブロン骨をもつ。基本的には前後肢とも5指性で、指式は2, 3, 4, 5, 3である。胸帯の烏口骨は前後の2部に分かれ、上鎖骨は細くなって肩甲骨の刃部に添う構造となっている。ただし、進化程度の高い種では退化消

失する。

1-2-2 爬虫類の系統と分類

爬虫類（綱）は石炭紀後期の間に初めて現れ、石炭紀の末にはすでに主要な数系統に分岐したが、これらの系統は眼窩の後ろにある空隙（側頭窓 temporal fenestra）の状態によって区別される。原始的な爬虫類は、頭骨要素の配列に古生代の両棲類と共通するパターンを保持しており、頭骨は顎外転筋の入る室の上側に頑丈な天井をもち、側頭窓は生じていない。無弓型と呼ばれるこの様式は初期爬虫類に特徴的である（無弓亜綱 Anapsida）。カメ類も無弓型であるが、これは二次的に側頭窓を失ったためと解釈される。獣型爬虫類とその子孫である哺乳類は頬部下方に側頭窓が開き、その下縁をなす弓状の構造（側頭弓）が1つなので単弓型と呼ばれる（単弓亜綱 Synapsida）。この側頭窓は後眼窩骨、頬骨、鱗状骨で囲まれている。

一方、カメ類以外のすべての現生爬虫類と鳥類は、上下2つの側頭窓をもつ双弓型ないし、その変形状態を示す（双弓亜綱 Diapsida）。上側頭窓は後眼窩骨、鱗状骨、頭頂骨で囲まれ、下側頭窓は単弓型の側頭窓に相当する。このパターンの変形と思われるのが、上側頭窓のみをもち、頭骨下縁との間の弓状部が広い広弓型で、化石海生爬虫類に見られる（松井 2006）。無弓型状態を示すカメ類は、他の種々の証拠から双弓亜綱に属すると考えられるため、やはり双弓型の変形とみなされている。

現生の爬虫類は10,272種以上から成り（The Reptile Database、2016年8月26日による）、すべてが双弓亜綱に含まれる。ムカシトカゲ目（Sphenodontia 1種）、有鱗目（Squamata 9,905種）、ワニ目（Crocodylia 25種）、カメ目（Testudines 341種）の4目に大別されるが、有鱗目は最大の群でミミズトカゲ亜目（Amphisbaenia 193種）、トカゲ亜目（Sauria 6,145種）、ヘビ亜目（Serpentes 3,567種）を含む。

1-2-3 日本の爬虫類相

本書に登場する爬虫類の主体は日本産の種であるから、ここで日本産の爬虫類相の特徴を概観しておこう（表1-1）。この表に見られるように、外来種を含めると、日本からは現在トカゲ亜目6科16属41種・5亜種、ヘビ亜目6科19属41種・6亜種、カメ目6科11属14種・1亜種の合計18科46属96種・

1. 爬虫類学と日本における研究史（松井正文）

表 1-1　日本産の爬虫類相

カメ目　Testudines
 ウミガメ科　Cheloniidae
  アオウミガメ　*Chelonia mydas mydas*
  クロウミガメ　*Chelonia mydas agassizii*
  アカウミガメ　*Caretta caretta*
  タイマイ　*Eretmochelys imbricata*
  ヒメウミガメ　*Lepidochelys olivacea*
 オサガメ科　Dermochelyidae
  オサガメ　*Dermochelys coriacea*
 イシガメ科　Geoemydidae
  クサガメ　*Mauremys reevesii*
  ニホンイシガメ　*Mauremys japonica*
  ミナミイシガメ　*Mauremys mutica mutica*
  ヤエヤマイシガメ　*Mauremys mutica kami*
  ヤエヤマセマルハコガメ　*Cuora flavomarginata evelynae*
  リュウキュウヤマガメ　*Geoemyda japonica*
 ヌマガメ科　Emydidae
  ミシシッピアカミミガメ　*Trachemys scripta elegans*
 カミツキガメ科　Chelydridae
  カミツキガメ　*Chelydra serpentina*
 スッポン科　Trionychidae
  ニホンスッポン　*Pelodiscus sinensis*

有鱗目　Squamata
 トカゲ亜目　Lacertilia
  トカゲモドキ科　Eublepharidae
   オビトカゲモドキ　*Goniurosaurus splendens*
   イヘヤトカゲモドキ　*Goniurosaurus kuroiwae toyamai*
   クメトカゲモドキ　*Goniurosaurus kuroiwae yamashinae*
   クロイワトカゲモドキ　*Goniurosaurus kuroiwae kuroiwae*
   マダラトカゲモドキ　*Goniurosaurus kuroiwae orientalis*
  ヤモリ科　Gekkonidae
   オガサワラヤモリ　*Lepidodactylus lugubris*
   キノボリヤモリ　*Hemiphyllodactylus typus typus*
   ミナミトリシマヤモリ　*Perochirus ateles*
   タシロヤモリ　*Hemidactylus bowringii*
   ホオグロヤモリ　*Hemidactylus frenatus*
   オンナダケヤモリ　*Gehyra mutilata*
   アマミヤモリ　*Gekko vertebralis*
   オキナワヤモリ　*Gekko* sp.
   タカラヤモリ　*Gekko shibatai*
   タワヤモリ　*Gekko tawaensis*
   ニシヤモリ　*Gekko* sp.
   ニホンヤモリ　*Gekko japonicus*
   ミナミヤモリ　*Gekko hokouensis*

表 1-1 （続き）

         ヤクヤモリ　*Gekko yakuensis*
  アガマ科　**Agamidae**
         オキナワキノボリトカゲ　*Japalura polygonata polygonata*
         サキシマキノボリトカゲ　*Japalura polygonata ishigakiensis*
         ヨナグニキノボリトカゲ　*Japalura polygonata donan*
         スウィンホーキノボリトカゲ　*Japalura swinhonis*
  イグアナ科　**Iguanidae**
         グリーンアノール　*Anolis carolinensis*
         グリーンイグアナ　*Iguana iguana*
  トカゲ科　**Scincidae**
         オガサワラトカゲ　*Cryptoblepharus nigropunctatus*
         サキシマスベトカゲ　*Scincella boettgeri*
         ツシマスベトカゲ　*Scincella vandenburghi*
         アオスジトカゲ　*Plestiodon elegans*
         イシガキトカゲ　*Plestiodon stimpsoni*
         オオシマトカゲ　*Plestiodon oshimensis*
         オカダトカゲ　*Plestiodon latiscutatus*
         オキナワトカゲ　*Plestiodon marginatus*
         キシノウエトカゲ　*Plestiodon kishinouyei*
         クチノシマトカゲ　*Plestiodon kuchinoshimensis*
         ニホントカゲ　*Plestiodon japonicus*
         バーバートカゲ　*Plestiodon barbouri*
         ヒガシニホントカゲ　*Plestiodon finitimus*
         ヘリグロヒメトカゲ　*Ateuchosaurus pellopleurus*
         ミヤコトカゲ　*Emoia atrocostata atrocostata*
  カナヘビ科　**Lacertidae**
         アオカナヘビ　*Takydromus smaragdinus*
         アムールカナヘビ　*Takydromus amurensis*
         サキシマカナヘビ　*Takydromus dorsalis*
         ニホンカナヘビ　*Takydromus tachydromoides*
         ミヤコカナヘビ　*Takydromus toyamai*
         コモチカナヘビ　*Zootoca vivipara*
ヘビ亜目　**Serpentes**
  メクラヘビ科　**Typhlopidae**
         ブラーミニメクラヘビ　*Indotyphlops braminus*
  セダカヘビ科　**Pareatidae**
         イワサキセダカヘビ　*Pareas iwasakii*
  タカチホヘビ科　**Xenodermatidae**
         アマミタカチホヘビ　*Achalinus werneri*
         ヤエヤマタカチホヘビ　*Achalinus formosanus chigirai*
         タカチホヘビ　*Achalinus spinalis*
  ナミヘビ科　**Colubridae**
         サキシマアオヘビ　*Cyclophiops herminae*
         リュウキュウアオヘビ　*Cyclophiops semicarinatus*
         サキシマバイカダ　*Lycodon ruhstrati multifasciatus*

表 1-1 （続き）

  キクザトサワヘビ *Opisthotropis kikuzatoi*
  ジムグリ *Euprepiophis conspicillatus*
  アオダイショウ *Elaphe climacophora*
  シマヘビ *Elaphe quadrivirgata*
  サキシマスジオ *Elaphe taeniura schmackeri*
  タイワンスジオ *Elaphe taeniura friesi*
  シュウダ *Elaphe carinata carinata*
  ヨナグニシュウダ *Elaphe carinata yonaguniensis*
  ガラスヒバァ *Hebius pryeri*
  ダンジョヒバカリ *Hebius vibakari danjoensis*
  ヒバカリ *Hebius vibakari vibakari*
  ミヤコヒバァ *Hebius concelarus*
  ヤエヤマヒバァ *Hebius ishigakiensis*
  ミヤラヒメヘビ *Calamaria pavimentata miyarai*
  ミヤコヒメヘビ *Calamaria pfefferi*
  アカマタ *Dinodon semicarinatum*
  アカマダラ *Dinodon rufozonatum rufozonatum*
  サキシママダラ *Dinodon rufozonatum walli*
  シロマダラ *Dinodon orientale*
  ヤマカガシ *Rhabdophis tigrinus*
 コブラ科 **Elapidae**
  コブラ亜科 **Elapinae**
   クメジマハイ *Sinomicrurus japonicus takarai*
   ハイ *Sinomicrurus japonicus boettgeri*
   ヒャン *Sinomicrurus japonicus japonicus*
   イワサキワモンベニヘビ *Sinomicrurus macclellandi iwasakii*
  ウミヘビ亜科 **Hydrophiinae**
   クロガシラウミヘビ *Hydrophis melanocephalus*
   クロボシウミヘビ *Hydrophis ornatus maresinensis*
   マダラウミヘビ *Hydrophis cyanocinctus*
   アオマダラウミヘビ *Laticauda colubrina*
   エラブウミヘビ *Laticauda semifasciata*
   ヒロオウミヘビ *Laticauda laticaudata*
   イイジマウミヘビ *Emydocephalus ijimae*
   セグロウミヘビ *Pelamis platura*
 クサリヘビ科 **Viperidae**
  マムシ亜科 **Crotalinae**
   サキシマハブ *Protobothrops elegans*
   タイワンハブ *Protobothrops mucrosquamatus*
   トカラハブ *Protobothrops tokarensis*
   ハブ *Protobothrops flavoviridis*
   ツシママムシ *Gloydius tsushimaensis*
   ニホンマムシ *Gloydius blomhoffii*
   ヒメハブ *Ovophis okinavensis*

12亜種が知られている（日本爬虫両棲類学会ウェブサイトの日本産爬虫両棲類標準和名リストによる。未記載種を含む）。世界全体と比べるとこれらの種数は、トカゲ亜目0.7％、ヘビ亜目1.2％、カメ目4.1％で、総種数は0.9％にすぎない。しかし、合計96種・12亜種（108種類）の実に62％は、日本だけに見られる固有の種ないし亜種である。

　本土（北海道・本州・四国・九州とその属島）では、カメ類でニホンイシガメ1種、トカゲ類でオカダトカゲ、ニホントカゲ、ニホンカナヘビ、オガサワラトカゲ、タワヤモリ、ヤクヤモリ、ニシヤモリの7種、ヘビ類でアオダイショウ、シマヘビ、ジムグリ、シロマダラ、ヒバカリ、ダンジョヒバカリ、ヤマカガシ、ニホンマムシ、ツシママムシの9種・亜種、の総計17種・亜種がこの地域に分布する固有種・固有亜種となっている。

　一方、南西諸島では本土の3倍近い49種・亜種が固有である。カメ類ではヤエヤマイシガメ、ヤエヤマセマルハコガメ、リュウキュウヤマガメの3種・亜種、トカゲ類ではヤモリ属3種（タカラヤモリ、アマミヤモリ、オキナワヤモリ）、オビトカゲモドキおよびクロイワトカゲモドキの4亜種（クロイワトカゲモドキ、イヘヤトカゲモドキ、クメトカゲモドキ、マダラトカゲモドキ）、トカゲ属6種（クチノシマトカゲ、オオシマトカゲ、オキナワトカゲ、バーバートカゲ、イシガキトカゲ、キシノウエトカゲ）、ヘリグロヒメトカゲ、サキシマスベトカゲ、カナヘビ類3種（アオカナヘビ、ミヤコカナヘビ、サキシマカナヘビ）、オキナワキノボリトカゲの3亜種（オキナワキノボリトカゲ、サキシマキノボリトカゲ、ヨナグニキノボリトカゲ）の合計22種・亜種、ヘビ類ではサキシマスジオとヨナグニシュウダ、ミヤコヒメヘビとミヤラヒメヘビ、アマミタカチホヘビとヤエヤマタカチホヘビ、ヒバカリ属3種（ガラスヒバァ、ミヤコヒバァ、ヤエヤマヒバァ）、リュウキュウアオヘビとサキシマアオヘビ、キクザトサワヘビ、イワサキセダカヘビ、アカマタとサキシママダラ、サキシマバイカダ、イワサキワモンベニヘビ、ヒャンとハイの2亜種（ハイ、クメジマハイ）、ハブ属3種（ハブ、サキシマハブ、トカラハブ）、ヒメハブの合計24種・亜種が、この地域でしか見られない。

　残りの41種・亜種のうち、ウミガメ類6種、ウミヘビ類8種のすべてと、本土産のカメ類3種・亜種（クサガメ、ミナミイシガメ、ニホンスッポン）とトカゲ類6種（ニホンヤモリ、ヒガシニホントカゲ、アムールカナヘビ、ツシマスベトカゲ、コモチカナヘビ、ミナミトリシマヤモリ）、南西諸島産のトカ

ゲ類6種・亜種（タシロヤモリ、オンナダケヤモリ、キノボリヤモリ、ミナミヤモリ、アオスジトカゲ、ミヤコトカゲ）、ヘビ類2種・亜種（ブラーミニメクラヘビ、シュウダ）、両地域にまたがるトカゲ類2種・ヘビ類1種・亜種（ホオグロヤモリ、オガサワラヤモリ、アカマダラ）の合計34種・亜種は国外にも分布する。すでに定着している国外外来生物は、ミシシッピアカミミガメ、カミツキガメ、グリーンアノール、グリーンイグアナ、スウィンホーキノボリトカゲ、タイワンスジオ、タイワンハブの合計7種・亜種である。

　固有種・亜種の内容から明らかなように、本土（北海道・本州・四国・九州）とその属島に分布する種類と、南西諸島に分布する種類は大きく異なる。本土に固有のヘビ類には朝鮮半島ないし中国大陸に近縁種がいるし、本土産のクサガメ、ミナミイシガメ、ニホンスッポン、ニホンヤモリ、ヒガシニホントカゲ、アムールカナヘビ、ツシマスベトカゲ、コモチカナヘビもその地域に分布しているので、生物地理学的には、本土産の爬虫類の多くは旧北区系要素に属する。

　一方、南西諸島産の固有種・亜種には、トカゲモドキ類やキクザトサワヘビのように、台湾には近縁種をもたないものもあるが、近縁種・亜種を台湾と大陸にもつものが圧倒的に多い。非固有種・亜種でもタシロヤモリ、ミナミヤモリ、アオスジトカゲ、シュウダ、アカマダラは台湾、大陸にも分布する。これらは東洋区系要素とみなせるものである。他方、オンナダケヤモリ、キノボリヤモリ、ホオグロヤモリ、オガサワラヤモリ、ミヤコトカゲ、ブラーミニメクラヘビは東南アジア以外の地域にも広範に分布しており、人為分布と考えられるものが多い。

　旧北区系要素（本土）と東洋区系要素（南西諸島）との境界は、両棲類の場合（松井 2005）と同様に、およそトカラ海峡に位置する（第**14**章参照）。

1-3　日本における爬虫類研究の歴史

　他の動植物と同様に、日本の爬虫類は古く1606年の『本草綱目』に登場するが、それより200年以上後の『重修本草綱目啓蒙』（1844年）においてさえ、研究と呼べる段階のものはなかった（中村 1988）。ただし、これら江戸時代の古典を詳細に読み解くことによって、クサガメやニホンヤモリの由来を推定する研究が最近なされ、明治期以前の外来種について議論がなされるようになった（疋田・鈴木 2010）。

第 I 編　爬虫類学の現状

　他の動植物の場合と同様に、日本の爬虫類研究は外国人による分類学的研究から始まった。日本産の爬虫類のなかでもっとも古い学名をもつのは、汎世界的な分布をするウミガメ類で、アオウミガメとアカウミガメはリンネ（von Linné, C.）によって、1758 年に命名された（第 16 章参照）。

　日本の固有種に学名がついたのはヘビ類が古く、ボイエ（Boie, H.）によって 1826 年にアオダイショウ、シマヘビ、ジムグリ、ヒバカリ、ヤマカガシ、ニホンマムシが記載された。シーボルト（de Siebold, P. F.）の編で有名な『日本動物誌』（"Fauna Japonica"）には、第 1 分冊（1834）にカメ類、第 2 分冊（1836）にヘビ類、第 3 分冊（1838）にトカゲ類が収録されているが、現在通用する種小名はテミンク（Temminck, C. J.）とシュレーゲル（Schlegel, H.）によるニホンイシガメと、シュレーゲルによるニホンカナヘビにすぎない。琉球列島産の種がまとめて記載されたのは 1861 年のハロウエル（Hallowell, E.）の論文で、オキナワキノボリトカゲ、オガサワラトカゲ、オキナワトカゲ、ヘリグロヒメトカゲ、リュウキュウアオヘビ、ハブに学名がつき、オカダトカゲの学名も彼による。1907 年に『日本とその周辺の爬虫両棲類』（"Herpetology of Japan and adjacent territory"）を著し、日本の爬虫両棲類学の基礎を築いたスタイネガー（Stejneger, L.）は 1898 年から 1907 年にかけて、イイジマウミヘビ、キシノウエトカゲ、ミヤコヒメヘビ、サキシマカナヘビ、サキシママダラを記載している。スタイネガーの協力者であり、ナミエガエルにその名を留めている波江元吉は、1912 年に日本人として初めてクロイワトカゲモドキを記載した。同じ年にはトンプソン（Thompson, J. C.）とファンデンブルグ（Van Denburgh, J.）が、悪名高い琉球列島産の命名競争を行い、サキシマキノボリトカゲ、サキシマスベトカゲ、イシガキトカゲ、オオシマトカゲ、バーバートカゲ、アマミタカチホヘビの記載を行っている。この顛末については中村・上野（1963）に詳しい。1920 年代に入って、ようやく日本人による研究が本格化し、1928 年には永井龜彦がトカラハブを記載し、1930 年代に入ると Maki（牧茂市郎）がマダラトカゲモドキ、サキシマバイカダ、イワサキワモンベニヘビ、イワサキセダカヘビを、Okada（岡田彌一郎）がクメトカゲモドキを記載した。各分類群の総説的研究はヘビ類で進行し、高橋精一による 1922 年の毒蛇と、1930 年の陸生ヘビ、1931 年の牧による全種の総説が有名である。

　他方、トカゲ類については、ヘビ類に匹敵するような全種を集めた図録的なものはなく、Okada によってヤモリ科（1936 年）、アガマ科（1937 年）、トカ

ゲ科（1939年）がまとめられただけである。また、カメ類についての報告の端緒は1899年に遡るものの、1932年、1935年に高島春雄によって概説が発表されたにすぎない。なお、1930年代は生物地理学的研究の最盛期であったが、爬虫類でも黒田長禮（1931）による渡瀬線、Okada（1933）によるトカゲとカエルの平行分布、半澤正四郎（1935）による琉球産毒蛇分布と地史などの研究がなされた。

　戦後の1950〜1960年代の分類学的研究には、Okadaによるタワヤモリ、岡田と高良鉄夫によるキクザトアオヘビ（その後キクザトサワヘビに改称：Toyama 1983）、Nakamura（中村健児）とUéno（上野俊一）によるオビトカゲモドキの記載があり、琉球列島のヘビ類を勢力的に研究し、総括した高良はヨナグニシュウダとミヤラヒメヘビをも記載した。そして、中村・上野（1963）による『原色日本両生爬虫類図鑑』の発行によって、その後の爬虫類研究、とくに分類や生態研究は大きく促進された。その後、1968年にMatsui（松井孝爾）とOkadaがヤクヤモリを記載した後は20年近い空白があったが、1986年のToriba（鳥羽通久、第12章参照）によるダンジョヒバカリの記載以降、ヘビ類とトカゲ類について次々と記載が始まり、分子系統学的研究の成果も取り入れられて日本産の約1/4近くがこの30年の間に命名された。しかし、2種のヤモリ（ニシヤモリ、オキナワヤモリ）は10年以上前から認知されているものの、未記載のまま残されている。

　一方、こうした分類学的研究と並行し、1880年代には日本人による他分野の研究が始まった（表1-2）。この時代には日本各地の爬虫類相、奇形の報告が開始されたが、早くから研究が行われた分野に毒蛇とその毒に関するものがある。1896年のハブ毒に始まり、コブラやマムシについて、毒の薬理、生化学、毒腺の形態、咬症治療に加え、移入されたマングースのハブ毒への耐性など多くの研究が1930年代までになされ、かの野口英世も論文を発表している（Noguchi 1909）。その後も毒蛇関連の研究は日本の爬虫類研究の中で重要な部分を占めている（第18章参照）。発生学研究も、古くは1887年から1897年にかけてMitsukuri（箕作佳吉）によってカメ類胚についてなされ、その後Inukai（犬飼哲夫）によるコモチカナヘビ胚に続き、1939年までにメクラヘビやマムシの頭骨、イシガメの骨盤、爬虫類の皮膚腺の発生が報告され、さらには爬虫類胚発生に伴う化学成分の変化も調べられた。形態・解剖に関しては1907年から1914年にかけて、イシガメとスッポンに関する報告がなさ

表 1-2 分類学関係を除く戦前の爬虫類学研究の例

年	著者	内容
1887〜97	箕作佳吉	カメの発生
1891	梅村甚太郎	ウミガメの産卵
1896	三浦守治	ハブの毒
1897〜1913	波江元吉	各地の記録、目録
1907	石塚洋一	ハブの毒
1909	武田 直	カメの解剖
1909	野口英世	ヘビの毒
1911〜14	大串菊太郎	スッポンの解剖
1917	浜田徳治	鹿児島産のメクラヘビ
1927	犬飼哲夫	コモチカナヘビの胚発生
1927〜37	中村健児	爬虫類の染色体
1930	犬飼哲夫	カナヘビの繁殖習性
1931	黒田長禮	脊椎動物から見た渡瀬線
1934	犬飼哲夫	カナヘビ卵の細胞分裂
1934	細谷省吾	ヘビ毒の溶血作用
1934〜37	小熊 桿	カメ、トカゲの性染色体
1935	半澤正四郎	琉球産毒蛇の分布と地史
1935〜41	竹脇 潔	ヘビ、トカゲへの性巣、下垂体除去の影響
1937〜43	山口佐仲	スッポンなどの寄生虫
1940	青田重忠	メクラヘビ感覚器官と組織
1940	大泉修一郎	無毒蛇の左肺と左気管

れ、その後、1940年までにカナヘビの頭頂眼構造、カメの皮膚神経端末、シマヘビの消化管細胞、爬虫類の舌の味蕾分布などが研究されたが、その数は意外と少ない。また、染色体に関しては Nakamura（中村健児 1927〜1937）と、Oguma（小熊 桿 1934〜1937）らが主要な種について報告し、新たな手法を用いた戦後の研究の基礎をつくった。生理学の分野では、1929年から1942年にかけて、カメに対するインスリンの作用、カメのヘモグロビン結晶、ヘビとトカゲの性巣、下垂体除去の影響、性巣除去されたカナヘビ下垂体の季節変化などの研究が見られる。寄生虫に関する研究も1929年から1943年に行われているが、その対象はヘビ類とカメ類である（第 **8** 章も参照）。第二次大戦より後には、生理学や、形態学のなかでも細胞以下のような、個体より小さいレヴェルでの研究が多くなり、現在は分子レヴェルの研究が主流であることは周知の通りである（第 **19** 章参照）。

1. 爬虫類学と日本における研究史（松井正文）

図1-1　生涯にわたって日本本土産ヘビ類の生態・生活史を深く研究し、日本の爬虫類学の進展に貢献した深田 祝教授（1913〜2002）

現在、爬虫類についてもっとも活発に行われている生態学的研究に関しては、1891年から1940年までは、カメの産卵に始まり、カナヘビの食性・繁殖習性、シロマダラの生活史の知見、キノボリトカゲの繁殖習性といった報告があるだけで、それほど盛んではなかった。戦後、深田 祝（Fukada 1951〜1992）はおもに日本本土産ヘビ類の生態・生活史の研究をきわめて広範に行い、その集大成をなしたが、本土産のトカゲとカメ類や南西諸島産の爬虫類に関しての生態学的研究は下火であった。

1-4　おわりに

以上の話題は、筆者の専門から、系統分類学の紹介に偏ってしまったが、日本の爬虫類相と爬虫類研究に関する歴史は、およそ理解いただけたと思う。そして、日本における最新の爬虫類研究の現状を垣間見てもらうためには、何よりも以後に続く、本書の各章を読んでいただくのが一番であろう。

第Ⅱ編
爬虫類の生態と行動

2章　爬虫類の生態学の最前線
3章　キノボリトカゲの生態・行動
4章　カナヘビ類の繁殖生態
5章　日本産イシガメ科カメ類の生態
6章　ヘビ類の行動
7章　島嶼の爬虫類
8章　爬虫類の寄生虫学

2. 爬虫類の生態学の最前線

竹中　践

2-1　爬虫類の特徴から生じる生態学的基本問題

　爬虫類の生態学的特徴は、その生理学的特徴と深く関係している。爬虫類は基本的に陸生動物であり、変温（外温）動物である。卵殻に被われた羊膜卵を産むか胎生によって繁殖し、出生する子は親とほぼ同じ形態・機能をもち、自立生活する。また、成熟後も成長が継続し続けることも特徴の一つである。これらの特徴のなかには他の動物と共通するものもあるが、全体としては爬虫類独特のものである。

　変温動物は哺乳類と鳥類以外のすべての動物である。水生動物と違って陸生の変温動物は、日光浴による外温的体温調節を効率よく行って、短時間で気温よりもかなり高い体温に達することができる。陸上は環境内の温度分布の変化が大きいので、体温調節によって得られる高い体温と活動性の維持による利益は大きい。恒温動物である哺乳類や鳥類は、その活動性の高さと安定性を維持するために内温的体温調整、すなわち代謝による熱生産で高い体温を保つ。一日の代謝率（消費熱量）と体重の関係式の例（表2-1）を見くらべるとわかるように、恒温動物は爬虫類より一桁高い代謝エネルギーを消費する。そのエネルギーは食物から供給されるので、必要餌量もそれに応じて多く、また餌を獲

表2-1　脊椎動物各分類群の代謝率（kcal／日）、体重（kg）の関係（Schmidt-Nielsen 1984より）

分類群	代謝率
哺乳類（有胎盤類）	$73.3 \times$ 体重$^{0.74}$
哺乳類（有袋類）	$48.6 \times$ 体重$^{0.74}$
鳥類	$86.4 \times$ 体重$^{0.67}$
爬虫類（トカゲ類）	$7.8 \times$ 体重$^{0.83}$
爬虫類（ヘビ類）	$3.1 \times$ 体重$^{0.86}$

得するための能力としての知能も高い（Schmidt-Nielsen 1984）。哺乳類や鳥類の子は、その膨大な餌量を自力で確保することができないので、発育初期に親の給餌や哺乳が行われる。産後あるいは孵化後も継続する親子関係や雌雄協同の子育てなど、恒温動物では社会関係やコミュニケーション能力も複雑に発達している。

それに対して爬虫類は、必要代謝エネルギーが少ないので、高い採餌能力、子の世話や親子のコミュニケーションといったことを基本的に必要としない。一言でいえば、エネルギー節約型で、余分なことは行わない生活スタイルの陸上脊椎動物である。カメ類では卵を産んだ後にその世話をする例は知られていない。また、ヘビ類とトカゲ類は卵の世話や監視をする種を含むが、孵化後の世話はしない。例外的なのはワニ類で、産卵した巣を保護し、孵化した子を掘り出したり、何日か守るのが一般的で、個体間コミュニケーションもある程度発達している（Shine 1988）。

もう一つの特徴である成長持続型というのも、鳥類や哺乳類と異なる点である。鳥類、哺乳類は一生の初期に急激な成長が生じ、巣立ちや成熟を境に成長がほぼ停止する。爬虫類のように成長がほぼ一生継続する場合、繁殖と成長の切り替えや、それらへの資源配分といったことが生態学的テーマとなる。つまり、繁殖せずに成長を続けて将来の繁殖能力を高めるか、繁殖能力が低い小型の親のうちに、とにかく子を残すかといった問題である。エネルギー低消費型という特徴は、飢え死の可能性を低くし、出生時から子の自立性を可能にしている。魚類や両棲類も変温動物で、成長が持続するという点では爬虫類と同様であるが、卵から生まれた時（とくに両棲類の幼生）の形態と機能については成体との差が大きい。爬虫類では、親と相似形の子が生まれるということから、生活史は単純でわかりやすいものとなっている。

2-2　爬虫類の特徴と行動生態学

爬虫類の生理学的特徴や成長の特徴は、爬虫類の行動生態学の基本にも関係している。爬虫類は基本的にエネルギー低消費型であるが、外温的体温調節によって高い体温と高い活動性を維持した状態で行動するものが多い。そのような状態では、それなりにエネルギー消費が高まる。爬虫類にとって、積極的に日光浴を行って餌探索などの行動を活発に行うか、それとも隠棲的に過ごして

代謝をより低く維持するかは、得られる利益とのトレードオフにより、常に行動の選択肢となるだろう。

　爬虫類では行動圏と、その防御などの社会的な関係について、研究が進んでいる種は限られている。トカゲ類については比較的知見が多く得られているが、ヘビ類、カメ類、ワニ類では行動圏は調べられているものの、行動圏防御などの個体間関係についてはほとんどわかっていない。また、比較的知見の多いトカゲ類でも、行動圏となわばりが一致する場合と、行動圏の一部（日常的にいる場所）だけを防衛する場合があり、それを見極めた研究は限られている。単に個体間の闘争だけを行動圏防御としてみると、実態を見誤る可能性がある（Martins 1994）。たとえば、ブラウンアノール（*Anolis sagrei*）に関する野外実験で、行動圏を保有する雄を除去すると隣接している雄がその場所に侵入することが示された（Paterson 2002）。この場合、もとの雄がいた状態では隣接雄の侵入の試みはなく、それらの間で闘争は見られなかった。これは、「親愛なる敵」現象（dear enemy phenomenon）、すなわち、見知りあっている個体間での秩序が形成されていて、無駄な争いを避ける行動である。行動圏の広さを把握するにも、行動観察が容易とはいえない爬虫類では、個体標識と再捕獲の繰り返しや、発信タグ装着による詳細な行動圏トレースが必要であるが（Stamps 1977）、個体間関係の解明は糸口をつかみはじめた段階といえる。樹上性で首振りや、喉膜（デューラップ）を拡げる誇示行動を行うイグアナ科やアガマ科の種で行動圏研究が進んでいるのは、その目立つ行動が理由となっている。

　爬虫類については、群れのような集合についても、機能があまり明確にはわかっていない。たとえば、ヤモリ類などで隠れ場所に集団でいる例が知られるが、単に集まっているという事実しかわかっていない（Kearney *et al*. 2001）。集合には、ウミイグアナ（*Amblyrhynchus cristatus*）の夜間の就寝時（Boersma 1982）、ヘビの冬眠時（Gregory 1982）、集団産卵（Covacevich & Limpus 1972）といったものが知られるが、単に捕食圧の分散効果として解釈されていることが多い。しかし、あとで述べるように個体間の互いの認識について解明が進めば、集合や群れの機能についての解釈は大きく変わるかもしれない。

　ほぼ一生継続するという成長パターンは、社会関係、とくに配偶行動において重要な意味をもつ。生き延びれば体サイズが大きくなるので、爬虫類では体サイズが個体の生存成功度の指標となりえる。逆に、他の動物でしばしば見ら

れるような、特異な性選択の標的が発達することはあまりない。たとえば、派手な求愛の振る舞いをする鳥類や、体の一部が特異的に発達する哺乳類において、生存成功度の指標として、加齢とともに変化する形質や熟練する技能が、性選択や同性間競争の標的となることは大いにありそうなことである。爬虫類など成長が持続する動物では、性選択において単純に大型個体が選択されることで、長く生存することに成功した個体が選択されることになる。爬虫類の中では、比較的派手なディスプレイを行うイグアナ類は、喉膜を拡げての首振り運動といった方法で誇示行動を行うので、一見、鳥類や哺乳類と同じように見える。しかし、ブラウンアノールを用いた実験で、喉膜を被って拡げられないようにしても、闘争の優劣は変化しないことが示されている（Tokarz 2002）。すなわち、その場合も優劣は体サイズが第一義的で、喉膜を拡げてのディスプレーは単なる種認識としての機能しかないことが示唆される。大きな雄が繁殖成功度の点で有利であることは、多くのトカゲ類で報告されている（Salvador & Veiga 2001）。自分を誇示するディスプレーは、外敵にも向けられることがある。たとえば、オオミミナシトカゲ（*Cophosaurus texanus*）では、外敵がある程度離れた位置にいる時には、わざと尾を目立たせるディスプレーを行って存在を誇示し、出会い頭に接近した状態で出会った時には、一目散に逃げる（Dial 1986）。この場合も「親愛なる敵」現象と同様に、双方の無駄な攻撃・逃避を未然に避けて、互いの労力と時間を節約する効果があると解釈されている。

2-3 食性と種間関係

　爬虫類の捕食者としての行動を理解するにも、爬虫類の機能的特性を知っておく必要がある。捕食者としての爬虫類の感覚器官では、視覚と嗅覚がとくに重要である。それらは同種個体の認知にも重要な役割を果たす。トカゲ類とヘビ類では、特に化学受容器としてヤコプソン器官（Jacobson's organ ＝鋤鼻器官 vomeronasal organ）と呼ばれる特別な器官が発達している（図 2-1）。舌先で臭い物質をとらえて、それを口腔内のヤコプソン器官に運んで感じる。トカゲ類では探索型捕食者（active forager または wide forager）は、視覚とヤコプソン器官の双方を使いながら採餌探索し、待ち伏せ型捕食者（sit-and-wait forager または ambush forager）はおもに視覚で餌動物を認識するといわれる（Cooper 1990）。それに対してヘビ類では、ヤコプソン器官の発達程度が高い

ので、待ち伏せ型捕食者においても、通りかかる餌動物をヤコプソン器官で察知できる。ヘビ類は動物食であるが、トカゲ類には植物食も行う雑食者もいる。植物食の場合は、探索にヤコプソン器官をかなり用いるが、採餌探索の行動パターンは異なるので、動物食の探索型捕食および待ち伏せ型捕食とは区別されている（Cooper 1994）。

図2-1 トカゲ類の化学受容器、ヤコプソン器官（Cooper 2007より改変）

ところで、捕食者の行動タイプを探索型と待ち伏せ型におおまかに区別するのは、トカゲ類全体での比較といった場合であり、具体的な探索行動分析では1分あたりの動作回数（MPM：The number of moves per minute）や動作時間の割合（PTM：The percent of the time spent moving）を比較する（Perry 2007）。たとえば、カナヘビ科は全体としては探索型と考えられるが、MPMやPTMの比較では、より活発な種（コモチカナヘビ *Zootoca vivipara*）や不活発な種（ゴールデンヘリユビカナヘビ *Acanthodactylus aureus*）あるいは中間的な種が区別され、天候や時刻による変化も見られた（図2-2；Verwaijen & Van Damme 2008）。

爬虫類は大型のワニ類やヘビ類、オオトカゲ類、草食性のカメ類とトカゲ類の種を除いて、圧倒的多数が中間栄養段階捕食者（第二次消費者などの低次捕

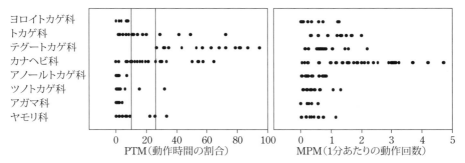

図2-2 トカゲ類の科内の種のPTMとMPMの平均値分布（Verwaijen & Van Damme 2008より）
PTM10〜25の間は待ち伏せ型と探索型の中間帯。ヨロイトカゲ科（Cordylidae）、トカゲ科（Scincidae）、テグートカゲ科（Teiidae）、カナヘビ科（Lacertidae）、アノールトカゲ科（Polychrotidae）、ツノトカゲ科（Phrynosomatidae）、アガマ科（Agamidae）、ヤモリ科（Gekkonidae）。

食者）である。食物連鎖上の位置に変異が少ないにもかかわらず、多くの地域で爬虫類群集の多様性はかなり高い。爬虫類の代謝特性である変温性低代謝率は、群集の多様性あるいはニッチの分割の程度に関係しているといわれる。餌の必要量が少ないので、限られた餌対象だけでも食料が足りるからと考えられている（Schoener 1977）。とくにヘビ類では、形態が似通っているにもかかわらず、特定の餌だけを捕食する種類がいる。さらに、外温的体温調節を行うことから、選好体温の違い（体温調節レベルの違い）が活動時間やハビタットの分割をもたらしているという例は多く知られる。

　しかし、代謝率が低く餌量が少なくてすむと考えられるヘビ類でも、繁殖に費やすことができる資源は環境条件に大きく左右される。たとえば、アメリカのキタタイヘイヨウガラガラヘビ（*Crotalus viridis oreganus*）では、出産する雌の割合と、繁殖のための栄養補給をになう前年の餌の豊富さがほぼ対応して変化している（Diller 2002）。同様に、伊豆諸島三宅島のオカダトカゲ（*Plestiodon latiscutatus*）では、個体群密度が高いと繁殖できる雌が限られ、隔年繁殖となっていた（Hasegawa 1984, 1994）。捕食者のシマヘビ（*Elaphe quadrivirgata*）がいる島では、オカダトカゲの密度は低く抑えられ雌はほぼ毎年繁殖するという多様な生活史が見られたが、三宅島ではイタチが移入されて増殖し、オカダトカゲの密度が急減して隔年繁殖の生活史は崩壊した（Hasegawa 2003）。生態系の食物連鎖で爬虫類が及ぼす捕食効果はけっして小さくなく、熱帯林でアノールトカゲ類（*Anolis stratulus* と *A. evermanni*）を除去する野外実験を行ったところ、昆虫による葉の食害が大きく増加した例が報告されている（Dial & Roughgarden 1995；Lawton 1995）。

　ヘビ類の摂食行動において、餌動物を処理する能力は、種によって固定しているわけではなく、経験によって技量が獲得される面もあるようである。たとえば、ガーターヘビ（*Thamnophis elegans*）の実験では、出生直後から与える餌の種類を変えて飼育し、より処理が難しい魚で訓練したものと、捕食がたやすいミミズで訓練したものとでは、魚で訓練したものの方が、餌の処理時間が短かった（Krause & Burghardt 2001）。シマヘビでは、本州の研究例でカエル類が主要な餌であるのに対して、屋久島では爬虫類のおもにトカゲ類を食しているといった差異が知られる（門脇 1992；Tanaka & Ota 2002）。個体の生理的状態によっても採食活動は変化し、野外飼育条件下では妊娠中の雌の食欲が落ちることがストライププラトーハリトカゲ（*Sceloporus virgatus*）で知られる

(Weiss 2001)。

いろいろな研究例からいえることは、爬虫類の採食探索や捕食行動は、固定的なものではなく、可変性が考慮されなければならないということである。

2-4　生活史に関わる要因

爬虫類の生活史成立の因果関係について、これまでにいろいろな説が提案されてきた。古くは、繁殖に関する産卵数や産卵頻度、成長と関わる成熟年齢や成熟サイズ、生存率といった生活史のいくつかの要素の間の相関を論じたティンクル（Tinkle, D. W.）の研究がある（Tinkle 1969；Tinkle et al. 1970）。成熟が遅い種は繁殖期あたりの繁殖努力が小さいという傾向が見出されたが、そのような生活史における繁殖率や成熟、寿命といった関係を考えるには、その他の生態学的特徴との関係も論じられる。代表的な研究としては、体型や行動パターンと生活史を関連づける論議がある（Vitt & Congdon 1978）。待ち伏せ型捕食者は体型が太めで、クラッチサイズ（一腹卵数）が大きく、探索型捕食者は細身で、クラッチサイズが小さい。

爬虫類の温度と生活との関わりには、体温調節以外にも重要な点がある。いくつかの分類群では、温度依存性決定（TSD：Temperature-dependent sex determination）が知られている（Bull 1980；Janzen & Paukstis 1991）。これは性染色体によって性別が決まるのではなく、卵発生中の孵卵温度によって、雌雄の生殖腺のどちらが発達するかが決まることである。ワニ類やカメ類、トカゲ類ではイグアナ科やヤモリ科など、ヘビ類ではニシキヘビ科などでこの性決定方式が知られる。最近、このことが、繁殖における親の行動と関係することがわかってきた。ワニ類の産卵塚が腐植熱を発生させることや、ニシキヘビ類の抱卵・筋収縮運動による内温的体温調整は以前から知られている。カメ類では産卵場所選択以外に、産卵穴の掘削能力が孵卵温度を左右することが示唆された。アマゾンのオオヨコクビガメ（*Podocnemis expansa*）では、繁殖雌の大きさは、クラッチサイズと卵サイズの両方に相関し、大型雌は大きめの卵をより多く産むこと、さらに大型雌は産卵穴を深く掘ることが示された（Valenzuela 2001）。深いところは温度が低くなるが、このカメの温度依存性決定様式は低い温度で雄となることから、結果的に長く生き延びた大型雌の繁殖によって、雄がより多く生産されることが示唆される。多数の卵を穴にまとめて産むウミ

ガメ類やワニ類では、卵自身の代謝熱によって中央部の卵の方が外側より温度が高いといったことも知られてきた（Birchard 2004）。孵卵温度の影響は他にも検討されてきており、たとえば、熱帯のヘビで深い土中の隙間に産卵するキールバック（*Tropidonophis mairii*）は、一定の安定した温度で発生させると、温度変化を与えた時より細長い体型となる（Webb *et al.* 2001）。爬虫類全体では、孵卵に適した温度は17℃から40℃までが知られるが、種ごとの適温は、その中で5～10℃ほどの比較的狭い範囲に限られる（Birchard 2004）。そのため、産卵場所や産卵期などの制約を、生活史や雌親の行動を決める要素として考慮する必要がある。

2-5 爬虫類の生態学研究の新たな傾向

トカゲ類では、比較的広さの限られた場所での飼育実験が可能である。たとえば、ガーデンスキンク（*Lampropholis guichenoti*）の研究で、天敵であるヘビの臭いのする飼育場と、臭いのない飼育場で、孵化直後から子を飼育すると、臭いのする方は行動が慎重になり摂食などを活発に行わないので成長が悪くなるが、1年ほどするとあまり気にしなくなるといった結果が出ている（Downes 2001）。つまり、天敵を避ける生得的な行動が、その個体の成長や生活史に影響を与えるというわけである。このような行動や習性と生活史の変化を、飼育条件を変えて調べる研究はこれから増えるであろう。

爬虫類の形態や機能の特性を正確に知った上で生態研究を進めようとする動きもある。たとえば、臭いを捉えるヤコプソン器官は餌だけでなく、鼻腔の嗅覚とともに、皮膚や総排泄口あるいは鼠経孔（femoral pores）などから発散される分泌物を化学受容し、同種や異性、血縁といった個体認識を行うが、舌を出し入れして感受することで、他個体の方向や接近を認識する（Schwenk 1995）。イベリアイワカナヘビ（*Lacerta monticola*）の研究では、分泌する臭いに個体差があり、なじみの個体の臭いよりも見知らぬ個体の臭いに対して、臭いを受容しようとする舌の出し入れの頻度が高くなり、見知らぬ個体への警戒を強めることがわかった（Aragon *et al.* 2001）。また、視覚については、紫外線受容の可能性が調べられ、アノールトカゲの喉膜などで、紫外線反射率に個体差があることが示されている（Stoehr & McGraw 2001）。

このように飼育や実験によって個体の機能を正確に分析した上で、生態学

的現象を解明する傾向は、とくにトカゲ類でこれから活発になると考えられる。自然個体群における婚姻関係を解析しにくい爬虫類の場合、遺伝子比較による血縁関係分析が生態学的研究を発展させる可能性がある。たとえば、コモチカナヘビの繁殖において、一腹から産まれた子が複数の別の雄の子である場合が半数以上であることがマイクロサテライトマーカーで分析した研究で突き止められた（Laloi *et al.* 2004）。一方、ストケスイワトカゲ（*Egernia stokesii*）では雄雌と子トカゲのグループが一夫一婦の家族群であった（Gardner *et al.* 2002）。サバクヨルトカゲ（*Xantusia vigilis*）でも幼体のうちは同じ血縁の個体で集合していることがわかった（Davis *et al.* 2011）。

DNAの分子分析による系統解析は、生態学的研究にも大きな影響を与えつ

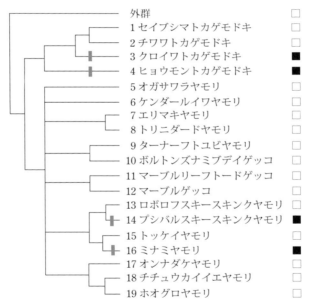

図2-3 ヤモリ類（ヤモリ下目）の系統樹と待ち伏せ型捕食者から探索型捕食者の出現の関係（Miles *et al.* 2007より）
□：待ち伏せ型、■：探索型、▬▬：待ち伏せ型から探索型への移行型。
1：*Coleonyx variegatus*、2：*C. brevis*、3：*Goniurosaurus kuroiwae*、4：*Eublepharis macularius*、5：*Lepidodactylus lugubris*、6：*Cnemaspis kendallii*、7：*Gonatodes concinnatus*、8：*Gonatodes humeralis*、9：*Pachydactylus turneri*、10：*Rhotropus boultoni*、11：*Afrogekko porphyreus*、12：*Christinus marmoratus*、13：*Teratoscincus roborowskii*、14：*Teratoscincus przewalskii*、15：*Gekko gecko*、16：*G. hokouensis*、17：*Gehyra mutilata*、18：*Hemidactylus turcicus*、19：*Hemidactylus frenatus*。

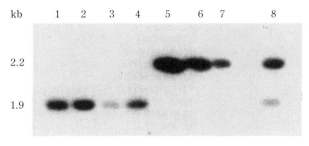

図2-4 ウミイグアナ、リクイグアナ、雑種イグアナのRFLP（制限酵素断片長多型）による分析結果（Rassman et al. 1997）
1〜4はウミイグアナ、5〜7はリクイグアナ、8は雑種個体で両種のDNA断片長が現れる。

つある。たとえば、トカゲ類の探索型捕食者と待ち伏せ型捕食者について、ヤモリ科の中では両者が混在するが、クロイワトカゲモドキが属する系統やミナミヤモリが属する系統など、探索型捕食者が複数の別の系統で生じたことが示されている（図2-3；Miles et al. 2007）。個体レベルでは、ガラパゴスのウミイグアナとリクイグアナの中間的な性質をもつ個体が出現したときに、DNAの分析によってそれが雌のリクイグアナと雄のウミイグアナの交雑によって生まれた個体であることが示されたといった例がある（図2-4；Rassman et al. 1997）。

　また近年の特徴として、以前はあまり論じられなかったカメ類の生態学的研究が次々と成果をあげつつある。カメ類は寿命が長く、成熟までの期間も長いので、長期の研究が必要であるが、個体標識による調査で着実にデータが蓄積されている（第5章参照）。同様に、以前は断片的な記録を比較することで生活史や行動特性を理解してきたヘビ類でも、長期調査や継続調査の重要性が認識されてきている（第6章、第18章参照）。ヘビ類のように、時として繁殖が何年かに一度というような間隔でなされる場合は、長期調査が有効である。たとえば、アラフラヤスリミズヘビ（*Acrochordus arafurae*）では10年間の標識再捕獲調査で、それまで5〜7年間隔で繁殖すると考えられていたものが、3、4年間隔であることが示された（Madsen & Shine 2001）。また、ガーターヘビの20年間の研究で、継続的に餌の豊富な個体群では成長・成熟が早く、繁殖率も高いが、生存率は低いといった個体群特性の研究例も出ている（Bronikowski & Arnold 1999）。

爬虫類の場合、野外調査で一生の繁殖成功度を推定することや、野外個体群内の血縁関係を分析することはかなり難しいが、長期調査データと飼育下で管理されたもとでの生態学的特性分析を組みあわせることにより、進化生態学的なテーマ（たとえば生活史進化の解明）へのアプローチが期待できる。その一方で、日本では、これまで普通に見られたような爬虫類でさえ各地で減少しており、個体群が長く保たれるといった状況は少なくなってしまうかもしれない。そのことにより、上記のような研究手法の発展にもかかわらず、いろいろな種の個体群で、生活史の進化が解明できずに終わってしまう事態がありえるのである。

　トカゲ類の生殖や行動の適応の研究者であるヴィット（Vitt, L. J.）は、野外でナチュラル・ヒストリーの観察データを集めることから自然選択や進化を解明する科学が展開されることを述べるとともに、フィールドで実際のデータを集めることの重要性を強調した（Vitt 2013）。野外での爬虫類の生活とそれを研究する者のフィールド調査の熱意がこれからも続くことを願いたい。

3. キノボリトカゲの生態・行動
―― 体サイズの性的二型を中心に ――

田中　聡

3-1　はじめに

　体サイズの性的二型はさまざまな動物群で知られているが（Andersson 1994；Shine 1989 など）、雌雄のいずれが大きいかは分類群によっておおよそ一定の傾向が認められる。爬虫類の中でヘビ類やカメ類では大部分の種で雌が雄よりも大きいが、トカゲ類では多くの種で雄が雌よりも大きい（Fitch 1981；Pough *et al.* 1998 など）。このような性的二型には、どのような適応的意義があるのだろうか。性的二型の起源について明らかにするためには、系統関係を明らかにした上で比較検討しなければならないが、現在見られる性的二型がどのように維持されているのかは特定の個体群を対象に検討することができる。

　トカゲ類の大部分の種では、親が子の保護を行わないが、このような種に見られる体サイズの性的二型の適応的意義を説明するおもな仮説として、1）性選択仮説、2）食物をめぐる性間競争仮説、3）雌の繁殖能力仮説、が知られている（Hedrick & Temeles 1989；Shine 1989；Wiklund & Karlsson 1988 など）。性選択仮説は、雌をめぐる雄間競争において大きい雄が有利であることや、雌が配偶相手として大きい雄を選択することを通して性的二型が生じたというものである。食物をめぐる性間競争仮説は、摂食に関わる部位（頭部や口の大きさなど）の大きさの違いに応じて雌雄で大きさの異なる食物を摂食することにより、あるいは体サイズの違いに関連して異なった微細生息場所で採餌することにより、雌雄間での食物競争を緩和させるよう性的二型が生じたとする。雌の繁殖能力仮説は、体サイズの大きい雌ほど繁殖能力が高く、体サイズの増加による繁殖成功度の増加が雄よりも雌で大きいため、雌が雄よりも大きくなったというものである。これまで性選択仮説だけを検討した研究が多いが、遺伝的モデルではいずれのプロセスも体サイズの性的二型を生じうることが示され

ている（Hedrick & Temeles 1989 の総説を参照）。

本章では、八重山列島の西表島における野外調査結果に基づき、サキシマキノボリトカゲ（*Japalura polygonata ishigakiensis*）の体サイズの性的二型の適応的意義について考えてみたい。

3-2　体サイズの性的二型の確認

サキシマキノボリトカゲでは頭胴長だけでなく、頭部の大きさも雄が雌よりも大きい（表3-1）。これまでトカゲ類を扱った研究の多くは、このように雌雄それぞれのサンプルの平均値を使ったものが多い（Fitch 1981；Stamps 1983など）。しかし、性的二型の指標として平均サイズを使った場合、生残率、成熟齢や行動などの性差に起因する年齢組成の違いなどのサンプルの偏りを生ずる場合がある。たとえば、ウシガエル（*Lithobates catesbeianus*）では成長率そのものには性差は見られない。しかし、産卵場所という資源を防衛するために繁殖なわばりをもつ大きい雄は、雌よりも水中にいる時間が長く、そこで雄間競争などの目立った行動を行うために天敵であるカミツキガメ（*Chelydra serpentina*）に捕食されやすい（Howard 1981）。このような場合、サンプルとして得られる雄は小型に偏り、雄の大きさは過小評価されてしまう。また、キノボリトカゲでは、なわばり雄がまわりからよく目立つ場所にいるのに対して、なわばりをもてない小さい雄は枝葉に隠れた場所にいることが多い。このような種では、調査場所の個体群を徹底的に捕獲調査しない限り、目立たない個体のデータが欠落してしまう可能性が高くなる。これらの近因によって、体サイズの平均値は影響を受けやすいのである。そのため性的二型の確認は、そうい

表3-1　サキシマキノボリトカゲの体サイズの計測値と性的二型の程度

形質	平均値 ± 標準誤差		性的二型の程度
	雄（$n = 34$）	雌（$n = 35$）	（雄の頭胴長／雌の頭胴長）
頭胴長（mm）	63.1 ± 0.5	56.5 ± 0.7	1.12
体重（g）	4.4 ± 0.1	3.5 ± 0.1	1.26
頭長（mm）	18.18 ± 0.17	15.69 ± 0.18	1.16
頭幅（mm）	10.67 ± 0.09	9.50 ± 0.10	1.12
頭高（mm）	9.28 ± 0.09	8.33 ± 0.09	1.11

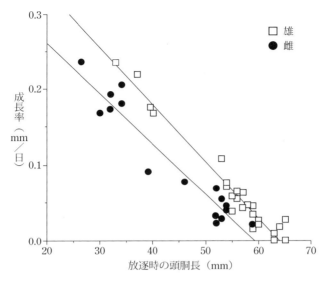

図3-1 サキシマキノボリトカゲの頭胴長と成長率の関係

った影響を取り除いた形でなされなければならないが、もっとも確実に性的二型を確認する方法は、時間や労力を要するが、雌雄の成長を比較することである（Stamps 1995；Pough et al. 1998）。

　個体成長を明らかにするためには、骨組織の成長線を使う方法や個体群のサイズ組成を分析して年齢群を分離する方法などがある。しかし、小型のトカゲ類で一般的に使われている方法は標識再捕獲法である。これは前二者と違い、特定の個体を追跡する縦断的資料が得られるためデータの信頼性も高い（El Mouden et al. 1999）。通常、再捕獲データは特定の成長モデルにあてはめて検討されるが、爬虫類ではBertalanffyの成長モデルやロジスティック成長モデルなどが用いられてきた（Andrews 1982）。春から秋の活動期間中の再捕獲データを用いて、サキシマキノボリトカゲの捕獲時の頭胴長とその後の成長率の関係を見ると、両者にははっきりした直線的な負の相関関係が認められることから（図3-1）、成長はBertalanffyのモデルでよりうまく記述できることがわかる（Andrews 1982）。

　Bertalanffyの成長モデルは次式で表される。

$$L = AL - (AL - L_0) \cdot e^{-rD}$$

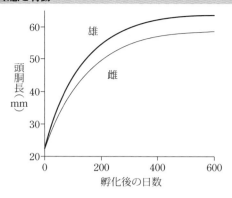

図3-2 サキシマキノボリトカゲの成長曲線

ここで、L_0 と L はある期間の最初のサイズと最後のサイズ、D はその期間の日数、r は成長定数である。サキシマキノボリトカゲの孵化子の頭胴長は約 22 mm であるので（田中 未発表）、$L_0 = 22$ として計算すると、雌雄それぞれの成長は次のように表される。

雄：$L = 64.0 - 42.0e^{-0.0075 \times D}$

雌：$L = 59.3 - 37.3e^{-0.0067 \times D}$

これらの式に基づいて成長曲線を描くと、孵化時点での雌雄差は不明だが、少なくともそれ以降は齢に関わらず雄が雌よりも大きいという明らかな性的二型を認めることができる（図3-2）。

3-3 採餌行動と餌利用 －食物をめぐる性間競争仮説の検討－

サキシマキノボリトカゲでは、頭部は絶対的な大きさだけでなく（表3-1参照）、相対的な大きさでも雄で雌よりも大きい。食物をめぐる性間競争の結果、性的二型が維持されているのであれば、体サイズが大きく、頭部の大きい雄の方が雌よりも大きい餌動物を捕食しているはずである。それでは実際に、このような頭部サイズの違いに対応して餌サイズにも性差が見られるのだろうか。

キノボリトカゲはさまざまな節足動物を捕食するジェネラリストであるが、胃内容物には雌雄で顕著な差は見られなかった（図3-3）。餌サイズについては、未成熟個体を含めた場合、頭胴長が大きいほど大きな餌動物も利用していた（図3-4）。餌動物を引き裂いたりせずそのまま、あるいは少し咀嚼して飲み込むような捕食動物の場合、大きい餌を捕食する上で、体サイズに対し相対成長関

3. キノボリトカゲの生態・行動（田中 聡）

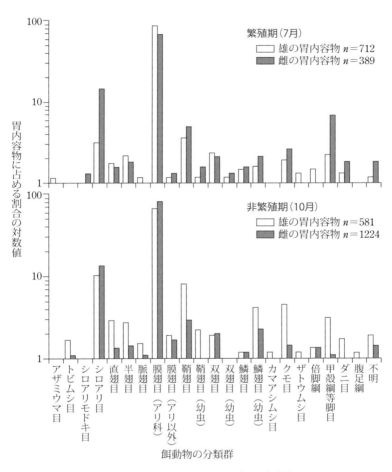

図3-3　サキシマキノボリトカゲの胃内容物

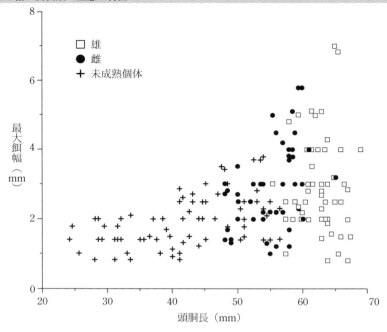

図3-4 サキシマキノボリトカゲの頭胴長と胃内容物の最大個体の幅の関係

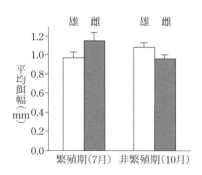

図3-5 サキシマキノボリトカゲの平均餌幅の性差と季節変化

係を示す口の大きさが捕食できる餌の大きさを制約することは容易に想像できる。また、最適採餌理論から、動物は探索などのコストに対して利益の大きな餌動物を捕食することが期待される。しかし、キノボリトカゲでは大きな餌動物は体サイズにより制約されているものの、大きな個体であっても利用している餌動物は大部分が小さい餌動物であったため、利用していた餌動物の平均的な大きさには性差が見られなかった（図3-5）。これは待ち伏せ型という探索コストの低い採餌行動を行うことと無関係ではないだろう。

それでは、雌雄で採餌行動が異なるのであろうか。なわばり防衛のために雄のとまり場がより高くなる繁殖期だけでなく、非繁殖期もとまり場の高さは雌

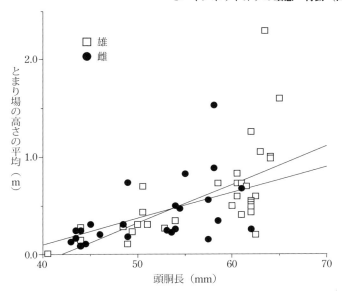

図3-6　非繁殖期（10月）におけるサキシマキノボリトカゲの頭胴長ととまり場の高さとの関係
実線は雄（$Y=0.027X-0.997$）と雌（$Y=0.040X-1.667$）の回帰直線を示す。

よりも雄で高かった。非繁殖期のデータを使って頭胴長ととまり場の高さの関係を見たところ、とまり場の高さは雌雄に関係なく頭胴長で説明できた（図3-6）。キノボリトカゲの採餌行動は、基本的には待ち伏せ型で、とまり場からまわりを見渡し、視野の中に餌動物が移動してくるとそれに飛びついて捕食するというものである。採餌行動はほとんど視覚によるため、隠れた餌動物を探したりはしない。わずかながら、地中性の昆虫の幼虫などが胃内容物の中に見られたが、これはキノボリトカゲが地中を掘り返して幼虫を見つけ出して捕食したというよりも、カリバチ類などに襲われていた幼虫を横取りしたためであると思われる。したがって、餌動物として認知されるのは地面や樹冠などの表面を動く動物である。そこで、キノボリトカゲが餌として利用する可能性のある動物の量を評価するために、木の根元近くの地面と樹幹の高さ1.5 mの場所に粘着トラップを24時間設置した。その結果、キノボリトカゲが実際に捕食する大きさの動物は季節にかかわらず、圧倒的に地面に多かった（図3-7）。実際に捕食した場所を見ても、アリよりも大きな、量的に重要な餌動物を捕食

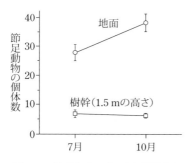

図3-7 粘着トラップにより捕獲された潜在的な餌動物の場所別にみた個体数の季節変化

した場所は、雄（0.39 ± 0.21 m。平均±標準誤差）が雌（0.11 ± 0.05 m）よりも高い傾向にあったが、その差は統計的に有意ではなかった。比較的大きな餌は地面で捕らえることが多く、雄では53.9 %、雌では61.5 %が地面で捕食していた。たぶん地面では機敏な行動を取れないためか、地面で餌を捕らえた際にもそれが大きい時にはその場で飲み込まず、いったん近くのとまり場に上ってから咀嚼し、飲み込むことが多かった。したがって、餌をくわえているのを目撃した時点でとまり場にとまっていた個体も餌を捕らえたのは地面である可能性が高く、捕食した場所の雌雄差は実際にはさらに小さいものと考えられる。

以上の観察結果から、サキシマキノボリトカゲの雌雄では食物をめぐる競争を緩和するため採餌場所や利用する餌を違えたりしないと結論され、食物競争仮説は支持されない。

3-4 雄と雌の繁殖成功度の比較 －性選択仮説の検討－

性的二型は、系統的制約のもとで雌雄それぞれに働くさまざまな選択の結果現れる。そのため、雌雄それぞれについて体サイズが適応度にどのように影響しているのかを明らかにしなければならない。その際、生涯繁殖成功度を明らかにすることが理想的であるが、それを推定することは現実的にはきわめて難しい。しかし、サキシマキノボリトカゲの成熟後の年間生残率は0.5 %以下と低く、雌雄で大きな差は見られなかったため、1回の繁殖において繁殖成功度に対する体サイズの影響を比較することによって、体サイズに働く選択の強さを相対的に評価することは可能である。

トカゲ類の個体間関係を検討していく上で、個体の空間分布を知ることはたいへん重要である。そのためには、一定区画のほぼ全個体を個体識別し、それぞれの個体の行動圏の空間配置や重複のしかたを明らかにする必要がある。攪乱を最低限にしながら個体識別するためには、目視のみで個体識別ができるよ

うに体にペイントを施す。サキシマキノボリトカゲでは、雄の体側の白縦線が個体の状況を伝える社会的バッジとして機能していると考えられるため、胴部を避け、尾と四肢に帯状にマークした。一定の期間センサスを繰り返し、未捕獲の個体のみを捕獲・計測・標識し、捕獲個体については目撃データだけを記録する。個体ごとに目撃した位置を地図上にプロットし、もっとも外側の目撃地点を直線でつないで多角形を描き、それをその個体の調査場所で捕獲された個体の行動圏とすると、雄－雄間だけでなく、雌－雌間でも行動圏がほとんど重複していなかった。それらの個体間では敵対的行動が観察されることから、雌雄いずれもなわばりをもつことがわかった。雄の中には、ほかの雄のなわばりと行動圏が大きく重複する個体が見られたが、片方の個体は体が小さめで、白縦線が明瞭で、見通しの良い場所にとまっているなわばり個体と違って全体的に褐色を呈し、低木の枝葉に隠れるようにしていることが多かった。

　それでは、雌雄のなわばりはどのような関係になっているのであろうか。雄と雌のなわばりの位置関係を見ると、繁殖期には両者のなわばりは大きく重複するが、非繁殖期には積極的な関わりが見られなかった（表3-2）。繁殖期には雄のなわばりが非繁殖期よりも大きくなることもその要因の一つであるが（図3-8）、繁殖期にはとくに雄が雌の動向に注意していることが重要であり、繁殖期のなわばりサイズが大きくなるのは雄ができるだけ多くの雌を確保しよ

表3-2 繁殖期（7月）と非繁殖期（10月）におけるサキシマキノボリトカゲの雄と雌のなわばりの空間的な関わり

場所の分類	繁殖期（7月）			非繁殖期（10月）		
	面積 (m^2)	雌の個体数 観察値	期待値	面積 (m^2)	雌の個体数 観察値	期待値
少なくとも1個体の雄が占有した場所	250.1	24	13	59.8	8	1.8
まったく雄が占有していなかった場所	249.9	2	13	440.2	7	13.2
合計	500	26	26	500	15	15

調査場所の面積は 500 m^2。

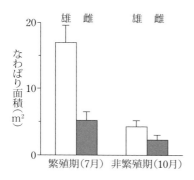

図3-8 サキシマキノボリトカゲの平均なわばり面積と標準誤差の季節変化

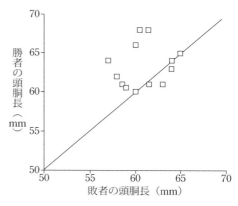

図3-9 サキシマキノボリトカゲの闘争における敗者と勝者の頭胴長の関係
斜線は勝者と敗者の頭胴長が等しい線。

うとするためであると考えられる。

　なわばり雄は雌や非なわばり雄と違い、周りからよく目につく木の幹などにとまっていることが多く、通常体側の白縦線も明瞭である。しばしば、とまり場で宣伝ディスプレイとして腕立て伏せディスプレイを行う。また、宣伝ディスプレイしながらなわばり内を巡視する。このような目立った行動をしていても、繁殖期にはしばしば他のなわばり雄がなわばりに侵入を試みる。この時には直接的な闘争になるが、大部分の場合、なわばり雄が侵入個体を追い払う。闘争の勝敗はたいてい体の大きさで決まっている（図3-9）。

　なわばりをもつ雄による求愛行動はしばしば目撃されたが、それが交尾にまで至ることはきわめて少なかった。キノボリトカゲ類では明らかにされていないが、グリーンアノール（*Anolis carolinensis*）では、いったん交尾した雌は、産卵後、その次の排卵前まで性的に非受容的で交尾を受け入れないという（Crews 1973）。交尾まで観察された例がサキシマキノボリトカゲできわめて少なかったのは、本種でも雌がいったん交尾すると次のサイクルまで性的に受容的にならないためであると考えられる。また、*A. aeneus* では、雌にとってなじみの薄い雄ほど交尾にまで至るには長時間の求愛が必要であった（Stamps 1977）。なわばりサイズが比較的小さい種では、侵入した雄がなわばり内でその所有者である雄に発見されずに目立つ求愛行動を頻繁に行うことは困難である。侵入雄が雌に求愛するとなわばり雄が侵入雄をすぐに発見し、排除するた

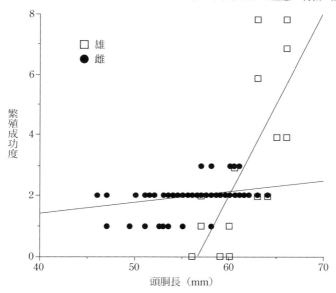

図3-10 サキシマキノボリトカゲにおける頭胴長と繁殖成功度の関係の性間比較

めである。そのため、雌と交尾できるのはなわばり雄に限られているとみても間違いはないだろう。実際に、交尾が観察されたのはなわばり雄との間だけであった。そのため、雄がなわばり内に確保している雌の個体数によって、その雄の繁殖成功度を推定することができる。

そこで、それぞれの雄が確保する雌の個体数と平均一腹卵数の積をそれぞれの雄の繁殖成功度とする。一方、雌では１回の繁殖における繁殖成功度の尺度は一腹卵数である。サキシマキノボリトカゲの一腹卵数は１個から３個（平均1.9個、$N = 81$）と少なく、慣れれば輸卵管卵だけでなく卵黄蓄積濾胞の数も触診で正確に確認できる。こうして得た雌雄それぞれの繁殖成功度と頭胴長の関係をみると、体サイズが繁殖成功度に大きく影響しているのは雌でなく雄であるのは明らかである（図3-10）。

以上のことから、サキシマキノボリトカゲでは雌の多いなわばりを確保する上で、より大きな雄が闘争上有利であるために雄が雌よりも大きくなったという性選択仮説により体サイズの性的二型を説明することができる。

4. カナヘビ類の繁殖生態

竹中　践

4-1　トカゲ類、カナヘビ類の繁殖生態学とは

　トカゲ類は、生活史研究におけるモデル動物の一つとされる（Huey *et al.* 1983）。どの研究においてもそうであるが、生活史研究においても、対象が複雑で特殊であれば、得られた結果を一般化することは難しい。変態するカエルや昆虫のように一生の中に異なる段階が見られたり、鳥類や哺乳類のように子育てなどの習性があると、いろいろな面からの考察が必要になる。その点トカゲ類は親と子がほとんど同じ形態であり、餌や生息場所にも成長・発育に伴う質的な変化は起こらない。トカゲ類では、卵から生まれた後を連続的な成長過程として捉えることができるのである。完全変態する昆虫のチョウであれば、蛹を境に交尾・産卵を行う成虫と、葉を食べて資源蓄積を行う幼虫とを分けて考えなければならず、カエルであれば、水生の幼生期の生活と変態後の陸生生活を分けて考えねばならない。鳥類、哺乳類では、繁殖努力を卵や子の数量だけでなく、子育てにかなりの労力を必要とするといった面も考えなければならない。

　生活史が単純である点では他の爬虫類もトカゲ類と同様である。しかし、カメ、ワニ、ヘビの多くは一生が長く、また個体群密度が低いので研究に手間がかかる。トカゲ類、とくに小型のトカゲ類は、調査が比較的容易で生活史研究を行いやすい。多様な種類が世界中に生息することも有利な面である。繁殖努力や成長様式といった生活史の研究に適しているのがトカゲ類である。

　もちろん、トカゲ類においても独特の繁殖習性をもつために事情が若干複雑になっているものもある。たとえば、ニホントカゲ（*Plestiodon japonicus*）などでは産卵後、雌は抱卵して卵を守るので、繁殖努力は卵生産の面だけでは評価できない。カナヘビ科のコモチカナヘビ（*Zootoca vivipara*）のように胎生の種もいる。胎生種では胎児の発生中、雌親の行動の制限が続き、親の負担となる期間が長くなる。しかし、トカゲ類の大部分では卵を生産し、産出すること

が雌親の繁殖努力の大部分を占めることから、どれだけの大きさの卵をいくつ、何回産むかでそれを評価できる。

　トカゲ類を含む爬虫類のもう一つの大きな特徴は、性的成熟後も成長が継続することである（第2章参照）。これは、魚類や両棲類も同じである。一方、チョウのような昆虫では羽化時に成体サイズが決まり、哺乳類や鳥類でも成熟後、成長はほぼ停止する。トカゲ類のように成長の継続と繁殖による成長の鈍化が繰り返される動物では、繁殖せずに成長して大きく育ち、将来、より多くの卵生産を望むか、その時点の小さいサイズで繁殖するかといった選択が生じる。

　繁殖生態の研究は、トカゲ類のいくつかの分類群でとくに進んでいる。もっとも盛んに研究が行われているのは、ハリトカゲ属（$Sceloporus$）をはじめとする小型のイグアナ科のグループである。ただ、ハリトカゲの仲間は全体として繁殖に関する数値差が少なく、これまでの研究では些細な差を進化生態学的意義に結びつけようとするような傾向が見られた。

　その点、ここで取り上げるカナヘビ属（$Takydromus$）は分布域が南北に広いこともあり、繁殖に関する数値に大きな種間・種内変異を生じている。カナヘビ属は、東アジアと東南アジアの一部に分布するカナヘビ科のトカゲである。カナヘビ科全体では、アフリカ、ヨーロッパ、アジアの旧大陸全域に300種以上がいて、太めの体型の種や比較的大型の種もいるが、カナヘビ属は尾が長く、小型で細長い。ロシア極東地域や日本の北海道からインドネシアまでの広範囲の地域に20種あまりが生息する。そして、一腹卵数は1、2卵が主である種類から、数個あるいはそれ以上産む種類までさまざまである。トカゲ類全体を見渡したときにも、一腹卵数によって1卵か2卵に固定されている種類と、雌親の大きさによって変化し、数個あるいはそれ以上を産む種類とに大きく分けられる（Fitch 1970 など）。カナヘビ属は、その両方を属内に含むという点で、トカゲ類の繁殖生態の基本的な問題を解明するのに適した存在であろう。

　トカゲ類がモデル的な、単純な生活史をおくる動物であるとはいっても、その生活や形態は変異に富む。繁殖の特徴と、その適応のあり方を分析する場合でも、種や種群がもっている生活や形態によって分析の焦点は変わってくる。カナヘビ属では、1シーズンに複数回産卵することや、親は産後、卵の面倒をみないという性質は属内に共通である。焦点は産卵数や卵の大きさ、個体の成長過程にあるといえる。それについて論じる前に、トカゲ類全体ではどのよう

な研究の焦点が繁殖生態学の流れの中で現れてきたのかを概括してみることにする（第2章も参照）。

4-2　トカゲ類の繁殖生態学の変遷

　トカゲ類の繁殖生態学の近代的な研究は、アメリカのティンクル（Tinkle, D. W.）が行った一連の分析に始まったといってよい。それまでのトカゲ類の繁殖に関する研究報告は、生活史の記述の中で繁殖のデータ、すなわち一腹卵数や成熟サイズといったことを示すにすぎなかった。ティンクルは、いろいろなトカゲの種類で断片的に報告されていた繁殖に関するデータを集め、繁殖のいくつかの性質に注目して、それらの関連性を検討した（Tinkle 1969；Tinkle et al. 1970）。その性質とは、年1回繁殖と年複数回繁殖、1年成熟（早成熟）と2年以後成熟（遅成熟）、卵生と胎生、あるいは成熟サイズ、雌親サイズ、一腹卵数といったもので、それらの項目間の関連性によって種類を類型化し、進化生態学的に考察しようとした。たとえば、胎生種は遅成熟で年1回繁殖が多く、一腹卵数は中程度という組みあわせが多いといったことである。

　これと同時期に、r選択・K選択の概念（MacArthur & Wilson 1967；Pianka 1970）による生活史の特徴の類型化の流行があり、トカゲ類の繁殖研究でもそれが行われた。この概念では、個体群密度の変化が大きい場合は、多産となって内的自然増加率rが高くなり（r選択）、個体群密度が環境収容力Kのレベルで安定している場合は、繁殖率は低くなり、繁殖努力は少数の子孫により多く向けられる（K選択）。トカゲ類においては2年目に成熟し、年1回産卵であればK選択的であるといったように類型化が行われた。しかし、繁殖上の特徴を単に生活史戦略のどちらかに当てはめるという方法論は、トカゲ類の繁殖生態の研究を一時停滞させる一因となった（竹中 1982）。生活史進化を理論化する際に、r選択・K選択のような個体群密度を考慮した分析も重要であるが、要因を解明せずにどちらであるかを述べるだけでは時間の無駄である（Sterns 1992）。トカゲ類についても同様のことが起きたのである。

　ダンハム（Dunham, A. E.）らはティンクルのあとを受け継ぎ、その後のトカゲ類の繁殖研究をまとめ直し、熱帯では温帯と比べて早成熟で年複数回産卵する種がより多いことや、胎生種ではほとんどが年1回産卵であることなどを再確認した（Dunham et al. 1988）。また、ティンクルが行っていたカキネハリ

トカゲ（*Sceloporus undulatus*）に関する種内・個体群間比較をさらに進めた（表4-1）。その分析では、ハビタットの類似性や系統的類縁関係と繁殖の特徴の類似性の関係が検討されたが、明確な関係は見出されなかった（Dunham *et al.* 1988；Tinkle & Dunham 1986）。ダンハムは同様の分析をオルネイトツリーリザード（*Urosaurus ornatus*）についても行い、一腹卵数などの繁殖特性を平均値の順位相関分析によって検討した（Dunham 1982；Dunham *et al.* 1988）。ダンハムらは餌量を反映する環境要因として雨量を用い、それと個体群密度を組あわせて r 選択的であるか K 選択的であるかを判定した。つまり、雨量に対して個体群密度が少ない場合や、雨量変動が大きい場合を r 選択的環境とした。そして、地域個体群の成熟サイズや成熟年齢などの順位と、環境の r 選択的程度の順位との相関を比較検討した。しかし、成熟サイズが平均 1 mm しか違わなくても順位をつけるといった分析手法の問題もあり、結果は判然としないものとなった。とはいえ、ダンハムらが行った繁殖特性の形成要因を具体的に数量的に分析しようとする動きは評価できるものである。

ナイワイアロスキ（Niewiarowski, P. H.）は、それまでのフェンストカゲの生活史と繁殖の地理的変異の研究をまとめるとともに、トカゲ類の生活史研究の方向性について重要な考察を行っている（Niewiarowski 1994）。彼はダン

表4-1 カキネハリトカゲの地域個体群の生活史の比較
（Tinkle & Dunham 1986；Dunham *et al.* 1988 より改変）

各州の個体群	AZ	UT	CO	PA	LB	KS	NB	TX	OH	SC	GA
ハビタット	渓谷	渓谷	渓谷	渓谷	草原	草原	草原	草原	森林	森林	森林
居場所	地面	樹上	岩石	岩石	地面	地面	地面	半樹上	半樹上	半樹上	樹上
一腹卵数	8.3	6.3	7.9	7.2	9.9	7.0	5.5	9.5	11.8	7.4	7.6
年産卵回数	3	3	2	2〜3	4	1〜2	2	3	2	3	2〜3
卵重（湿重）	0.29	0.36	0.42	0.29	0.24	0.26	0.23	0.22	0.35	0.33	—
相対一腹卵量	0.22	0.21	0.23	0.21	0.21	0.28	0.33	0.27	0.25	0.23	—
最小成熟雌体長	60	58	58	53	54	47	45	47	66	55	52
成体雌平均体長	65	69	70	63	68	57	55	57	75	63	62
平均成熟月齢	11.5	22.8	20.5	18	12	12	9.5	12	20	12	12
成体年平均生存率	0.24	0.28	0.37	0.32	0.20	0.27	—	0.11	0.44	0.49	0.07

州（地域）の略号 AZ：アリゾナ、UT：ユタ、CO：コロラド、PA：ニューメキシコのピノスアルトス、LB：ニューメキシコのローズバーグ、KS：カンザス、NB：ネブラスカ、TX：テキサス、OH：オハイオ、SC：サウスカロライナ、GA：ジョージア。体長は mm、重量は g。

ハムの結果が明確でなかったことについて、個体群の特徴はいろいろな要素が関わり合っているので、単純な結論付けが行えなくても当然であると述べている。そして、現在の環境の影響下で変化する性質と、進化的に得られてきた性質を区別する必要性と、それを把握するための実験的な比較研究の重要性を強調している。たとえば、同じ環境の実験囲場で2地域のハリトカゲを飼育して比較することや、2地域の個体を入れ替えて放逐し、その経過を比較する方法である（Ballinger 1979；Ferguson & Talent 1993；Niewiarowski & Roosenburg 1993）。ナイワイアロスキはまた、個体群の平均値を比較するだけでなく、個体群内の変異や個体を基本とした分析が今後の研究にとって重要であることを述べている。

トカゲ類全体の種間比較研究ではヴィット（Vitt, L. J.）らが行った分析が重要である。繁殖に費やす努力を評価する上でRCM（relative clutch mass；相対一腹量）を用い、1回の繁殖に費やされる労力とトカゲ類の行動特性との関係を分析した（Vitt & Congdon 1978）。RCMは、卵をもった雌の体重で一腹の卵重の合計を割った数値である。この分析では、広く探索採餌を行うタイプと待ち伏せタイプを比較し、RCMは待ち伏せタイプの方が大きいことを示した。そして、卵を一度に多く生産することと、活発な行動が両立しないことを間接的に示した。この分析はまた、生活史以外に、体型といった形態や採食行動などの特性が、繁殖特性に制約を与えることを示した。

4-3　カナヘビ類の繁殖生態

カナヘビ属はアジアの南北に広く分布し、きわめて細長い体型で草の間を縫うように生活し、ほとんどの種は冬眠以外に地中にもぐることはあまりない。つまりトカゲ類の中でも活発に動き回るタイプである。行動には若干の種間差があり、八重山諸島に分布するサキシマカナヘビ（*Takydromus dorsalis*）は草の間だけでなく樹上に登ることも多いのに対して、対馬と朝鮮半島からロシア沿海地方南部にかけて分布するアムールカナヘビ（*T. amurensis*）は地中の穴に逃げ込む（図 4-1 ［44 頁に掲載］）。その生活上の違いは繁殖特性に影響していると考えられる。

カナヘビ属ではほとんどの種について一腹卵数のデータが得られていて、いくつかの種では卵サイズや孵化子サイズなどのデータも得られている（表

4. カナヘビ類の繁殖生態（竹中 践）

表 4-2 カナヘビ属の繁殖に関する記録

種名*	産地	平均一腹卵数（範囲）	データ数	平均孵化体重（g）	平均産卵雌体重（g）	出典
アムールカナヘビ	沿海（ロシア）	7	1	—	—	Terent'ev & Chernov（1949）
	沿海（ロシア）	(2-8)	—	—	—	Szczerbak（2003）
	ラゾ（ロシア）	4.0 (3-7)	14	0.36	—	竹中（未発表）
	遼寧（中国）	6	2	—	—	Ji et al.（1987）
	対馬（日本）	5.1	5	0.32	4.5	Takenaka（1989）
ニホンカナヘビ	北海道・檜山（日本）	3.6	15	0.41	4.0	Takenaka（1989）
	茨城（日本）	4.7	3	0.26	3.3	Takenaka（1989）
	埼玉（日本）	3.4 (1-7)	332	—	—	Telford（1969）
	東京（日本）	3.2	5	0.24	2.5	Takenaka（1989）
	猿島・神奈川（日本）	3	2	0.24	1.8	Takenaka（1989）
	京都（日本）	3.6 (1-8)	275	—	—	石原（1964）
	福岡（日本）	4	2	0.26	3.2	Takenaka（1989）
	屋久島・山岳（日本）	4	1	0.34	4.1	竹中（未発表）
	屋久島・平地（日本）	2	3	0.29	—	Takenaka（1989）
アオカナヘビ	沖縄島（日本）	2.2	—	0.23	2.1	Takenaka（1989）
ミヤコカナヘビ	宮古島（日本）	2 (2)	4	—	—	Takeda & Ota（1996）
サキシマカナヘビ	西表島（日本）	1.4 (1-2)	5	0.32	3.4	Takenaka（1989）
シロスジカナヘビ	黒竜江（中国）	5.5 (4-9)	—	—	—	Ji et al.（1987）
	黒竜江（中国）	5.0	21	0.25	3.0	Sun et al.（2013）
	安徽（中国）	2.7	25	0.27	2.6	Sun et al.（2013）
キタカナヘビ	福建（中国）	3.2 (1-6)	23	—	—	Pope（1929）
	広西（中国）	2	10	0.34	—	竹中（未発表）
スタイネガーカナヘビ	台湾	(2-6)	—	—	—	Wang（1966）
	台湾	3.5	23	—	—	Liu（1939）
	台湾	2.2 (1-4)	—	—	—	Cheng（1987）
ユキヤマカナヘビ	台湾・山岳	2	2	—	—	Lin & Cheng（1981）
	台湾・山岳	3.4 (2-5)	11	—	—	竹中（未発表）
	台湾・山岳	3.2 (2-4)	39	—	—	Huang（1998）
ザウターカナヘビ	台湾	2	9	—	—	Arnold（1997）
	台湾	2.0 (1-4)	31	—	—	Huang（2006）
タイワンカナヘビ	台湾	(2-3)	—	—	—	Liang & Wang（1975）
ムスジカナヘビ	福建（中国）	2.3 (2-3)	3	—	—	Pope（1929）
	広西（中国）	2.5	4	—	—	竹中（未発表）
	（マレーシア）	2.2 (2-3)	6	—	—	Kopstein（1938）
	（タイ）	(2-4)	—	—	—	Taylor（1963）
アッサムカナヘビ	アッサム（インド）	2	1	—	—	Arnold（1997）

*ミヤコカナヘビ（*T. toyamai*）、シロスジカナヘビ（*T. wolteri*）、キタカナヘビ（*T. septentrionalis*）、スタイネガーカナヘビ（*T. stejnegeri*）、ユキヤマカナヘビ（*T. hsuehshanensis*）、ザウターカナヘビ（*T. sauteri*）、タイワンカナヘビ（*T. formosanus*）、ムスジカナヘビ（*T. sexlineatus*）、アッサムカナヘビ（*T. khasiensis*）。

図4-1　a:サキシマカナヘビ。草木の上を動き回る体型をしている。b:アムールカナヘビ。おもに地表面で活動し、すぐに穴に潜る。

表4-3　ニホンカナヘビの繁殖に関する地域個体群の比較（Takenaka 1981）

	一腹卵数 （1歳）	一腹卵数 （2歳以上）	平均卵重 （乾重 mg）	一腹重量 と親重比
札幌（北海道）	—	5.1	119	0.90
上ノ国（北海道）	—	3.5	135	0.68
津軽（青森県）	3.0	4.2	102	0.80
田沢湖（秋田県）	3.0	4.3	96	0.72
河北（山形県）	2.8	4.1	97	0.87
水戸（茨城県）	3.0	4.1	85	0.73
高尾（東京都）	2.8	4.2	86	0.73
猿島（神奈川県）	2.9	4.4	82	0.76
函南（静岡県）	2.9	3.4	91	0.57
森（静岡県）	3.7	4.2	94	0.79
蒲郡（愛知県）	2.6	3.1	92	0.64
京都（京都府）	2.3	3.0	99	0.57
向島（広島県）	3.2	3.6	102	0.72
福岡（福岡県）	2.7	3.8	88	0.66
日向（宮崎県）	2.7	3.2	100	0.64
隼人（鹿児島県）	2.9	3.3	87	0.78
屋久島（鹿児島県）	2.2	2.9	111	0.67

4-2）。南の地域のカナヘビ類は一腹卵数が少なく1、2卵であることが多いが、北の地域の種は一腹卵数が多い。一腹卵数が多い種では、雌親の大きさおよび年齢と一腹卵数が正の相関を示すのが一般的である。

　ニホンカナヘビ（*T. tachydromoides*）では、ほとんどの個体群で北の地域型

4. カナヘビ類の繁殖生態 (竹中 践)

図4-2 屋久島の山岳地のニホンカナヘビはずんぐりして大きい。

の繁殖特性を示すが、屋久島の個体群では2卵を産むことが多く、その南に分布するアオカナヘビ (*T. smaragdinus*) の特性に似ている。つまり、属内の種間で見られる南北の傾向を、種内にも存在させているように見える (表4-3)。屋久島では山岳部に生息する個体群がいるが、その体型は太めで北海道のものに似る (図4-2)。生息数が少ないので産卵データは1例しか得られていないが、4卵を産み、孵化子は大きく、同島の平地のものとは異なっていた (表4-2 参照)。

　孵化子サイズあるいは卵重は、個体群ごとに比較的安定した数値をとる。当然のことながら、孵化子は単独生活を行わねばならないので、生活力のある孵化子が生まれるために、卵にはある程度の大きさが必要である。孵化子サイズは個体成長の始点にもなるので、生活史の進化の解明にとってかなめである。台湾固有のスタイネガーカナヘビ (*T. stejnegeri*) の幼体では、飼育下において個体間干渉が激しく、成長に差が生じるだけでなく直接他個体を攻撃する場合もあった。カナヘビ属の他の種では排他的な個体間干渉をする例はあまりないが、孵化子サイズは個体の競争能力の点でも重要であろう。生活可能な最小体サイズはどれほどであろうか。青森の津軽地方で捕獲し、しばらく飼育していたニホンカナヘビの雌が 0.13 g から 0.16 g の卵を3卵産んだ。その最小の卵から孵化した子は 0.13 g で、飼育下で生活可能であった。これは卵サイズ、孵化子サイズとも、同じ地域の捕獲直後の雌が産んだ場合の半分ほどの大きさである。このような例から、実際に野生個体群において生産される卵は生理的に必要な最小限のものよりは大きいことが推察される。北海道のニホンカナヘビでは 0.5 g を越えるような孵化子も見られる。大きな子は大きな卵から生まれるが、大きな卵を生産するという繁殖特性には、何らかの生態学的な要因が働いているはずである (図4-3)。北海道では成体サイズも他地域より大きいので、全体に体が大型化する要因があると思われる。アオカナヘビは、同じ親サイズのニホンカナヘビと比べ、より大きい卵を産み、一腹卵数は2卵にほぼ固定していて、雌親が大きいほど卵サイズが大きくなる傾向が見られる (Takenaka

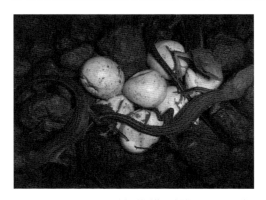

図4-3 ニホンカナヘビ（北海道）の孵化した子と卵殻

1981）。卵サイズは一腹をどのように分割して卵を生産するか、つまり一腹卵数とも関係する。ヨーロッパのカナヘビ類の種間比較では親の体サイズと孵化子サイズあるいは卵重との間に正の相関があることが示され、親の体サイズを基準化して分析すると卵重と一腹卵数の間には負の相関があり、卵数と卵サイズの間のトレードオフの傾向が示された（Bosch et al. 1998）。

　親の体サイズは、孵化子サイズと違って年を経て変化していく。ニホンカナヘビの例では、孵化子は若干成長したところで冬眠に入り、翌年の春に成長を再開し、成熟して繁殖に入ると繁殖中は成長が停止または鈍化し、繁殖後に再開する（Takenaka 1980）。調査における、ある繁殖親のサイズはこのような過程の一時点のものである。

　成熟は繁殖への資源配分を開始する時期であり、成熟サイズや成熟年齢はその点で重要な意味をもつ。成熟年齢は、アオカナヘビなどの南の地域の種では1年であり、北の地域のアムールカナヘビでは2年である。ニホンカナヘビでは関東以西の平地では1年で成熟するが、北海道では2年目にもち越される。北海道の個体群では出生翌年の繁殖期の途中で関東地方における成熟サイズに達するが、そのまま成長を続け、繁殖には入らない。一方、沖縄のアオカナヘビでは繁殖期の早い時期に生まれた卵から孵化した個体がその繁殖期の後半までに最小成熟サイズに達することがある。しかし、生まれた年のうちに卵巣が発達して繁殖することはない。成熟サイズと実際に繁殖を開始する年齢・時期は若干複雑な関係にある。繁殖期はニホンカナヘビの場合、4〜5月から始まり、7月に終わる。前年に生まれた個体は、繁殖期前に成熟サイズに達する場合と、繁殖期に入ってから成熟サイズに達する場合がある。東北地方の場合、繁殖期に入って成熟サイズに達するが、その年に繁殖する個体と、2年目に繁殖を開始する個体が出る。屋久島の個体群では、孵化翌年の繁殖期までにはほとんどの個体が最小成熟サイズを越えている。繁殖する親の大きさは繁殖生態学で重

要であるが、野外個体群で測定したある時期の親の平均サイズや繁殖個体の最小サイズというものは、あくまでもおおまかな指標と見るべきものである。

年間産卵回数も繁殖の分析に重要であるが、カナヘビ属ではあまりわかっていない。カナヘビ属では卵巣から卵を排卵した後の黄体が縮小してオレンジ色の小さな粒状のもの（白体と呼ばれる）となって、そのまま卵巣内に残るので過去の産卵数がわかる（Takenaka 1981；Telford 1969, 1997）。白体の数や縮小しつつある黄体の数、発達しつつある卵黄蓄積濾胞から、産卵回数や親雌の年齢がある程度わかる（口絵 ii 頁参照）。ニホンカナヘビは北海道では年2回産卵が普通だが、本州の平地では3回が普通で、4回産むこともあると推定されている（Takenaka 1981；Telford 1969, 1997）。その他の種についても年複数回産卵することがわかっており、カナヘビ属において年1回産卵という例は知られていない。なお、過去の産卵数を示す卵巣内の白体の残存は、カナヘビ属だけでなく、グリーンアノールやハブ、ミナミヤモリなどでもわかってきていて、カナヘビ属と同様に繁殖分析が行われている（添田ら 2013；竹中ら 2008；竹中・森口 2013：口絵 ii 頁参照）。

一腹卵数や卵重、年間産卵回数とともに、雌親の繁殖の負担（繁殖努力）を示す数値として、親サイズに対してどれだけの卵量を生産したかが指標となる。その一つはヴィットが提案した RCM であるが、これは分母の親の体重に卵重も含まれるのでカナヘビ属では用いにくい面がある。なぜなら、カナヘビ属では一腹の卵が輸卵管に存在する状態で、次の一腹の卵が卵巣中で発達しはじめる。RCM ではそれをどう扱うべきかが考慮されていない。ここではニホンカナヘビを例に、標本を測定する際に卵巣、胃などの内臓を除いた親の重量と一腹の卵重との単純な比を、1回の繁殖努力の指標として見てみる（表 **4-3** 参照）。その数値は 0.5 を越えて 0.9 となっている例もある。つまり、筋肉や骨などで構成される親の運動を支える部分に対して、繁殖のために生産される卵量は、その半分以上あるいは等量近くに達するのである。腹腔内に保持される卵が生産面でも運動面でもどれだけ雌親の負担となるか直感的にも想像できよう。

4-4　カナヘビ類の繁殖生態学の今後の展望

種や個体群の繁殖の諸特性の違いや、特性相互あるいは環境要因との関係を分析して、どのような適応的意味があるかを解明することは、繁殖生態学の大

きな目的の一つである。これを詳細に行うには、データ量を充実させて数値の分散の意義を考察することや、詳細な生理学的な実験を行うといったことが考えられる。しかし、過去に行われてきた多数の固定標本を分析するといったことを、今後行うことは困難であり、また行うべきではないであろう。それは、多くの地域でカナヘビ類も減少しており、研究のための採集自体が地域個体群に深刻な打撃を与えかねないという危惧がでてきているからである。とはいっても標本による分析が必要なことはある。たとえば、発達中の卵の一部が発達を停止して吸収されてしまう濾泡閉鎖といった現象の頻度のデータは、生きたままの個体から得ることはできない。将来の繁殖のための蓄積脂肪量を計るといったことも同様である。そのような最小限度の標本分析は行うとしても、できれば個体標識による野外での個体追跡を分析の中心とすることが望ましい。

　筆者は、札幌の丘陵地に調査地を設定し、ニホンカナヘビの標識・再捕獲調査を行っている。この調査では妊娠雌を一時飼育し、産卵させて卵を孵化させ、孵化幼体も個体標識して放す。この個体群は密度が低く、再捕獲記録は十分に得られたとはいえないが、それでも興味ある記録がいくつか得られている。たとえば、ある雌は1994年に産後体重4.0gで5卵を産み、総卵重は1.85g、平均卵重は0.37gであった。同じ雌が1995年に産後体重4.0gで6卵を産み、総卵重は1.73g、平均卵重は0.29gであった。この例では、同じ雌でも5卵生産した場合と6卵生産した場合とで、卵サイズが違うことがありそうだということが示されている。このような例をあげていくと、繁殖に関して遺伝的な面と環境因子による面を分けていくことの難しさがわかる。成長の違いの例が得られることもある。同時期に孵化した体長28mmの2個体が3年後に再捕獲され、一方は体長66mmとなっていたが、もう一方は61mmしかなかった。この調査で得られた孵化子体重の年間平均値は、1993年から1998年にかけて順に0.39g、0.38g、0.35g、0.42g、0.39g、0.40gとなり、最大で20％もの差がでた。茨城県つくば市で行った同様の調査で、ある雌は6月上旬に5卵産み体重2.7gとなり、同じ年の7月上旬に3卵産んで2.9gとなり、7月下旬に1卵産んで2.3gとなった。別の雌は6月上旬に6卵を産んで4.1gとなり、7月下旬に5.1gになったところで5卵産んで3.0gとなった。このような個体内での変異や個体差、年較差の例が詳しくわかってくれば、これまでよく行われてきた個体群間の平均値を比較するという手法の問題点が浮かび上がってくる。

これまでのトカゲ類の繁殖研究では、個体差や年較差を単純な分散としてしか捉えず、平均値を重視し、分散の有意性が重視されてきた。しかし、生活史や繁殖特性の適応において選択されるのは、平均値ではなく、個々の個体である。たぶんこれから重要になるのは、個々の個体の成長と繁殖の一生の経過を分析することであろう。個体群は均質でない多様な個体の集合であり、さまざまな経過をたどる個体のまとまりと捉えることができる。温度などの気候要因や個体群密度の影響が、生活史や繁殖特性の何に対して効果をもたらすかは、個体の経過の反応が分析できて、初めて具体的に明らかになるのではないであろうか。カナヘビ類においても、実験的な飼育条件下で繁殖特性に変化が見られるかといった研究が行われるようになってきている。たとえば、キタカナヘビでは温度の高い飼育環境や餌が多い条件では産卵回数が増加したが、卵サイズは比較した条件の場合との間で差が見られなかったといった研究がある（Du 2006；Du *et al.* 2005）。

　一方、種や個体群の変異の範囲は、形態や生理的な特性によって生態学的な制約を受ける（Barbault 1988）。成長や繁殖の個体変異を具体的に分析することと、属や種あるいは地域個体群の形態や生理的な特性の制約範囲を正確に示すことが必要であろう。その手法でこそ、トカゲ類の生活史の単純さを本当の意味で活かした研究ができるであろうし、平均値を比較分析してきただけの長い寄り道から脱出できるかもしれない。

5. 日本産イシガメ科カメ類の生態

安川雄一郎

5-1 はじめに

　イシガメ科（Geoemydidae）はカメ目中最大の科で、淡水生または湿地生の陸生種を中心とした生態的にも多様な種がユーラシア、北アフリカ、中南米の温帯、亜熱帯および熱帯を中心に分布を拡げている。この 25 年ほどの間にイシガメ科から多数の種・亜種が記載されるとともに、以前は同じ科とされていたヌマガメ科（Emydidae）との違いや、このイシガメ科の独自性が理解され、系統分類学的な研究は大きく進展した（第 10 章参照）。
　イシガメ科に多い淡水生、湿地生のカメ類は、攪乱の少ない環境では本来多数の個体が生息し、そのサイズも比較的大きいことから現存量が非常に大きい。現存量の大きさだけでなく、カメ類はさまざまな動植物あるいはその遺骸を摂食し、また卵や幼体を中心に補食されることで、他の多くの生物と密接な関係をもつことから、生態系の中で重要な役割を演じていると思われるが、その解明は遅れており、イシガメ科も例外ではない（van Dijk *et al.* 2000）。その一方で、この科の大半の種が生息地の消失や生息環境の悪化、食用や薬用あるいはペット用としての採集によって激減しており、かつては非常に個体数の多い普通種とされ、保全の対象とみなされていなかった種までが絶滅の危機にあるということが明らかとなった。同様に絶滅危機に瀕する他科のアジア産カメ類も併せ、この問題は、「アジアのカメ危機（Asian Turtle Crisis）」として知られるようになったが、その中でもイシガメ科はとくに深刻な状態にある種を多数含んでいる（van Dijk *et al.* 2000, 2014）。
　ある種の保全を考える場合、その生態的な特性が不明では適切な保全策を考えることもままならない。イシガメ科に対する自然史学的な関心が高まるとともに、生態系の構成要素としての重要性や保全対象としての緊急性が認識され始めたことは、このグループの生態的研究の必要性を広く知らしめ、その進展を後押ししている。

5-2 日本産イシガメ科カメ類とその生態学的研究

日本国内に生息するイシガメ科カメ類はニホンイシガメ (*Mauremys japonica*;図 5-1)、ヤエヤマイシガメ (*M. mutica kami*;図 5-2)、クサガメ (*M. reevesii*)、リュウキュウヤマガメ (*Geoemyda japonica*)、ヤエヤマセマルハコガメ (*Cuora flavomarginata evelynae*) の5種類である。ヤエヤマイシガメの基亜種であるミナミイシガメ (*M. m. mutica*) も京都府・大阪府・滋賀県に分布しているが、昭和初期以前に移入された外来種である可能性が高い。また、クサガメは疋田・鈴木 (2010) および Suzuki *et al.* (2011) によれば外来生物であり、おそらく江戸時代に朝鮮半島から持ち込まれたと見られる種だが、日本国内では普通種であり、定着の歴史も古いことから、本稿では日本産として扱う。上記のイシガメ科カメ類のうち、最初の3種類はイシガメ属 (*Mauremys*) に分類されるが、この1群と他の2種類の計3群は系統的には遠縁であり (第10章参照)、生息環境や生態にも種類数からすればかなりの多様性がある (表 5-1)。

日本国内のイシガメ科の生態学的知見は、少数の野外での観察例としての一例報告や図鑑の生態に関する記述 (たとえば中村・上野 1963；千石 1979) を除けば、かつては飼育下での繁殖に関する報告がほとんどであった (たとえば Fukada 1965)。その中で、Yabe (1989, 1992, 1994) はいち早く野外で標識再捕獲法や、電波発信器を利用して個体追跡を行い、ニホンイシガメやクサガメの野生個体群の生態学的研究を行った。その後、標識再捕獲法による個体群構成の調査を中心としたフィールドデータに基づく研究は日本国内におけるイシガメ科の生態

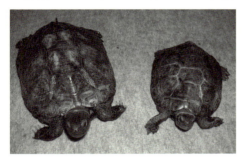

図5-1　ニホンイシガメ (*Mauremys japonica*) 成体の雌 (左側) と雄 (右側)

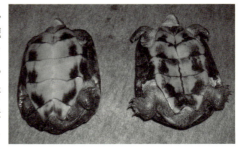

図5-2　ヤエヤマイシガメ (*Mauremys mutica kami*) 成体の雌 (左側) と雄 (右側)

第Ⅱ編　爬虫類の生態と行動

表 5-1　日本産イシガメ科カメ類の分布、生息場所、生息場所とその習性

	自然分布	生息場所	活動時間	雌雄の体サイズ	交尾行動	食性
ニホンイシガメ *Mauremys japonica*	本州、四国、九州とその属島	半水生	昼行性	雌＞雄	ディスプレイ型	雑食性
ヤエヤマイシガメ *Mauremys mutica kami*	石垣島、西表島、与那国島	半水生	夜行性	雄＞雌	強制受精型	雑食性
クサガメ *Mauremys reevesii*	中国南東部と南部、朝鮮半島南部（国内では本州、四国、九州などに定着）	半水生	昼行性	雌＞雄	ディスプレイ型	雑食性
リュウキュウヤマガメ *Geoemyda japonica*	沖縄島北部、久米島、渡嘉敷島	陸生	昼行性	雌＝雄	強制受精型	雑食性
ヤエヤマセマルハコガメ *Cuora flavomarginata evelynae*	石垣島、西表島	陸生	昼行性	雌＝雄	折衷型	雑食性

千石 (1979)、安川 (1996)、Ernst *et al.* (2000)、および本文中の記述に基づく。

学的研究の主流となっている。

　国の天然記念物であるリュウキュウヤマガメやヤエヤマセマルハコガメについては、保全を念頭に置いた研究も行われている（黒澤・太田 2003；喜屋武 2003；大谷・喜屋武 2005）。また、従来は普通種とされ、保全の対象とみなされることの少なかったクサガメやニホンイシガメでも、保全生物学的な観点からの研究が始まり（矢部 2002）、ニホンイシガメは環境省の 2012 年版レッドリストに絶滅危惧 II 類（VU：vulnerable）として掲載されることになった。

　以下では、在来のイシガメ科 5 種の（1）生息環境と季節的移動、（2）個体群構成と成長、（3）繁殖、（4）食性について、現在までに得られた生態的知見を紹介する。

5-2-1　生息環境と季節的移動

　ニホンイシガメ、ヤエヤマイシガメ、クサガメはいずれも半水生で、低地や里山の水場やその周辺に生息するが、ニホンイシガメのみは山麓部の水域に多く、河川の上流部にも生息する（矢部 2002）。小菅ら（2003）は千葉県南部の小糸川水系で、本流の下流域とそこに注ぎ込む支流の下流部ではクサガメがニホンイシガメより優占していたが、その支流の上流部ではニホンイシガメのみが見つかるか、優占したとしている。また、本流のこの支流との合流点より上流にある、支流を含む中流域、上流域ではニホンイシガメのみが確認されたという。

　標識再捕獲法と電波発信器を用いた追跡により、ニホンイシガメは里山的な環境では夏季に特定のホームレンジをもつ個体が多く、点在する複数の小規模な水場を行き来することが確認されている。また、毎年、特定の池や谷川を冬眠場所とし、4 月後半に特定の灌漑水田へ移動し、夏の間はそこで過ごし、9 月頃ふたたび同じ越冬場所に移動することも知られている（Yabe 1992；矢部 2002）。水場間や、冬眠場所と夏季の生息場所との間を移動する個体が陸上で目撃されることも多く、ときには山の斜面や尾根筋などの水場から離れた環境で見つかることもある。ニホンイシガメは里山環境以外に、比較的規模の大きな河川や湖沼にも生息するが、そのような個体群の季節的な移動については報告がない。

　同様の季節移動はクサガメやヤエヤマイシガメでも行われている可能性が高く、水田に水のない時期には姿の見られないこれらの種が、灌漑後には数多く

見つかり、ふたたび水が抜かれると姿を消すことがある。しかし、これら 2 種の移動の詳細は不明である。

　リュウキュウヤマガメとヤエヤマセマルハコガメはいずれも陸生で、農耕地やその周辺の路上や側溝などに餌を求めて出てくることがあるが、基本的には照葉樹性の原生林や比較的環境の良い二次林に生息し、湿った環境を好む（黒澤・太田 2003；大谷・喜屋武 2005）。

　沖縄島北部での農道沿いを中心とした標識再捕獲法と糸巻きを用いた個体追跡により、リュウキュウヤマガメは側溝の周囲で高頻度に確認され、道路沿いの落ち葉のたまった側溝を餌場として積極的に利用している可能性が高いことがわかった。側溝の周辺に出現する個体数には季節により雌雄差があり、春は雄が多い傾向があり、秋の産卵終了後には雌の割合が有意に高く、これは雌雄の季節的な移動パターンの違いを反映していると思われる。最大捕獲回数と地点間移動距離のデータは、雌は雄に比べ定住性が低いことを示唆していた（喜屋武 2003；大谷・喜屋武 2005；大谷ら 2008）。

　また、リュウキュウヤマガメは山の斜面に点在する岩穴や木根痕（木の根が腐った後に残る穴）を積極的に利用することがわかっている。これらの穴の利用時期は冬季に限らず、利用個体はむしろ梅雨期前の 5 月にもっとも多かった。1 週間後の次の調査までに姿を消す個体がいる一方で、数週にわたって滞在する個体も多く、滞在する期間は最長 9 週間（2 〜 4 月）に及ぶ。冬季に 1 週間以内に姿を消すケースがある一方で、5 〜 6 月にかけて 8 週間も穴の中に滞在していた例もあり、穴への滞在が単なる冬季や夏季の一時的な休眠とは考えにくい。穴に滞在する個体は、冬季以外には穴の中で動き回り、入り口付近まで出てくることもあるが、糸巻きを利用した調査の結果などから、滞在中まったく穴から出ないことが確認された個体もいるので、夜間などにシェルターとして利用するのでもなく、穴利用の意義ははっきりしない（大谷 2003a）。

　セマルハコガメについては、西表島北部の照葉樹林で標識再捕獲法と電波発信器を用いた追跡による調査が行われ、雄は冬、雌は秋〜春の間ほとんど移動しないことがわかった。また、雌雄とも活動性の高い夏季には平坦な地形を好み、採餌場所および、雌では産卵場所として利用していることが推測された。平坦地には泥、砂泥、砂、落葉などのさまざまな底質があり、体温上昇や乾燥を抑えるためにそれらの底質を利用している可能性もある。夏季には雌雄とも平坦な地形以外の環境も利用したが、その選択性には個体差が大きかった。こ

の調査地にはまとまった餌のある環境が少ないと予想されたことから、各個体は状況に応じて周辺でも索餌を行っていることが考えられる。冬季には雌雄を含む複数個体が乾いた落葉のある環境に多く見られ、好んでそこを越冬場所として利用するものと思われる（黒澤・太田 2003）。

5-2-2　個体群構成と成長

　在来種では、ニホンイシガメとクサガメで標識再捕獲法による個体群の体サイズと齢の構成の調査が各地で行われている。Yabe（1989）は三重県北部でニホンイシガメの体サイズと齢の構成、さらにその成長と成熟について調べた。ニホンイシガメの幼体は雌雄同じ早さで成長するが、雄は 3 歳前後の背甲長 80 mm 程度で性成熟し、それ以後成長が鈍化する。一方、雌は 10 歳前後の背甲長 150 mm 程度で性成熟し、それまでに保たれた年 10 〜 15 mm 程度の成長速度はやはり鈍化する。また、雌は雄より長寿で 10 歳以上の個体の割合が高い。その結果、ニホンイシガメの成体は、雌が雄よりかなり大型化し（図 5-1、表 5-1 参照）、大型の成熟個体での体重差は 4 〜 5 倍にも達する。

　Yabe（1994）は岐阜県南西部のクサガメで、サイズ構成と齢構成を調べ、クサガメではニホンイシガメほどではないがやはり雌がより大型となり、同時に雄に比べ雌で 10 歳を超える成熟個体が多いことから、この個体群では恐らく雌の死亡率が低く、寿命が長いことを確認した。また、クサガメの雄は著しい黒化（メラニズム）を起こし、全身が一様な黒色または黒に近い暗褐色に変化することが知られていたが、この個体群での調査から、この現象が従来言われていたように老齢の個体でのみ起こる変化ではなく、雄の成体で性成熟の開始に前後して、約 1 年以上かけて起こることが明らかになった。黒化していない雄の背甲長は最大 134.6 mm であるが、黒化進行中（6 〜 9 歳）の雄は最大 151.4 mm（平均 140.3 mm）であり、黒化完了したもの（いずれも 7 歳以上）は最大 185.5 mm（平均 149.6 mm）であった。10 歳以上の個体はすべて黒化していた（図 5-3）。黒化の起こる齢や背甲長には個体差が著しいが、成熟した雄は最終的にすべてが黒化すると思われる。

　Takenaka & Hasegawa（2001）は、四国の東側に位置する伊島でクサガメ個体群の齢構成や性比の調査を行い、3 〜 6 歳の個体の性比はほぼ等しく、雄は全体の 49 ％を占めるが、7 〜 12 歳ではこの割合は 54 ％となり、13 歳以上では 81 ％にまで上昇することを見出した。この個体群では Yabe（1994）とは逆

第Ⅱ編　爬虫類の生態と行動

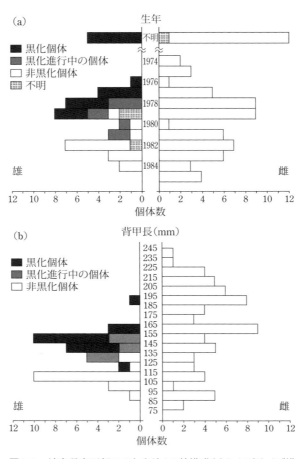

図5-3　岐阜県南西部でのクサガメの齢構成(a)およびサイズ構成(b)と、雄での黒化現象の発現との関係。齢組成については1987年の状態を示し、この年において黒化の有無が不明の個体は不明個体とした。Yabe（1994）を改変。

に雌で雄より死亡率が高く、特に性成熟した雌の死亡率が高いため、雄に偏った性比になると考えられる。この島のクサガメの生息密度は他に例がないほど高く、水場での個体密度は1haあたり80個体に達する。そのため、栄養状態が悪い可能性があり、この島の個体群は雌雄とも成体はYabe（1994）の調査したものに比べて小型である。冬眠中に雌の成体が死亡する可能性が高いことから、高い密度と島という閉鎖環境が、相対的に少ない餌量と栄養状態の悪さ

につながり、繁殖のために高いエネルギーコストのかかる雌での高い死亡率を引き起こすことが考えられる。この点を確かめるために現在、対岸の四国側での調査が進められている。

　以上の調査地にはいずれも1種が分布するのみだが、中島ら（2000）はニホンイシガメとクサガメの混生地でおもに齢構成について調べている。しかし、2種の同所的生息による個体群構成への影響は明確ではない。他に複数の島でヤエヤマイシガメ個体群の標識再捕獲法による調査が行われてきたが、その結果は学会などで部分的にしか発表されておらず、論文としての公表が待たれている。ヤエヤマイシガメはニホンイシガメやクサガメとは異なり亜熱帯島嶼産であるが、雄が雌より背甲長がわずかに大きく（図 5-2 参照）、夜行性であるなど、生態的にもかなり異なり（表 5-1 参照）、個体群構成の解明が待たれる種である。

5-2-3　繁　殖

　イシガメ科カメ類には飼育の容易な種が多く、飼育下でも比較的よく繁殖するので、日本産についても飼育下での繁殖データは前述の通り比較的よく集められている。その一方で、野外での性成熟、交尾、産卵、卵の孵化などの繁殖生態に関する研究はきわめて限られている。これは野外では繁殖行動の観察が難しく、少数の交尾行動や産卵行動の観察例はあるものの、まとまった生態学的なデータを取るのが困難なことや、解剖による生殖腺の直接観察がこれまでほとんど行われてこなかったことなどが原因である。実際、在来のカメ類のいずれでも個体数の減少が懸念されている現状では、駆除の対象となる外来種や外来個体群はともかく、多数の成熟個体の死亡につながる研究は避けられる傾向がある。

　カメ類の生殖腺の状態を調べる、より非侵襲的な方法としては、ソフトX線撮影、超音波診断、ホルモンや関連物質の血中濃度の調査などがあり、国外では実際に用いられている。しかし、日本産ではクサガメでのビテロジェニン（女性ホルモン刺激で生成される卵黄タンパク）に関する研究（たとえば Saka et al. 2011）以外では、ソフトX線撮影により、輸卵管内の有殻卵の個数を調べた研究成果の一部が学会発表されたのみである。このような非侵襲的な方法による繁殖生態や生殖腺サイクルの解明は、日本産イシガメ科の生態学的研究においてとくに進展の望まれる部分である。

飼育下などでの観察に基づいて、ニホンイシガメとクサガメの交尾は求愛行動を伴うディスプレイ型なのに対し、ヤエヤマイシガメ（森 1986）とリュウキュウヤマガメ（大谷 2003b）の交尾は求愛行動なしに雄が頸などに咬みついて動きを止め、一見強引に行われる強制授精型とされる。大谷（2003c）は、セマルハコガメ（亜種不明）は雄が雌に対し頸を振る求愛行動を行うが、雌が交尾に応じない場合、雌に鼻汁をかけたり、時には項甲板付近に咬みついたりして雌の動きを止めてから、強制授精型に近い交尾を行うこともあるとしている（折衷型）。

5-2-4 食　性

日本産イシガメ類の食性についての知見は、摂食の直接観察や糞中の不消化物の確認などの逸話的なデータを集めたものが多い。図鑑などの記述ではいずれの種も基本的に雑食とされ、昆虫、甲殻類、ミミズ、巻貝などの無脊椎動物、小型の脊椎動物、それらや大型脊椎動物の死骸などの動物質、藻類、水生植物および陸上植物の葉、花、実生、果実などのさまざまな部分からなる植物質を食べるとされる（中村・上野 1963；千石 1979；安川 1996）。

直接観察で得られるデータは定量化や餌全体の網羅が難しく、個体群、齢、性別、サイズなどの差異に関わる食性の違いを捉えることができない。より詳しいデータを得る方法としては、解剖により直接消化管内容物を調べる方法もあるが、より非侵襲的な糞分析や胃洗浄法が用いられることが多い。国内での研究はごく限られるが、糞分析による調査は、石川県南部のニホンイシガメ、クサガメ、ミシシッピアカミミガメ（野田・鎌田 2004）や、沖縄島北部のリュウキュウヤマガメ（寺田 2003）でなされている。得られたデータ数は少ないが、結果はこれらの種の食性に関する従来の知見と矛盾しない。とくに、野田・鎌田（2004）は、ニホンイシガメやクサガメでは同種内でも地点により食性が異なることを明らかにしている。

しかし、糞分析では消化が進めば内容物の同定や計量・計数が困難になるし、食物の消化率には種類ごとの大きな差があるため、糞中での容積や重量などの比率が実際の摂食量の比率から大幅にずれることが予想される。また、難消化性のクチクラや石灰質などからなる硬質部分が少ない餌生物については、確認が困難となる。そのため、消化がまだあまり進んでいない状態で摂食内容物を採取できる胃洗浄法は糞分析法より有効であり、現時点で可能な最良の食性調

査方法とみなされている（Parmenter & Avery 1990）。

　矢部（2002）は、胃洗浄法ではカメ類の攻撃性を利用してチューブを呑ませるので、積極的に噛み付かない在来種では使用できないとしている。しかし、Chen & Lue（1999b）は、ニホンイシガメやクサガメと同属で、甲長や性質があまり変わらないハナガメ（*Mauremys sinensis*）の台湾の個体群で、胃洗浄法により背甲長62.8〜250 mmの136個体から胃内容物を得ている。また、実際の胃洗浄法のやり方としては、斜めに設置した専用の台にカメの頭部を斜め下に向け背甲を下側にした姿勢で拘束し、上顎と下顎の角質の鞘にワイヤーを結びつけた釣り針を掛けて引っ張り、頸を伸ばして口を開けた状態で固定後、胃内にチューブを挿入して注水し、胃内容物を取り出すという方法がとられている（Parmenter 1980；Parmenter & Avery 1990：後者は実際の手順を写真付きで紹介している）。小型の個体では台に固定せず、手で頭部の基部を指で保定して頸を伸ばし、口を開けさせチューブを挿入するという方法も可能である。Chen & Lue（1999）もこれらと同様の方法をとっている。筆者は予備実験的にクサガメやヤエヤマイシガメの飼育していた成体でこれらの方法を試したが、とくに問題もなく胃内容物を採取できた。このように胃洗浄法による食性調査は日本のイシガメ科でもおそらく有効であり、今後広まる方法と思われる。

　矢部（2002）は、ニホンイシガメの糞中に飛翔性昆虫が見つかったことや、この種が脊椎動物の死体や犬の糞、地面に落ちた果実などを食べる様子を観察したことから、カメ類を里山の食物連鎖における分解者と位置づけ、ニホンイシガメの里山の分解者としての役割がもっと注目されてよいとしている。カメ類を分解者ないし掃除屋（スカベンジャー）として捉えるのは新たな観点であり、その観点からの研究は貴重な成果を生む可能性がある。しかし、カメ類の多くは雑食性であり、分解者であると同時に、第一次消費者や、第二次ないしより高次の消費者でもあるから、生息地内の多くの生物に対して消費者として直接関わりをもっていることがより重要であると筆者には思われる。たとえば食植者として、ニホンイシガメではカキノキやヤマモモ（安川 未発表）、リュウキュウヤマガメではイヌビワ類（寺田 2003）の実が糞中に多数見つかることがあり、種子分散への貢献が予想される。分解者であるということを含め、その食性を詳細に調べ直すことで、イシガメ科が担っている多様な生態的役割の全貌を解明することこそ今後の課題とすべきではないだろうか。

5-3 おわりに

　駆け足で在来のイシガメ科についての生態学的な研究を紹介したが、筆者が解説（安川 1996）を執筆してからの約 20 年で、このグループの生態的知見が着実に増えていることを喜ぶと同時に、未解明の点や今後の研究が望まれる点が次々に浮かび上がってくるのを実感した。

　外国産のカメ類だけでなく、本来の分布域外に定着した在来種を含めた外来生物としてのカメ類は種数も増え、分布の拡大を続けており、中にはミシシッピアカミミガメのように、日本には科として分布しないヌマガメ科に属すが、日本の各地でもっとも普通に見られるカメとなってしまった外来種までいる（日本生態学会 2002）。これら外来種の生物多様性への影響や、在来種との関係など、本章で取り上げた内容以外にも喫緊の課題には事欠かない。

　幸いカメ類の生態学的研究に関わる研究者数も確実に増加して、新たなアプローチによるさらなる成果が期待される。そうした今後の研究だけでなく、本章の各所で触れた公表の遅れている数々の研究が論文として出版され、この分野がさらに発展することを筆者は願ってやまない。

6. ヘビ類の行動

森　哲

　まず、2つの点をよく覚えておいてもらいたい。
　第一に、ヘビ類は細長く四肢がないという独特の形態をもっているが、基本的な行動の内容は、「休み、食べ、繁殖し、敵から身を守る」といったもので、他の動物と何ら変わりはなく、違うのはこれらの目的を果たすために具体的にどのような行動をとっているか、という点だということである。
　第二に、ヘビ類と一口に言っても、その種数は3500を越える。ヘビ類全般に共通の行動パターンはもちろんあるが、個々の具体的な行動は種ごとにさまざまに異なる。以下では総括的な解説を中心とするが、これらに当てはまらない種も多数いるのだということを忘れないでもらいたい。

6-1　行動の研究方法

6-1-1　観　察

　透き通るような青空のもと、陽春の朝のさわやかな微風が田んぼに張った水を揺らし、水面は暖かな陽射しを反射してキラキラと光る。田んぼのわきの土手斜面は新緑の草花に被われ、まるで緑の絨毯をかぶせたかのように見える。その新緑の絨毯の上に、長さが1mあまり、太さがヒトの親指ほどの細長いものが、ゆるい波形を描いて横たわっている。シマヘビである。細長い体に沿って4本の黒いストライプ模様がはしり、明るい麦わら色の地色と鮮明なコントラストをなしている。脱皮したばかりであるため、全身の体隣は陽光を浴びてつやつやと輝く。どうやら朝一番の日光浴の最中らしい。
　ふと気付くと、いつ動きはじめたのか、シマヘビはゆっくりと前進しており、土手の斜面を畔へと下りてくる。ヒトの肩幅ほどの畔を横切り、なんの躊躇もなく田んぼの中へ入って、水面をスルスルと泳ぎだす。すると、どこから現れたのか、一回り大きな別のシマヘビが斜め後方から泳いで近づいてきた。この後は一瞬のできごとである。大きい方のシマヘビの吻端が最初のシマヘビの頸

のあたりに触れるやいなや、小さい方の個体は目にも留まらぬ速さでUターンして、畔へ向かって泳ぎ、そのまま猛スピードで土手ぎわまで這い進んだのち、ピタッと止まってまったく動かなくなってしまった。大きい方はといえば、水面から首を高くもたげ、逃げ去ったシマヘビの方向へ頭を向けて静止している。数分間、両者はまったく姿勢を変えず、大きい方が、二叉に分かれた長い舌をときおりゆっくりと出し入れするのみである。

この張り詰めた均衡の中、何の偶然か、体長3cmほどのアマガエルが、大きい方のシマヘビの頭の下へ、スイスイと泳いできた。シマヘビの反応はすばやい。頭をほんのわずかに傾けてカエルの方を見たかと思うと、さっと頭を打ちおろし、一撃でカエルをくわえ込んだ。シマヘビは先程とまったく同じ位置で、ふたたび頭を水面から持ち上げた。そして今度は、独特のメカニズムで顎を動かし、くわえたカエルを呑み込みはじめる……。

6-1-2 研究の手順

前項の文章は、野外でのシマヘビ（*Elaphe quadrivirgata*）の様子を記述したものである。行動を研究するためには、生きた動物を相手にしなければならないが、一般にヘビ類は隠棲的であるため、その姿や行動を野外でじっくり観察するのはたやすくない。しかし、根気よく探せば、非常に良い観察場所や種が見つかる。場合によっては、野外で捕獲した個体を飼育し、室内でその行動を観察することも可能である。ヘビ類の行動の研究は年々増加しつつあるものの、まだけっして多くはない。近年では、単にヘビ類の行動の研究というだけでなく、動物行動学や進化生物学の材料としてもヘビ類が注目されている。しかしながら、行動を研究するのなら、まず、そのヘビが実際にどんなことをしているのかを知る必要がある。観察が発端となってさまざまな疑問が生まれ、その行動を司っているメカニズムや行動の機能を推測する動機が生じ、それを検証していく醍醐味が味わえるのである。

先のシマヘビの観察からもさまざまな疑問が生じる。なぜ日光浴をするのか。非常に目立つように思える4本の黒いストライプ模様のせいで天敵に見つかりやすくなったりしないのか。どうしてあんなにゆっくり動いたり、素早く動いたり、あるいは泳いだりできるのか。なぜ小さい個体は突然逃げ出したのか。大きい個体はなぜあとを追わないのか。なぜ舌を出し入れするのか。カエルが餌であることをどうやって認知したのか。目の前に現れた動物ならなんでも食

べるのか。手足を使わずにどうやってカエルを呑み込むのか。どれくらいの頻度で餌を食べるのか。

これらの疑問のなかには、答のわかっているものもあれば、未解決のまま残されているものもある。以下では、これらの疑問と関連したいくつかの研究例を簡単に紹介し、ヘビ類の行動学の一端を垣間見てみることにしよう。

6-2　主立った行動とその研究例

6-2-1　体温調節行動

動物のあらゆる活動は体内の生理的メカニズムに支配されている。この生理的メカニズムを円滑に機能させるためには、ある決まった温度を維持する必要がある。ヒトを含む哺乳類は体内の代謝により自ら熱を発生し、一定の体温を維持するので、内温（恒温）動物と呼ばれる。一方、ヘビ類は、他の爬虫類と同様、熱源を外界に依存しているため外温（変温）動物と呼ばれている。したがって、ヘビの体温は寒いところにいれば下がり、暑いところにいれば上昇する。しかしながら、野外で日中に活動中のヘビ類の体温を実際に測ってみると、朝夕を除くとかなり一定に維持されている（図6-1）。これは、ヘビが日光浴などを適切に行って、体温を調節しているためである。これを行動的体温調節

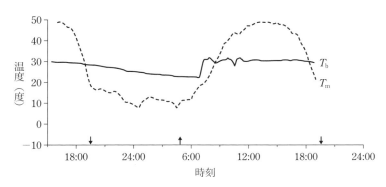

図6-1　ハイカイガーターヘビ（*Thamnophis elegans*）の体温の一日内の変化（Peterson 1987より改変）
野外に置いたヘビのモデルの温度（T_m）は一日を通して大きく変動するが、ヘビの体温（T_b）は30度前後で安定している。下向きの矢印は日没時刻を、上向きの矢印は日の出時刻を示す。

という。

　ヘビ類では、さまざまな行動の効率が体温と関係する。地上を這うときの最大速度、餌に咬み付くときに首を伸ばす速度、狙った獲物に正確に咬み付くことのできる割合などは、体温が高くなるにつれて上昇する。呑み込んだ餌を消化する速度も体温に依存する。体温が低いと、餌も捕まらないし、捕食者に襲われたときにすばやく逃げることもできない。もちろん、あまりに体温が高くなりすぎても、生理機能が麻痺し、下手をすれば死に至る。したがって、支障なく活動を行うためには、体温をできるだけある一定の値に維持しておくのがよい。このため、ヘビ類は朝、隠れ家から出てくると、まず日光浴をして体温を上昇させ、採餌や繁殖などの活動を開始する。寒い時期や雨の日などにヘビの姿を見かけなくなるのは、活動に適した体温を維持できないため外に出てこないからである。

　しかしながら、これは温帯に棲む典型的な昼行性のヘビの場合である。昼行性でも日陰を好み、ひらけた場所には滅多に出てこない種もいるし、そもそも多くのヘビは夜行性で日光浴のできない時間帯に活動する。彼らはいったいどうしているのか。最近の研究によって、夜行性のヘビでも日中に隠れ家のわきに出てきてこっそり日光浴をしていることや（Webb & Shine 1998）、昼行性の種に比べ低い体温で活動していることなどが判明しつつある（Dorcas & Peterson 1998；Mori et al. 2002）。また、熱帯では一年中気温が高いので、わざわざ日光浴をしなくても体温は常にある程度の高さに維持されるため、積極的な体温調節行動がみられないことも報告されている（Shine & Madsen 1996）。

　ヘビが積極的に維持しようとする体温は、実験下で温度勾配のある装置の中にヘビを入れ、選択する体温を測定することによって得られる。これは嗜好体温と呼ばれ、爬虫類の体温調節行動を研究する際には不可欠な情報である。たとえば、シマヘビでは30度前後の体温を好むことがわかっている（Tanaka 2007）。しかしながら、夜行性の種をはじめ、多くのヘビ類の嗜好体温はいまだ未知のままである。

6-2-2　対捕食者行動

　ある行動の意味や機能を考える際に忘れてはならないのは、その動物の色や形態などの特徴である。ヘビ類の体色や体の模様は多岐にわたる。シマヘビの

6. ヘビ類の行動（森　哲）

明瞭な縦長のストライプ、ウミヘビ類（*Laticauda*属など）に代表される明暗鮮やかなバンド模様、ニホンマムシ（*Gloydius blomhoffii*）の不規則に並ぶ大きな斑紋、単一色で地味な色をしたジムグリ（*Euprepiophis conspicillatus*）などなど（口絵 *iii* 頁参照）。種によっては、複数の色彩パターンを示す場合もあるし、幼体から成体へと成長するにつれて色彩パターンが変化することも珍しくない（森ら 2005）。逆に言えば、このような多種多様な色彩をもつに至った理由は、これらのヘビの行動を知らずして解明はできないのである。

　ヘビ類の色彩パターンがもつ機能の一つとして、捕食回避が考えられている。一見目立つように思える色や柄には、捕食者に発見されないようにしたり、捕食者の追跡からうまく逃げ延びたりするための機能があると考えられるのである。以下にその研究例を一つ示そう。

　ホクブガーターヘビ（*Thamnophis ordinoides*）には典型的なストライプタイプから、ストライプがまったくなく斑点が散在するだけの斑点タイプまで、段

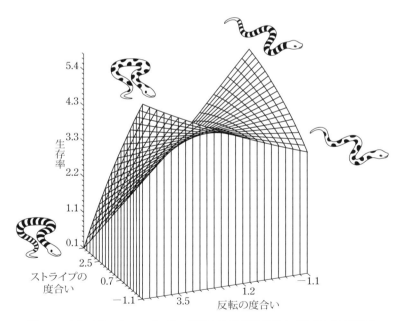

図6-2　ホクブガーターヘビの体の模様と逃避行動が生存率に及ぼす影響を示した3次元グラフ（Brodie 1992より改変）
　　　ストライプ模様が明瞭で、直進して逃げる傾向の強い個体（右奥）か、斑点模様が強く、向きを頻繁に変えて逃げる個体（左手前）の生存率が高い。

階的な色彩変異が存在する。生まれて間もない幼体の逃避行動を実験下で調べると、ストライプの明瞭な個体ほど一直線に前進して逃げる傾向があるのに対し、斑点タイプに近づくほどジグザグに逃げ、頻繁に反転して方向を変えるという（Brodie 1992）。一般に、ストライプ模様のヘビがゆっくりと前進しているとき、ヘビは静止しているように見え、たとえ動いていると認識できても、実際よりも遅い速度で移動しているように見えるという現象が、視覚的錯覚によって生じることが知られている。もし、ホクブガーターヘビの捕食者が視覚に頼って餌を見つけているとすれば、ストライプタイプの個体はまっすぐに逃げることにより、この視覚的錯覚を利用でき、結果として捕食を回避する確率が高まるだろう。斑点タイプの個体にはこの錯覚は起こらないので、このような個体は一直線に逃げるよりも、捕食者が予測ができないように不規則な方向へ逃げる方が得策だろう。実際、実験に使用した個体を野外に放逐し、その後の生存率を調査したところ、ストライプが明瞭で一直線に逃げる性質の強い個体と、斑点タイプで方向転換をする傾向の強い個体の生存率がもっとも高く、逆の組み合わせや、どっちつかずの行動を示す個体の生存率は低かったという（図 **6-2**）。

　色彩以外にも、ヘビ類は対捕食者行動と関連したさまざまな形態や器官をもっている。たとえば、ヤマカガシ（*Rhabdophis tigrinus*）は頸腺という特殊な器官に、ヒキガエルを食べることによって得た毒を溜め、独特な防御ディスプレイを駆使してこの毒を自分の身を守るのに転用する（森 2012：図 **6-3**）。これ以外にも多数の事例があるが、紙面の都合上、残念ながらここでは割愛させてもらう。

6-2-3　社会行動

　ヘビ類は冬眠時期などを除けば、基本的に単独で生活するため、これまで社会性の乏しい動物であると考えられてきた。しかし、もちろん繁殖はするので、異性との出会いや交渉はあるし、雄間での争いもある。「子育て」は存在しないが、ヒメハブ（*Ovophis okinavensis*）のように産んだ卵のそばに雌が寄り添う種も報告されており（Kadota *et al*. 2011）、数種のニシキヘビ（*Python* 属や *Morelia* 属など）では、筋肉を細かく収縮させて熱を発生し、外温よりもいくらか温度を上げて卵を温めたりもする（Brashears & DeNardo 2013）。さらに最近になって、野外観察に基づく、餌や日光浴場をめぐってのなわばり行

6. ヘビ類の行動（森　哲）

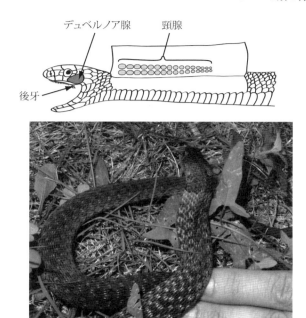

図6-3　上：ヤマカガシの頸腺、下：防御ディスプレイをするアカクビヤマカガシ（*Rhabdophis subminiatus*）
ヤマカガシは口腔内の毒腺（デュベルノア腺）とは別に、頸部の皮下に頸腺と呼ばれる防御器官をもつ。頸腺には、餌として食べたヒキガエルの皮膚毒液に由来するブファジエノライドという強心ステロイドが蓄えられている。アカクビヤマカガシも頸腺をもち、手で胴体を叩いたりすると、お辞儀するように首をアーチ状に曲げて、頸腺のある頸部背面を手に勢いよく打ちつけてくる。

動の観察事例も報告されるようになってきた（Huang *et al.* 2011；Webb *et al.* 2015）。

　ところで、ヘビ類はどうやって他の個体を認知しているのだろうか。程度の差こそあれ、ヘビは視覚、嗅覚、聴覚、触覚を備えている。しかし、ヘビが外界認知に利用している最も重要な感覚は嗅覚であろう。ヘビは外界の化学物質を感じ取ることにより、周囲の世界を把握しているのである。これになくてはならない器官が、二叉に分かれた細長い舌と、口腔内の上方に位置するヤコプソン器官（第2章参照）である。口内から外へ出された舌先は、空気中や物体上の化学物質を採取し、感覚器であるヤコプソン器官へ運びこむのである。ヘビが盛んに舌を出し入れするのはこのためである。これによってヘビ類は、

67

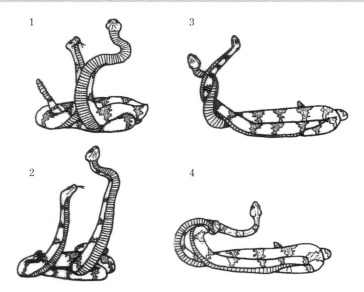

図6-4 イワガラガラヘビ（*Crotalus lepidus*）によるコンバットダンスのシークエンス（Carpenter *et al.* 1976 より改変）
繁殖期に2個体の雄が出会うと、胴体前部を地面から持ち上げながらお互いに近寄り（1～2）、胴体を絡ませ（3）、相手のより上側になるように伸び上がることを繰り返す（4）。

相手が同種か、異性か同性か、餌となる動物か、危険な捕食者かなどを認識するのである。

　雄の方が雌よりも大きくなる種では、繁殖期に雄どうしが雌をめぐって「コンバットダンス」と呼ばれる独特な闘争行動をすることが多い（図6-4）。ヨーロッパクサリヘビ（*Vipera berus*）の雄は、冬眠からさめ最初の脱皮を済ますと、雌が集まっている場所へと移動する。雄は出会った個体が同種の雄だと認知したとたん、コンバットダンスを始める。この闘争に勝つのはたいてい体の大きい方の個体であり、その結果、雌を獲得し交尾に成功する。とくに小さな雄は、他の雄に出合ってもコンバットダンスを行わず、さっさと逃げてしまい、雌との交尾もままならない（Madsen *et al.* 1993）。一方、アメリカマムシ（*Agkistrodon contortrix*）の雄は、コンバットダンスに負けてしまうとホルモン活性が変化し、もう一度同じ相手と対戦するのを避けるのはもとより、自分よりも体の小さい雄とも闘争しなくなり、雌への関心も示さなくなるという（Schuett *et al.* 1996；Schuett 1997）。

どうやら、嗅覚の世界に棲むヘビ類の認知世界はヒトには理解し難いため、ヘビの社会性は過小評価されていたようである。単独で活動しているヘビも、嗅覚によって常に他個体の存在を意識して行動しているのかもしれない。

6-2-4 採餌行動

採餌行動は大きく2つの段階に分けられる。餌を探し発見するまでの段階と、見つけた餌を捕らえ呑み込む段階とである。ここでは仮に、前者を探餌行動、後者を捕食行動と呼ぶことにする。

ヘビ類の探餌方法は、ヘビが餌に関する何らかの手掛かりを認知してからどのように行動を変化させるかという視点にたって、3つのタイプに分けることができる。(1) 移動しながら餌を探し、餌を間近に発見次第、襲って食べる方法、(2) 移動して、餌の匂いの痕跡などの手掛かりを探し、手掛かりを発見次第、その近辺を集中的にくまなく探して餌を見つけ出す方法、(3) 移動して、餌の匂いの痕跡などの手掛かりを探し、手掛かりを発見したあとは、そこで餌が通りかかるのをじっと待つ方法である。タイプ1とタイプ2は、いわゆる探索型の採餌様式と呼ばれ、タイプ3は待ち伏せ型の採餌様式と呼ばれる。

どの方法を使うかは種ごとに決まっている場合が多い。田んぼを徘徊して、活動中のカエルを捕らえるヤマカガシはタイプ1、畑に散在するネズミの坑道を見つけ出し、巣の中の子ネズミを襲うアオダイショウ（*Elaphe climacophora*）はタイプ2、カエルの繁殖場所でカエルが通りかかるのをひたすら待つヒメハブはタイプ3を採用している。これらの種も場合によっては異なるタイプを用いることがあるし、極端な種では、1個体がすべての方法を交互に行いさえする。たとえば、ウミガメの産卵する海岸で採餌するアカマタ（*Dinodon semicarinatum*）は、孵化して海へと向かうウミガメを襲うときにはタイプ1を、巣のありかを見つけて、砂の中の孵化する前のウミガメを卵ごと襲うときにはタイプ2を、そして、孵化して巣から地表に出てきたばかりのウミガメを襲うときにはタイプ3を用いる（図 **6-5**；Mori *et al*. 1999）。

捕食行動もその方法から大きく3つに分けられる。(1) 毒を使って餌を弱らせたり殺したりして呑む方法、(2) 長い胴体を餌に巻き付けたりして、餌を保定あるいは殺して呑む方法、(3) 顎でただくわえただけで呑む方法である。探餌行動同様、どの方法をとるかは種によって決まっている場合もあれば、同じ種でも餌の種類やサイズによって使い分けている場合もある。

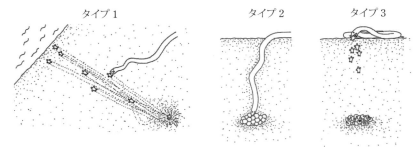

図6-5 3つの方法で仔ウミガメを採餌するアカマタ
タイプ1：孵化したあと浜辺を海へ移動する途中のウミガメを襲う。
タイプ2：砂の中に頭を潜り込ませて、巣の中にある卵ごと食べる。
タイプ3：巣の上で待ち伏せて、孵化後地表に出てきたウミガメを襲う。
タイプ1～タイプ3を交互に行う。

　代表的な毒蛇であるガラガラヘビ類（*Crotalus* 属）は、捕食の際に一連の定型的な行動を見せる。ネズミなどの餌が射程距離内に入ると、上下の顎を90度近くまで開けて襲いかかり、上顎の前端にある毒牙を上方からたたき付けるように打ち込んで、ネズミの体内に毒液を注入する。毒牙は突き刺したままにはせず、次の瞬間には頭を引いて牙を抜き、ネズミをいったん解放する。ちょっと意外なことに、ヘビがもっとも大きく口を開けるのは、咬み付く直前ではなく、この餌を放す瞬間で、130度前後まで開ける（Cundall 2002）。毒液を注入されたネズミはつかのま近くを迷歩するが、やがて力尽き、息絶える。これに合わせてヘビは舌の出し入れを頻繁にしはじめ、ネズミが地表に残した臭いの痕をたどって、急死したネズミを難なく発見し、やおら呑みはじめる。興味深いことに、頻繁な舌の出し入れを伴うこの探索行動は、餌に咬み付くという動作を行わなければけっして誘起されない。しかも、人工的に殺したネズミの臭いを地面に付けておいても、ヘビは必ず、自分が毒液を注入したネズミの臭いの痕を追う（Chiszar *et al*. 1992）。

　採餌に関するヘビ類の特徴を一言でいえば、「大きな餌を、低頻度で、少しだけ、丸呑みで、食べる」となる。しかし、全ヘビ数の1割強を占めるメクラヘビの仲間には、どうもこのルールは当てはまらないかもしれない。ホソメクラヘビ（*Leptotyphlops* 属）の仲間は、小さな餌を頻繁に食べたり、小さな餌をときたま大量に食べたりすることがわかってきた（Webb *et al*. 2000）。沖縄にもいるブラーミニメクラヘビ（*Indotyphlops braminus*）は、シロアリを食べる

際に、頭をちぎって胸と腹の部分だけを呑み込むことが珍しくない（Mizuno & Kojima 2015）。いま現在、典型的なヘビ類の採餌行動といわれているものも、将来は、多様なレパートリーの一つに過ぎないということになるのかもしれない。

6-3 ヘビの行動学はこれから

　ここで紹介したのは、現在知られているヘビ類の行動のほんの一部であり、書ききれなかったことの方がはるかに多い。さらに、現在知られているヘビ類の行動は、多種多様な環境に適応し分化した3500種以上のヘビのうちの、ほんのわずかの種を対象にした研究に基づいている。ヘビをじっくり観察すれば、新たな疑問はまだまだ生じ、ヘビの行動の新たな側面が次から次へと発見されることは間違いないだろう。

　……夕日が山の端に差しかかり、新緑の絨毯は紅みを帯びる。くだんのシマヘビは土手の草陰でひっそりととぐろを巻いて、沈みゆく太陽の光を浴びている。すると、かすかなそよ風があたり一面の草花を揺らし、これが合図となったかのように、シマヘビはスルスルと動きだして、かたわらにある草の根元に空いた小さな穴の中へと音もなく入って行く。シマヘビの一日が終わる。

7. 島嶼の爬虫類
——伊豆諸島のオカダトカゲ——

疋田 努

7-1 はじめに

　島嶼に棲む生物が、独特の進化を遂げることはよく知られている。島嶼の生物は、種によって大型化したり、小型化したり、体色が変化する。産卵数や卵の大きさなどの生態的な特徴も変化する（MacArthur & Wilson 1967）。伊豆諸島の島々と伊豆半島に分布するオカダトカゲはその生息する島によって、このような特徴が異なっている。オカダトカゲについては、生態学的な調査が続けられ（Hasegawa 1994, 1999；長谷川 2002）、さらに遺伝学的、形態的な変異が調べられてきた（Hikida 1993；Motokawa & Hikida 2003）。近年、Brandley et al.（2014）は、系統地理学的な調査を行い、生活史特性の進化について述べているので、これらの研究を紹介する。

7-2 オカダトカゲの分類史

　オカダトカゲは、1907年にスタイネガーによって伊豆諸島三宅島をタイプ産地として、ニホントカゲ（*Eumeces latiscutatus*）の亜種 *E. l. okadae* として記載された（Stejneger 1907）。彼は、オカダトカゲは本土のニホントカゲの伊豆諸島亜種で、鳥類のアカコッコやナミエヤマガラ、オーストンヤマガラのような、島嶼型の集団だと考えていた。その形態的な違いは体鱗数が多いという点だけであった。ちなみに、その和名は東京大学理学部動物学教室の最初の助手で、標本の採集者である岡田信利氏に献名されたものである。

　その後、オカダトカゲは伊豆諸島に広く分布する別種 *E. okadae* として扱われるようになった（Taylor 1936；中村・上野 1963；原 1976）。しかし、ニホントカゲ、オカダトカゲともに地理的変異は詳しく調べられておらず、2種を識別できる特徴もはっきりしていなかった。この2種が明らかに別種だと言

えるようになったのは、遺伝学的な研究の結果である。アロザイムの地理的変異を調べると、伊豆半島のニホントカゲと伊豆諸島のオカダトカゲが非常に近縁で、他の地域のニホントカゲとはまったく異なることがわかったのである（Motokawa & Hikida 2003）。つまり、オカダトカゲは伊豆諸島だけでなく伊豆半島にも分布していたのである。これら2種には少数の交雑個体が確認されているものの、明瞭な狭い境界線で分布を接している。なお、ニホントカゲはその後東西の2種に分割されたので、分布を接しているのは正確にはヒガシニホントカゲである（図7-1：Okamoto *et al.* 2006；Okamoto & Hikida 2009, 2012）。

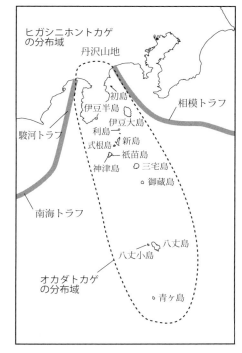

図7-1 伊豆半島と伊豆諸島の地図
オカダトカゲの分布域を点線で示す。

これらの研究により、学名や分類の変更が必要となった。*E. latiscutatus* のタイプ産地は伊豆半島の下田であり、この学名はニホントカゲではなく、オカダトカゲを指すことになる。一方、伊豆半島を除く日本列島に広く分布するニホントカゲには長崎をタイプ産地とする *E. japonicus* が用いられるようになり、その後、ニホントカゲが東西の2種に分けられた。さらに、トカゲ属の分割が行われ、東アジア・北アメリカ産は *Plestiodon* という属に入れられた（疋田 2006 参照）。そのため学名は次のように変更されてきた。

　ニホントカゲ（西日本集団）：*Eumeces latiscutatus* → *Eumeces japonicus* → *Plestiodon japonicus*

　ヒガシニホントカゲ（東日本集団）：*Eumeces latiscutatus* → *Eumeces japonicus* → *Plestiodon japonicus* → *Plestiodon finitimus*

オカダトカゲ：*Eumeces okadae* → *Eumeces latiscutatus* → *Plestiodon latiscutatus*

このように、「オカダトカゲが伊豆諸島だけでなく、伊豆半島にも分布する」ことが明らかになったため、これまでの伊豆諸島の生物地理を再考する必要が生じた。それでは、これによってどのような新たな仮説が導かれるのか。まず、従来の伊豆諸島の生物地理に関する仮説から見ていこう。

7-3　伊豆諸島の生物地理仮説

7-3-1　古伊豆半島説と海上分散説

伊豆半島には多くの固有種や固有亜種が分布しており、その起源について議論されてきた。一方、伊豆諸島は伊豆・小笠原弧の北部にあり、その生物相は明らかに本州と類似しており、小笠原諸島とはまったく異なっている。そこで、伊豆半島生物相の起源について、2つの仮説が提案された。すなわち、古伊豆半島説と海上分散説である。

伊豆諸島のほとんどの生物が本州系のため、多くの生物学者が、伊豆諸島は過去に古伊豆半島によって本州と地続きとなり、生物が侵入したと考えた（野村 1969；波部 1977；黒沢 1978；高桑 1979；池田 1984）。野村（1969）は、古伊豆諸島は本州から分離されて大きな島嶼となり、その後分断されて、現在のような島嶼となると推定している。しかし、古伊豆半島がいつ成立したかについては、意見が一致していない。古い場合は中新世、新しい場合はウルム氷期だと考えている研究者もいる。

一方、氷期の海面低下程度では伊豆諸島全体が地続きとなることはないこと、本州から離れるほど種数が減少していることから、海上分散による侵入の可能性も指摘された（高桑 1979；井口 1985）。しかし、飛翔能力のある鳥や昆虫はともかく、トカゲ類や陸産貝のような動物が海を渡るのは簡単ではない。トカゲ属では黒潮による長距離の海上分散の例が明らかになったが（Kurita & Hikida 2014a，2014b）、本州から伊豆諸島にそって八丈島・青ヶ島まで海を渡って南下するのは非常に難しい。黒潮が西から東に流れるために、これが障壁となるのである。海流の方向からすればむしろ琉球列島や西日本からの海上分散の可能性がある。このようにオカダトカゲや陸産貝類で、伊豆半島から伊豆諸島へ海上分散が起きたと考えるのは難しい。

7-3-2 伊豆半島の衝突と伊豆諸島地域の古地理

オカダトカゲの種分化と種内の分化の要因を知るために、まずは伊豆諸島と伊豆半島の古地理について調べてみよう。

伊豆諸島は、ほとんどの島々が火山島で第四紀の火山噴出物に被われているため、古地理を推測する地質学的な資料が乏しい。そのため古地理を明らかにするデータは、かつてほとんど得られていなかった。しかし、プレートテクトニクス説の登場により、伊豆諸島の成立についての考えは一変した（貝塚ら 2000；町田ら 2006）。さらに、伊豆半島とその周辺については地質学的な調査が進み、その古地理についても次第に明らかになってきた。

伊豆・小笠原弧はフィリピン海プレートの東縁の海底山脈で、伊豆諸島はその北部に位置している。フィリピン海プレートは北上し、日本列島の下に沈み込んでいる。伊豆半島は、以前は伊豆諸島の島嶼であったものが、沈み込みできずに、約 100 万年前に本州に衝突したものである（池谷・北里 2004）。伊豆半島より以前、約 500 万年前に本州に衝突したのが丹沢山地である。丹沢山地の衝突後、約 200 万年前に沈み込み帯が南にジャンプし、伊豆陸塊と本州の間に新たな沈み込み帯ができた。これは南海トラフとつながる沈み込み帯で、約 2000m の深さがあったと推定されている。まだ島嶼であった伊豆半島の北上によってトラフは堆積物で埋められた。衝突した部分である足柄山地はこのトラフに堆積した地層からできている。すなわち、伊豆半島と本州の間は 200 万年前にはすでに深い海で隔てられており、伊豆陸塊の衝突まで本州から隔離されていたのである。

7-4 オカダトカゲ

7-4-1 オカダトカゲの種分化とその時期

分子系統学的なデータからオカダトカゲがニホントカゲとヒガシニホントカゲの共通祖先（以後ニホントカゲ祖先種と略す）と種分化したのは、300～760 万年前と推定されている（Brandley *et al.* 2011）。ニホントカゲ祖先種がさらに東西の 2 種に種分化するのはその後である（Okamoto & Hikida 2012）。すなわち東西の 2 種に分化するずっと以前に、ニホントカゲ祖先種が、古伊豆諸島（まだ島嶼だった伊豆半島部を含む）へ侵入し、その後オカダトカゲに種分

第Ⅱ編　爬虫類の生態と行動

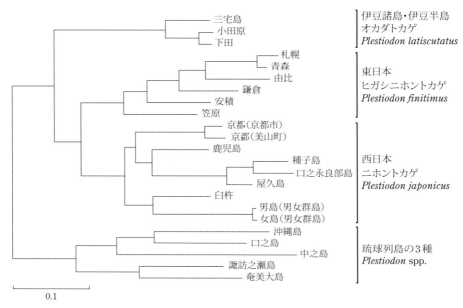

図7-2　アロザイムの電気泳動法による遺伝距離から得られたオカダトカゲとニホントカゲ・ヒガシニホントカゲの遺伝的な関係（Motokawa & Hikida 2003 を改変）

化したと考えられる（Okamoto & Hikida 2009）。

　オカダトカゲの島嶼集団間の遺伝距離はずっと小さく、ニホントカゲ祖先種の東西集団の分化の時期よりもずっと新しいことは、アロザイムによる系統樹からも明らかである。（図 **7-2**：Motokawa & Hikida 2003）。Brandley *et al.*（2014）は、DNA データから、その分化時期を 24 〜 70 万年前と推定している。

　オカダトカゲの古伊豆諸島への侵入の時期は、丹沢山地の衝突の時代（500万年前）とよく一致する。古伊豆諸島に侵入したニホントカゲ祖先種が隔離されて、オカダトカゲが分化したと考えられる。ついで、オカダトカゲが生息していた古伊豆諸島北部が本州に衝突し、伊豆半島となる。このときにこの伊豆半島地域に生き残っていたオカダトカゲがふたたび伊豆諸島に分布を拡げたと考えられる。この時期に多くの生物が、伊豆諸島に侵入したと考えられる。半島状に繋がらなくても、伊豆諸島の島列部分の海が浅くなって、黒潮の流れを南に向ければ、本州からの生物の侵入が起こりやすくなったのではないだろうか。

7-4-2　オカダトカゲの種内の分化

Brandley et al.（2014）は伊豆諸島・伊豆半島のオカダトカゲ集団について詳細な遺伝的な変異を調べて、オカダトカゲのハプロタイプの系統関係を明らかにした。これによると、オカダトカゲは南のグループ（御蔵島、八丈島、八丈小島、青ヶ島）と北のグループ（伊豆半島、伊豆大島、利島、新島、式根島、神津島、祇苗島、三宅島）に大きく二分される。南のグループは、3つの明瞭なグループ、八丈島・青ヶ島、八丈小島、御蔵島に分かれる。青ヶ島産は完全に八丈島産に含まれる。ところが、北のグループでは、島嶼間関係が複雑である。それぞれの島嶼集団が単系統群にならないのである。祇苗島集団が一番近い神津島集団に含まれることはとくに問題が無い。しかし、神津島に近いものが伊豆半島に分布していたり、伊豆大島の集団に含まれるものが伊豆半島に分布していたり、三宅島の集団に含まれるものが式根島に分布していたりするのである。このような結果は北部集団で、最近海上分散が起きたか、人為的な移動があったか、あるいは、分化時期がせいぜい数十万年と新しいので、古い遺伝的な多型が残っているためと考えられる。

7-4-3　オカダトカゲの体色の変異

ニホントカゲとヒガシニホントカゲの幼体の体色は尾が青く、体の背面は黒くて黄白色の5本の縦条が走る。このうち、正中の縦条は頭頂部で二叉する。このような孵化幼体は、成長するにつれてこの模様を失い、背面は褐色に変わる。雄では2年で性成熟すると幼体の体色は失われるが、若い雌では幼体色が残る。しかし、雌も年齢が進むと雄同様に褐色に変わる。

オカダトカゲの孵化幼体の体色は、伊豆半島と伊豆大島ではニホントカゲ、ヒガシニホントカゲと変わらない（表 7-1）。ゴリス・寺田（1977）は、その体色から伊豆大島産をニホントカゲだと考えていた。しかし、伊豆諸島と熱海沖の初島のものでは、孵化したばかりの幼体でも頭頂部の二叉線が不明瞭となる。北のグループでは、三宅島以外の島嶼と伊豆半島では幼体の尾は青く、胴部の淡色縦条は明瞭である。三宅島産では、ほとんどの孵化幼体が背面の縦条が不鮮明で、地色も褐色となり、尾もくすんだ青色となる。しかし、一腹の幼体に、淡色縦条がはっきり認められ、尾の青色もはっきりしたものが含まれる。南のグループでは、御蔵島の孵化幼体は淡色縦条がはっきりしていて、尾も青

表 7-1　オカダトカゲの体鱗列数、体色の変異
　　　　体鱗列数は最頻値（変異幅）を示した。

産地	胴中央の体鱗列数	孵化幼体の頭部二叉線	孵化幼体の尾の色	幼体色の消失時期
下田	24−26*	有	鮮やかな青	成体
初島	26（24−27）	無	鮮やかな青	成体
伊豆大島	28（26−28）	有	鮮やかな青	成体
利島	28（26−28）	無	鮮やかな青	成体
新島	28（26−28）	無	鮮やかな青	成体
式根島	28（26−30）	無	鮮やかな青	成体
神津島	28（26−30）	無	鮮やかな青	成体
三宅島	30（28−30）	無	くすんだ青	1歳
御蔵島	30（28−30）	無	鮮やかな青	成体
八丈島	28（26−30）	無	くすんだ青	1歳
八丈小島	28（26−30）	無	くすんだ青	1歳
青ヶ島	28（26−30）	無	くすんだ青	1歳

* 24列と26列がほぼ同数出現した。

いが、八丈島、八丈小島、青ヶ島の孵化幼体では、背面の縦条も不明瞭で、地色も褐色になり、尾もくすんだ青色になる。三宅島、八丈島、八丈小島、青ヶ島の1歳仔では成体と同様の体色になる。

　このように体色の違いは遺伝的なグループと一致しない。北のグループの三宅島と南のグループの八丈島、八丈小島、青ヶ島集団の孵化幼体には、淡色縦条と鮮やかな青い色が見られない。これらの島には共通の特徴がある。それは捕食者のシマヘビが分布しないことである。

7-4-4　オカダトカゲの捕食者

　Hasegawa（1994, 1999）は、オカダトカゲの捕食者としてニホンイタチ、シマヘビ、アカコッコをあげている。このうちもっとも強力な捕食者はニホンイタチで、食性の幅は広く、その捕食量も非常に多い。オカダトカゲについては幼体から成体までを捕食し、シマヘビ、アカコッコの捕食者でもある。シマヘビも食性の幅は広いが、その捕食量はニホンイタチの1/17〜1/27程度に過ぎない。シマヘビは、ニホンイタチ同様にオカダトカゲを幼体から成体まで捕食する。一方、アカコッコはミミズや昆虫類などを地上で捕食する鳥類だが、

オカダトカゲの幼体も捕食する。しかし、頭胴長 48 mm より大きな亜成体や成体は捕食しない（Hasegawa 1990）。

ニホンイタチ導入前には、八丈島と八丈小島にはオカダトカゲもニホンマムシも高密度に生息していた（Goris 1967）。しかし、長谷川が調査を開始したときにはすでに八丈島にニホンイタチが導入され、オカダトカゲもニホンマムシも個体数が激減していた。筆者が島民に聞いたところでは、ニホンイタチの導入以前には、石を起こすとたいていニホンマムシが見つかるほどで、胃内容にはオカダトカゲが入っていたとのことだった。Goris（1967）も、八丈島のニホンマムシはおもにネズミ類とオカダトカゲを捕食していただろう、と述べている。

ニホンイタチの生息する伊豆大島では、オカダトカゲの生息密度は低く抑えられている。一方、シマヘビが主要な捕食者となっている島では、オカダトカゲの生息密度もかなり高い。シマヘビも分布しない三宅島、八丈島、八丈小島と青ヶ島では、アカコッコの生息密度が高く、幼体の主要な捕食者となっていたが、オカダトカゲの生息密度はもっとも高かった。

三宅島、八丈島、青ヶ島では、オカダトカゲが高密度に生息していたが、ニホンイタチが移入され定着した後、激減した（長谷川 2002）。八丈島では、ニホンイタチのためにニホンマムシもほとんど見られなくなった。

ニホンイタチとシマヘビのいない島では、アカコッコの幼体への捕食圧が高くなる。樹上から開けた場所に出てきた幼体は、分断色や青い尾がかえって目立ってしまい、捕食されやすい。だから、シマヘビが分布せず、アカコッコが主要な捕食者となる三宅島、八丈島、八丈小島、青ヶ島で、幼体色が早く失われるように淘汰されたのであろう（Brandley *et al.* 2014）。八丈島、八丈小島ではニホンマムシが重要な地上性のオカダトカゲ捕食者であったが、夜行性のためオカダトカゲの色彩の変化にはまったく影響を与えていないようである。

7-4-5　生活史特性の地理的変異

伊豆諸島のオカダトカゲの生活史や生態について、長谷川によって長期間にわたる調査が行われた（Hasegawa 1994, 1999）。ここでは、伊豆大島から青ヶ島までの島嶼集団の生活史特性の違いを紹介する。八丈島は、ニホンイタチの導入により個体数が激減していたので調査されていないが、それ以外のおもな島のオカダトカゲについて生活史特性が調査されている（表 **7-2**）。上述の

表 7-2 伊豆諸島のオカダトカゲの生活史データ
（Brandley *et al.* 2014 より）

産地	産卵数	卵重(g)	孵化幼体SVL(mm)	成熟雌SVL(mm)
伊豆大島	8.8	0.041	26.5	78.4
利島	9.0	0.043	27.5	81.2
新島	8.2	0.052	29.2	82.8
式根島	8.0	0.051	29.2	80.1
神津島	7.8	0.048	28.8	80.2
三宅島	7.3	0.059	30.6	82.3
御蔵島	7.1	0.055	30.5	80.0
八丈小島	6.6	0.061	31.4	84.0
青ヶ島	6.5	0.057	30.4	85.3

ように、長谷川はオカダトカゲの主要な捕食者としてニホンイタチとシマヘビの他にアカコッコをあげている。これらの捕食者の有無がオカダトカゲの生活史特性の島ごとの違いに大きな影響を与えている。

　三宅島と青ヶ島では、繁殖に参加する雌の割合が著しく少ない。これは半数が繁殖に参加しないことを意味するが、それは高密度で餌不足のため2年に1回繁殖するためである（Hasegawa 1984）。シマヘビの分布する島では雌成体の82～96％が繁殖に参加する。捕食によって個体が間引かれるため、毎年繁殖可能な状態に達するのに必要な餌を確保できるのであろう。八丈島もニホンマムシが捕食者として存在していたので、御蔵島同様に繁殖雌の割合の低下は生じていなかったと推測される。

　さらにオカダトカゲでは、卵重の増加と卵数の減少、孵化幼体の大型化が、三宅島以南の島嶼で見られる。ニホントカゲでは雄は2歳、雌は2～3歳で性成熟するが（Hikida 1981）、伊豆大島・利島以外では性成熟の遅れも顕著で、1年以上遅れる島が多い。これに伴って、性成熟時の体サイズも増加している。

　Brandley *et al.*（2014）は、鳥類とヘビの捕食者のいる島では小さな卵を多く産み、鳥類のみが捕食者の島では大きな卵を少なく産む傾向があると推測した。大きな卵から孵化した幼体は体も大きい。早く大きくなって亜成体のサイズになれば、捕食されることはなくなる。ただし、御蔵島にはシマヘビも分布するが、アカコッコとシマヘビが分布する他の島に比べると、産卵数が少なく、

卵も大きいので、その他の要因についても検討が必要であろう。
　伊豆大島にはニホンイタチ、シマヘビ、アカコッコという 3 通りの捕食者がそろっている。伊豆大島集団は他の島に比べて、産卵数が多く、卵は小さい。捕食されやすい環境では、この方が有利なのであろう。

7-4-6　オカダトカゲの鱗の形質の変異

　オカダトカゲは胴中央部の体鱗列数がより多いことと体色が異なることでニホントカゲと区別されている（中村・上野 1963）。しかしながら、伊豆半島のオカダトカゲが長い間ニホントカゲとされていたことからわかるように、伊豆半島の集団を含めたオカダトカゲの変異は大きく、一部の集団は形態的特徴からはニホントカゲと区別できない（表 **7-1** 参照）。

　それではニホントカゲ、ヒガシニホントカゲとオカダトカゲを区別する形質は存在するだろうか。それは後鼻板の変異である（図 **7-3**）。ニホントカゲでは、ほとんどの個体（90 ％以上）で鼻板の後ろに小さい後鼻板があり、その後ろに前頬板が続く（図 **7-3** の A 型）。一方、オカダトカゲでは、後鼻板が大きく、前頬板が後鼻板の上方にある個体が多い（図 **7-3** の B 型）。また、後鼻板が無いものも現れる（図 **7-3** の C 型）。B 型はオカダトカゲでは出現率が高く、神津島と三宅島以外では B 型がもっとも多く現れる（表 **7-3**）。ただし、神津島と三宅島ではニホントカゲと同じ A 型が多い。伊豆半島周辺のニホントカゲとオカダトカゲの境界付近では、B 型の出現率が高い集団をオカダトカゲと同定できる。伊豆大島産は B 型と C 型を合わせると約 80 ％となり、ニホントカゲと異なることがわかる。伊豆大島産は後鼻板のない C 型が多いため、アオスジトカゲと誤同定されたこともある

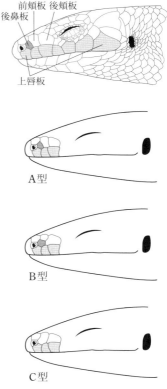

図**7-3**　後鼻板の変異
A 型：後鼻板は小さい。B 型：後鼻板は大きく、前頬板は後鼻板の上にある。C 型：後鼻板はない。

表 7-3 オカダトカゲの後鼻板の変異
数字は％、下線は最頻値。

産地	個体数	後鼻板		
		A型	B型	C型
下田	39	29.0	<u>68.4</u>	2.6
初島	16	38.2	<u>44.1</u>	17.7
伊豆大島	16	22.0	<u>43.7</u>	34.3
利島	30	33.4	<u>48.3</u>	18.3
新島	23	15.2	<u>84.8</u>	0.0
式根島	37	9.5	<u>90.5</u>	0.0
神津島	25	<u>58.0</u>	42.0	0.0
三宅島	35	<u>87.2</u>	12.9	0.0
御蔵島	27	0.0	<u>100.0</u>	0.0
八丈島	38	5.2	<u>71.1</u>	23.7
青ヶ島	50	3.0	<u>84.0</u>	13.0

（岡田 1921）。後鼻板は、その集団内の変異が大きいこと、機能的な違いがあるとは思えないことから、たぶん遺伝的な浮動によってその変異が決定されているのではないかと思われる。

体鱗列数は、ニホントカゲでは普通 26 列だが、24〜28 列までの変異がある。一方、オカダトカゲでは 24〜30 列までの変異が見られ、集団ごとにその変異幅が異なる（表 **7-1** 参照）。伊豆諸島のものでは 28〜30 列で、伊豆半島のものは 24 列と 26 列が同じぐらいの頻度で出現し、ニホントカゲ、ヒガシニホントカゲよりもむしろ少ない。琉球列島のトカゲ属でも小さな島嶼の集団で、体鱗列数が多くなることが知られている。

7-5　伊豆諸島・伊豆半島の爬虫類相

伊豆諸島には両棲類や淡水生のカメ類は自然分布しない。爬虫類の種数がもっとも多いのは、伊豆諸島では最大の島である伊豆大島で、トカゲ類 2 種、ヘビ類 5 種が分布する（表 **7-4**：Hasegawa & Moriguchi 1989；Hasegawa 1999）。伊豆半島に見られるニホンヤモリ、ヤマカガシ、ヒバカリはいない。ヤマカガシとヒバカリはおもにカエル類を食べるので、餌となるカエルの分布しない島では生き延びることができなかったのであろう。伊豆半島と本州中部では、オ

表7-4 伊豆諸島、伊豆半島のトカゲ類とヘビ類（Hasegawa & Moriguchi 1989 より）

産地	面積 （km²）	トカゲ類	ヘビ類
伊豆半島	—	オカダトカゲ、ニホンカナヘビ、ニホンヤモリ	シマヘビ、アオダイショウ、ジムグリ、シロマダラ、タカチホヘビ、ヤマカガシ、ヒバカリ、ニホンマムシ
伊豆大島	91.1	オカダトカゲ、ニホンカナヘビ	シマヘビ、アオダイショウ、ジムグリ、シロマダラ、ニホンマムシ
利島	4.1	オカダトカゲ	シマヘビ
新島	23.2	オカダトカゲ	シマヘビ、アオダイショウ
式根島	3.9	オカダトカゲ	シマヘビ、アオダイショウ
神津島	18.5	オカダトカゲ、ニホンカナヘビ	シマヘビ、アオダイショウ
祇苗島	0.8	オカダトカゲ	シマヘビ
三宅島	55.4	オカダトカゲ	
御蔵島	20.6	オカダトカゲ	シマヘビ
八丈島	62.5	オカダトカゲ	ニホンマムシ
青ヶ島	6.0	オカダトカゲ	

注：八丈島にミナミヤモリが、三宅島にヒバカリが移入。

カダトカゲがヒガシニホントカゲに置き換わるだけである。

　伊豆諸島全域に分布するのはオカダトカゲのみで、ニホンカナヘビは伊豆大島と神津島にのみ分布する。ヘビ類のまったくいない島は三宅島と青ヶ島で、ニホンマムシのみが分布するのが八丈島と八丈小島、シマヘビのみが分布するのは御蔵島と利島である。シマヘビとアオダイショウの2種が分布するのが、新島・式根島・神津島である。

　面積が小さい島では種数が少なく、三宅島から青ヶ島までの南方の島は、伊豆大島から神津島までの北方の島よりも種数が少ない傾向にある。しかし、これに合わない場合もある。三宅島は島の面積は広いのにオカダトカゲ1種のみで、それより南の御蔵島にはシマヘビが、八丈島にはニホンマムシが分布する。とくに、ニホンマムシは伊豆大島と八丈島にかけ離れた分布をしている（Goris 1967）。このような奇妙な分布が何を示すのかを知るには、八丈島・八丈小島産と伊豆大島産、本土産の遺伝的な比較が必要だが、八丈島産ニホンマムシは激減してしまい発見も難しいので、いまだに調査が行われていない。

7-6　おわりに

　長谷川雅美らにより伊豆諸島におけるオカダトカゲの多面的な生態調査が行われ、多くの情報が得られた。最近の遺伝的な調査により島嶼間の遺伝的分化や分岐年代についても明らかになった。しかし、伊豆半島のオカダトカゲについての生活史特性の情報などは明らかにされていない。今後のさらなる研究が必要とされている。

　最後に、原稿を見ていただいた岡本 卓氏に感謝する。

8. 爬虫類の寄生虫学

長谷川英男

8-1 はじめに

　今日刊行されている寄生虫に関する一般向けの著作のほとんどは、寄生虫を人畜の病原体として認識し、その撲滅を図る視点に立っている。しかし、寄生虫の形態、生態、生理生化学、進化、多様性、宿主特異性などは動物学の重要かつ魅惑的な研究課題である。欧米には Smyth（1994）や Bush et al.（2001）のような動物寄生虫研究の全体を示した好著があるが、現在の日本ではそのような著書が少なく、動物寄生虫研究の興味深さや意義があまり理解されていない。長澤（2004）の『フィールドの寄生虫学』は従来の"寄生虫撲滅型"から脱却した視点に立つ好著であるが、残念ながら爬虫類の寄生虫は扱われていない。本章では、日本産爬虫類の寄生虫についてこれまでの知見を整理し、その魅力と課題を示したい。

　爬虫類の寄生虫は、原生動物（＝原虫類）、扁形動物（単生類、二生類、条虫類）、線形動物（線虫類）、鉤頭動物（鉤頭虫類）、舌形動物（舌虫類）と節足動物（ダニ類）に大別される。本稿では、紙幅の関係で寄生蠕虫類と総称される単生類、二生類、条虫類、線虫類、鉤頭虫類と舌虫類について取り上げる。原虫類については宮田（1979）、Telford（1992, 1993）を、ダニ類については高田（1990）を参照されたい。

　日本産爬虫類の寄生蠕虫研究は 1930 年代に五島清太郎、福井玉夫、小黒善雄、尾形藤治、尾崎佳正、竹内衛三、山口左仲らによって活発になされた。対象としてはカメ類とヘビ類の寄生虫が好まれ、新種が相次いで記載された。それ以後は、ヒトや家畜の寄生虫の中間宿主としての爬虫類についての研究や、毒蛇の寄生虫に関する若干の研究がなされたが、爬虫類固有の寄生虫については関心の薄い状態が続いた。1960 年ころまでの知見は福井（1963）にまとめられており、ヘビ類の寄生蠕虫については影井（1973）が輸入ヘビの寄生虫も含めてリストを作成している。1970 年代から散発的に研究が行われ、1980 年

代には琉球列島産爬虫類の寄生虫が研究されて多くの知見が発表された(Kagei 1972；Kifune *et al.* 1977；Kagei & Kifune 1978；Hasegawa 1984 〜 1990；長谷川 1985, 1992a)。近年は日本産爬虫類の寄生虫についての日本人による研究は低調で、外国人によって研究が進んでいる状態であったが、ようやく最近爬虫類の寄生虫を本格的に研究しようとする機運が高まってきた。一方、近年ペットとして輸入爬虫類の人気が高まり、それらが病気になって獣医科医院に持ち込まれるため、ペット爬虫類の寄生虫については臨床獣医師の関心が高く、雑誌で特集が編まれたりしている(田向 2007)。Hasegawa & Asakawa(2004)は、それまでに日本で記録された両棲類・爬虫類の寄生線虫をまとめ、他の蠕虫類についてもチェックリストを紹介している。表 8-1 はそれらに準拠して爬虫類から成虫が記録された寄生蠕虫の種類をまとめ、その後の知見を加えたものである。輸入爬虫類の寄生虫については、野生化したものに検出されたもののみを含めている。なお、ヘビ類寄生の線虫類については Toriba (2011) のチェックリストも参照されたい。

表 8-1 日本国内で爬虫類から成虫が記録された寄生蠕虫*
 M：単生類、D：二生類、C：条虫類、N：線虫類、A：鉤頭虫類、P：舌虫類。

カメ目
 イシガメ科
  クサガメ：*Telorchis clemmydis* [D], *Telorchis geoclemmydis* [D], *Telorchis konoi* [D], *Falcaustra japonensis* [N], *Serpinema intermedius* [N]
  ニホンイシガメ：*Neopolystoma exhamatum* [M], *Polystomoides japonicum* [M], *Polystomoides ocellatum* [M], *Telorchis clemmydis* [D], *Falcaustra japonensis* [N]
  リュウキュウヤマガメ：*Polystomoides megaovum* [M], *Mesocoelium geomydae* [D], *Meteterakis ishikawanae* [N]
 ヌマガメ科
  ミシシッピアカミミガメ：*Neopolystoma exhamatum* [M], *Polystomoides japonicum* [M], *Spirorchis artericola* [D], *Spirorchis elegans* [D], *Telorchis clemmydis* [D], *Falcaustra wardi* [N], *Falcaustra* sp. [N], *Serpinema microcephalus* [N]
 スッポン科
  ニホンスッポン：*Cephalogonimus japonicus* [D], *Cephalogonimus parvus* [D], *Kaurma orientalis* [D]
 ウミガメ科
  アオウミガメ：*Diaschistorchis lateralis* [D], *Learedius loochooensis* [D], *Medioporus cheloniae* [D], *Microscaphidium japonicum* [D], *Orchidasma amphiorchis* [D], *Pleurogonimus linearis* [D], *Pronocephalus obliquus* [D]
  タイマイ：*Hapalotrema orientale* [D], *Pleurogonimus ozakii* [D]
  種不明ウミガメ：*Calycodes anthos* [D]

8. 爬虫類の寄生虫学 （長谷川英男）

表 8-1 （続き）

有鱗目 トカゲ亜目
　ヤモリ科
　　ミナミヤモリ：*Paradistomoides* sp. [D], *Hexametra quadricornis* [N], *Skrjabinelazia machidai* [N], *Skrjabinodon* sp. [N]
　　オンナダケヤモリ：*Oochoristica chinensis* [C], *Oochoristica japonensis* [C], *Skrjabinodon* sp. [N]
　　ホオグロヤモリ：*Paradistomoides* sp. [D], *Skrjabinodon* sp. [N]
　　タシロヤモリ：*Skrjabinodon* sp. [N]
　イグアナ科
　　グリーンイグアナ**：*Alaeuris caudatus* [N], *Alaeuris vogelsangi* [N], *Ozolaimus megatyphlon* [N]
　アガマ科
　　オキナワキノボリトカゲ：*Acantatrium taiwanense* [D], *Cryptotropa kuretanii* [D], *Meteterakis ishikawanae* [N], *Pseudabbreviata yambarensis* [N], *Strongyluris calotis* [N]
　　サキシマキノボリトカゲ：*Rhabdias japalurae* [N], *Strongyluris calotis* [N], *Oswaldocruzia* sp.（? = *O. japalurae*）[N], *Strongyloides* sp. [N]
　トカゲ科
　　ニホントカゲ：*Mesocoelium brevicaecum* [D]***, *Aplectana macintoshii* [N], Cosmocercidae gen. sp. [N], *Kurilonema markovi* [N], *Meteterakis amamiensis* [N], *Meteterakis japonica* [N], *Oswaldocruzia socialis* [N]
　　ヒガシニホントカゲ：*Kurilonema markovi* [N], *Meteterakis japonica* [N]
　　オカダトカゲ：*Kurilonema markovi* [N], *Meteterakis japonica* [N]
　　オキナワトカゲ：*Parapharyngodon* sp. [N]
　　オオシマトカゲ：*Kurilonema markovi* [N], *Meteterakis amamiensis* [N], Pharyngodonidae gen. sp. [N]
　　? キシノウエトカゲ：*Meteterakis* sp. [N]
　　ヘリグロヒメトカゲ：*Mesocoelium brevicaecum* [D], *Paucicapsula amamiensis* [C], *Oochoristica okinawaensis* [C], *Meteterakis amamiensis* [N], *Meteterakis ishikawanae* [N], *Neoentomelas asatoi* [N], *Parapharyngodon* sp. [N], *Strongyloides* sp. [N]
　　サキシマスベトカゲ：*Hedruris miyakoensis* [N]
　カナヘビ科
　　アオカナヘビ：*Paradistomoides* sp. [D]
　　ニホンカナヘビ *Glypthelmins rugocaudata* [D], *Plagiorchis taiwanensis* [D], *Hexametra quadricornis* [N], *Kurilonema markovi* [N], *Meteterakis japonica* [N], *Oswaldocruzia filiformis* [N], *Oswaldocruzia socialis* [N], *Pseudacanthocephalus lucidus* [A]

有鱗目 ヘビ亜目
　ナミヘビ科
　　リュウキュウアオヘビ：*Kalicephalus costatus indicus* [N], ?*Serpentirhabdias* sp. [N]
　　アオダイショウ：*Paradistomum megareceptaculum* [D], *Proalarioides serpentis* [D], *Hexametra quadricornis* [N], *Kalicephalus sinensis* [N], *Serpentirhabdias horigutii* [N], *Strongyloides* sp. [N]
　　シマヘビ：*Allopharynx japonica* [D], *Encyclometra japonica* [D], *Mesocoelium brevicaecum* [D], *Paradistomum megareceptaculum* [D], *Proalarioides serpentis* [D], *Ophiotaenia japo-*

表 8-1 （続き）

　　　　nensis [C], *Capillaria* sp. [N], *Cosmocercoides pulcher* [N], *Hexametra quadricornis* [N], *Kalicephalus natricis*（? =*K. brachycephalus*）[N], *Oswaldocruzia socialis* [N], *Polydelphis elaphis*（? =*H. quadricornis*）[N], ?*Serpentirhabdias* sp. [N], *Strongyloides* sp. [N], *Pseudoacanthocephalus lucidus* [A]
　　サキシママダラ：*Paradistomum* sp. [D], *Abbreviata* sp. [N], *Kalicephalus brachycephalus* [N], *Kalicephalus* sp. [N], *Raillietiella orientalis* [P]
　　アカマタ：*Hexametra quadricornis* [N], *Kalicephalus posterovulvus* [N], *Raillietiella orientalis* [P]
　　ヤマカガシ：*Encyclometra japonica* [D], *Paradistomum megareceptaculum* [D], *Proalarioides serpentis* [D], *Ophiotaenia japonensis* [C], *Cosmocercoides pulcher* [N], *Hexametra quadricornis* [N], *Kalicephalus brachycephalus* [N], *Kalicephalus costatus indicus* [N], *Oswaldocruzia socialis* [N], *Serpentihabdias horigutii* [N]
　　ガラスヒバァ：*Kalicephalus brachycephalus* [N], *Kalicephalus posterovulvus* [N], *Raillietiella orientalis* [P]
　　ヒバカリ：*Kalicephalus costatus indicus* [N]
コブラ科　ウミヘビ亜科
　　ヒロオウミヘビ：*Harmotrema laticaudae* [D], *Oesophagicola laticaudae* [D], *Kalicephalus laticaudae* [N]
　　エラブウミヘビ：*Harmotrema laticaudae* [D], *Laticaudatrema cyanovitellosus* [D], *Kalicephalus laticaudae* [N], *Paraheterotyphlum* cf. *ophiophagus* [N]
クサリヘビ科　マムシ亜科
　　ニホンマムシ：*Encyclometra japonica* [D], *Paradistomum megareceptaculum* [D], *Ophiotaenia japonensis* [C], *Hexametra quadricornis* [N], *Kalicephalus brachycephalus* [N], *Serpentirhabdias horigutii* [N], *Strongyloides* sp. [N]
　　サキシマハブ：?*Serpentirhabdias* sp. [N], *Abbreviata* sp. [N]
　　ハブ：*Paradistomum habui* [D], *Capillaria* sp. [N], *Hexametra quadricornis* [N], *Serpentirhabdias agkistrodonis* [N], *Strongyloides mirzai* [N], *Raillietiella orientalis* [P]
　　トカラハブ：*Paradistomum habui* [D]
　　ヒメハブ：*Mesocoelium geomydae* [D], *Paradistomum* sp. [D], *Ophiotaenia* sp. [C], *Capillaria* sp. [N], *Hexametra quadricornis* [N], *Kalicephalus viperae chungkingensis* [N], ?*Serpentirhabdias* sp. [N]

　　* *Hexametra quadricornis* は幼虫でも大型のため含めてある．
　** 石垣島で野生化した個体から検出（長谷川 未発表）．
*** 産地記載がないため厳密な宿主種は不明．

　なお、全世界の爬虫両棲類の寄生線虫については、やや古いが Baker（1987）の総覧が便利である。寄生蠕虫類全般については、Yamaguti（1958 〜 1963, 1971, 1975）が現在でも重要な文献である。形態に基づく検索表では、線虫類については Anderson *et al.*（1974 〜 1983）、Gibbons（2010）、二生類については Gibson *et al.*（2001 〜 2008）、条虫類については Schmidt（1986）、Khalil *et al.*（1994）が網羅的であり、鉤頭虫類については Cromptom & Nickol（1985）も有用である。近年分子系統学に基づく分類体系が相次いで提示されており、それらは形態に基づいたこれまでの分類体系と大きく異なっている場合が少なくないため、形態からの検索には不便である。本稿では便宜的に伝統的分類体系を用いている。

8-2　宿主特異性はあるか

　寄生虫にしばしば認められる厳密な宿主特異性は、これまで関心を集めてきた。寄生虫学の主題は宿主特異性の本質の解明にあるとさえいわれる。しかし、宿主特異性を決定している要因は複雑である。栄養要求など生理学的条件や寄生部位の解剖学的構造などとともに、生態学的要因も少なからず重要である。感染を受ける機会が野外の生態系上なければ、たとえ実験的には十分感染が成立しても自然界では寄生されるとは限らない。爬虫類の寄生虫に宿主特異性はあるのかとか、爬虫類と両棲類の寄生虫は共通ではないか、という質問をよく受ける。一般に哺乳類や鳥類の寄生虫に比べれば宿主特異性が低いものが多い印象を受ける一方で、特異性の高い寄生虫も確実に存在する。

　たとえば、二生類の *Mesocoelium brevicaecum* や *Cryptotrepa kuretanii* はさまざまな爬虫両棲類に広く寄生しており、メテテラキス属（*Meteterakis*）線虫も爬虫両棲類に共通しているので宿主特異性は低いといえる。一方、ヘビコウチュウ類（*Kalicephalus* spp.）は日本ではヘビ類にのみ、*Strongyluris calotis* はキノボリトカゲにのみ、*Skrjabinelazia machidai* はヤモリ類にのみ検出されるので、これらは宿主特異的と思われる。宿主特異性が低いからといって、そのような寄生虫が原始的であるわけではない。広い宿主域と分布域を有することは、その寄生虫が進化史上で成功してきたともいえる。また、形態的に同一種と見える寄生虫でも、異なった宿主に寄生するものや、離れた地域に分布するものは遺伝的にかなりの変異を有する可能性がある。

8-3　特異な生活環を有する寄生虫

8-3-1　哺乳類を中間宿主とする線虫

　ヘビカイチュウ（*Hexametra quadricornis*；カイチュウ科 Ascarididae）は雌

の体長が 15 cm に達し、ヘビ類の消化管を切開したとき、もっとも目につく線虫である。日本では Yamaguti（1935）以来 *Ophidascaris natricis* の名があてられていたが、旧大陸に広く分布する本種の同物異名である（Sprent 1978）。中間宿主を要するが通常は小型哺乳類で、沖縄ではオキナワハツカネズミやワタセジネズミなどの腹腔に体長 40 mm 以上に達する大きな幼虫の寄生が認められている（長谷川 1985）。実験感染ではトカゲ類もヘビカイチュウの中間宿主になりうるが、哺乳類では第 3 期幼虫（線虫では通常第 3 期幼虫が終宿主に感染する）まで発育するのに、トカゲ類では第 2 期幼虫に留まる（しかし、この第 2 期幼虫をヘビに与えると 2 度脱皮して成虫になることがあるという：Petter 1968）。

哺乳類の寄生虫が爬虫類を中間宿主や待機宿主（paratenic host；その体内で本質的な発育はしないが、寄生虫の生活環において生態的あるいは栄養的ギャップを埋めている宿主。中間宿主をとる寄生虫では、中間宿主と終宿主の間に介在する）とする例は多いが、その逆ははなはだまれであり、ヘビ寄生カイチュウ類の特徴である。Sprent（1978, 1992）は、ヘビのカイチュウ類が元来トカゲ（とくにカメレオン）を終宿主とする寄生虫であり、その後トカゲが（より大型の）ヘビに捕食されることにより捕食者に適応した結果、ヘビを終宿主に、トカゲを中間宿主にするようになったと推定した。これを示す実例として *Hexametra angusticaecoides* の産卵成虫がマダガスカルのカメレオンとその捕食者であるマダガスカルボアの双方で見られることをあげている。しかし、トカゲ類が哺乳類を捕食することは例外的なので、この説では哺乳類が中間宿主となったのはヘビが終宿主になった後ということになり、その当否は決着していない。

8-3-2 超早熟の寄生虫

上述のようにヘビカイチュウは、実験感染ではトカゲ類で第 2 期幼虫までしか発育しないが、はなはだ奇妙なことに、野外ではトカゲ類の皮下に生殖器が完成し、体長 50 mm に達する成虫が得られる（台湾のキノボリトカゲ属とカナヘビ属、沖縄島のミナミヤモリで記録：Sprent 1978；長谷川 1985）。これらのトカゲ類が哺乳類を捕食して感染するはずはないので、トカゲ体内で卵から成虫にまで発育したものと考えられる。これは Sprent の言うように、かつて成虫がトカゲに寄生していた時代の名残のように見える。しかし、これらの成

虫は皮下に留まる限り生殖することができない。仮に本来の寄生部位である消化管腔に移動できたとしても、トカゲ類の小さい消化管内で大型の成虫が交尾産卵できるとは考えにくい。したがって、これらの成虫は終宿主のヘビに摂取される機会を待っているものと思われる。

Anderson（1988, 2000）は Sprent の見解と異なり、皮下に見られるこれらの成虫を超早熟（extreme precosity：中間宿主体内で成虫に達する現象）の例であると考えた。彼はこの現象をヘビの食物摂取が間欠的であることに関連すると推定している。中間宿主体内であらかじめ成虫になっておけば、ヘビに摂取されたとき同時に消化される中間宿主の栄養分を最大限利用して速やかに成熟できる利点がある、というのである。筆者（長谷川）は複数の生活環を並行させておくことにより、哺乳類よりトカゲ類を捕食する幼蛇の時期から感染できることも種にとって有利なのであろうと考えている。

寄生線虫では超早熟は例外的な現象であるが、ヘビのカイチュウ類以外にもいくつかの例がある。中でもヘドルリス属（Hedruris：ヘドルリス科 Hedruridae）の超早熟は19世紀に発見された有名なもので、ヨーロッパ産イモリ寄生の種と日本産カエル寄生の種で証明されており、中間宿主はいずれも淡水産等脚類ミズムシである（Petter 1971；Hasegawa & Otsuru 1979）。宮古島の Hedruris miyakoensis はサキシマスベトカゲに寄生し、同属の他種と同様に超早熟な生活環を有すると見られるが、まだ証明されていない。この種の中間宿主はおそらく陸生等脚類か端脚類と推定される。

8-3-3 世代交代をする寄生線虫

世代交代（番）すなわち生活環に単為生殖と両性生殖を有する現象は二生類で有名であり、この場合、単為生殖は幼生生殖（pedogenesis）の形をとる。一方、線虫類でもラブジチス目（Rhabditida）には世代交代が見られるものがあり、この場合、単為生殖は寄生世代雌成虫によって、両性生殖は自由世代の雌雄成虫によってなされる。日本産爬虫類からはこの目の2科5属、すなわちラブジアス属（Rhabdias）、ヘビラブジアス属（Serpentirhabdias）、クリルネマ属（Kurilonema）、ネオエントメラス属（Neoentomelas）（以上ラブジアス科 Rhabdiasidae）、フンセンチュウ属（Strongyloides）（フンセンチュウ科 Strongyloididae）が記録されている。ラブジアス科の寄生世代雌成虫は爬虫両棲類の肺や体腔に寄生し、角皮が皮下組織から浮き上がったぶよぶよし

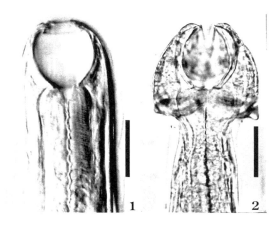

図8-1・図8-2 トカゲ類の肺に寄生するラブジアス科線虫の頭部
1:*Kurilonema markovi*（宇和島産ニホントカゲ寄生。スケールは50μm)、2:*Neoentomelas asatoi*（沖縄島産ヘリグロヒメトカゲ寄生。スケールは25μm)。

た体を有するが、ヘビラブジアスでは角皮の膨張はない。日本産爬虫類では、数種のヘビ類とトカゲ類から記録されている。キノボリトカゲ類寄生のものは *Rhabdias japalurae* として新種記載され（Kuzmin 2003)、またハブやヒメハブに寄生するものはロシア極東地域のマムシ類に寄生する *Serpentirhabdias agkistrodonis* と同一種とされた（Kuzmin 1999)。一方、マムシも含めた日本本土産ヘビ類寄生のものは *S. horigutii* とされており（Goldberg *et al.* 2004)、再検討が必要である。

　クリルネマ属とネオエントメラス属はトカゲ類の肺に寄生する微小な線虫で、生理食塩水中に取り出すと活発に運動する（図 8-1、図 8-2)。これらはユーラシア大陸、アフリカ、オーストラリアに分布するエントメラス属（*Entomelas*）に近縁である。*Kurilonema markovi* は国後島で最初に記載されたが、本州、四国、九州から奄美にかけて *Plestiodon* 属の各種トカゲやニホンカナヘビに寄生している（Sharpilo 1976；Telford 1997；Kuzmin & Sharpilo 2002；Bursey *et al.* 2005；Sata 2015；長谷川 未発表)。ネオエントメラス属は沖縄島のヘリグロヒメトカゲから新属新種 *N. asatoi* として記載され、奄美大島や久米島からも記録された（Hasegawa 1989，1990；長谷川 1992a)。

　これらに対しフンセンチュウ属は消化管に寄生する微小な線虫で、多くの種

が両棲類から哺乳類に至るまでの広範な脊椎動物に見られる。ヒトに寄生するフンセンチュウ（*S. stercoralis*）は糞線虫症の病原体として有名である。日本産爬虫類ではハブの小腸に *S. mirzai* が記録されたが、その同定は再吟味が必要である。シマヘビ、マムシ、サキシマキノボリトカゲ、ヘリグロヒメトカゲから未同定の複数種が記録されている。本属線虫の寄生部位はヘビでは小腸であるが、トカゲ類では直腸である。サキシマキノボリトカゲに寄生する種は幼体からのみ知られ、しかも同所分布するアイフィンガーガエルの直腸にも同一と見られる種が寄生している。

　これらのラブジチス目の寄生線虫については自由世代各期形態の研究とともに DNA 塩基配列の解析による厳密な同定基準の確立が求められているが、ごく一部について塩基配列が調べられたにすぎない（Hasegawa *et al*. 2009, 2010；菊池 2012）。

8-4　多型性を示す寄生虫

　スクリャービノドン属（*Skrjabinodon*）はヤモリ類の直腸に普通の線虫である。沖縄では、ミナミヤモリ寄生雌はホオグロヤモリ寄生雌に比べてきわめて細長いため容易に区別できる（図 **8-3A**、**B**）が、雄は側翼が狭く交接刺（交尾時に雌体内に挿入する角化した器官）をもつ型と側翼が広く交接刺を欠く型の 2 型があって（図 **8-3C**, **D**）、ともに両方の宿主から得られる。長谷川（1985）はこれらが単一種であり、雌は宿主に応じた 2 型を示し、雄は宿主に無関係に 2 型を生じるのであろうと推測したが、決定的な証拠を示すことができなかった。その後、Ainsworth（1990）は、ニュージーランド産のスクリャービノドン属 2 種の雄にやはり形態的 2 型があることに注目し、これらが同一種であることを酵素の電気泳動によって示した。雄に 2 型ができる機構やその生物学的意義、両型とも生殖に関与するかなどは明確でない。もし宿主間で雌の形態が異なるとすれば、宿主に応じて寄生虫の遺伝子発現が調節されていると考えられ、その機構の解明が期待される。スクリャービノドンの属するギョウチュウ目（Oxyurida）では受精卵が雌、不受精卵が雄となる現象（半倍数性決定 haplo-diploid sex determination）が見られ、生殖生物学からも注目されている。いずれにしても、これまで記載された多数の同属および近縁属の種は多型現象の面から再検討されねばならない。

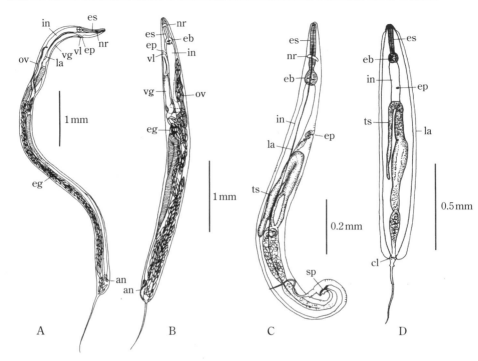

図8-3 沖縄島のヤモリ類直腸に寄生するスクリャービノドン属(*Skrjabinodon*)の一種
A:ミナミヤモリ寄生雌、B:ホオグロヤモリ寄生雌、C:狭側翼有交接刺型雄、D:広側翼無交接刺型雄。【略号】an:肛門、cl:総排泄腔開口部、eb:食道球、es:食道、in:腸、la:側翼、nr:神経環、ep:排泄孔、ov:卵巣、sp:交接刺、ts:精巣、vg:腟、vl:陰門。(長谷川 1985による)

8-5 陸生爬虫類寄生虫の動物地理学

　日本列島は琉球列島北部で旧北区と東洋区が接しており、陸生動物相がかなり明瞭な境界を形成している。この境界を爬虫類の寄生虫相にも認めることができるであろうか。もちろん両側に分布する種も少なからず認められる。二生類では *Mesocoelium brevicaecum*、*Cryptotropa kuretanii*、線虫ではヘビカイチュウ、ヘビコウチュウ(*Kalicephalus brachycephalus*)などがその例である。他方この境界で分布が分断され、両側で異なる属や種が寄生している可能性の高い例もある。たとえば、ヘビ類の胆嚢に寄生する二生類 *Paradistomum* は

本土では *P. megareceptaculum* であるが、トカラ、奄美、沖縄では *P. habui* とされる（Kagei 1972；Kifune *et al*. 1977）。トカゲ類の肺に寄生する線虫は本土ではクリルネマ属、琉球列島ではネオエントメラス属であるとみられていた（Hasegawa 1989, 1990）が、前者が奄美のオオシマトカゲにも寄生することが最近報告された（Sata 2015）。

琉球列島産爬虫類の寄生虫には台湾以南のものと共通ないし近縁なものが見られる。たとえば、オキナワキノボリトカゲに見られる *Strongyluris calotis*（＝*S. japalurae*）は台湾や東南アジアの *Japalura* や *Calotes* に見られる（Tran *et al*. 2015）し、*Pseudabbreviata yambarensis* も台湾のキノボリトカゲ属で記録されている（Jiang & Lin 1980：*P. nudamphida* として記録）。また、沖縄のミナミヤモリから記載された *Skrjabinelazia machidai* はグアム島のホオグロヤモリで記録されている（Goldberg *et al*. 1998）。これらは宿主の起源と分散に関連していると考えられる。

他方、列島内で興味ある分布をする寄生虫もある。線虫メテテラキス属（ヘテラキス科 Heterakidae）の *Meteterakis ishikawanae* は沖縄島のオキナワイシカワガエルから新種として記載され、当初この宿主固有の寄生虫と考えられた（Hasegawa 1987；図 **8-4A**）。しかしその後、久米島のヘリグロヒメトカゲ、オキナワキノボリトカゲ、さらに沖縄島のリュウキュウヤマガメに

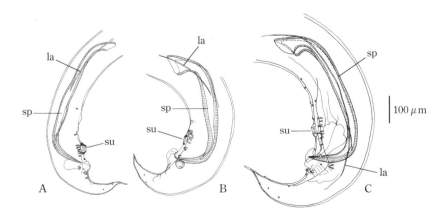

図**8-4** 琉球列島の爬虫類に見られるメテテラキス属（*Meteterakis*）雄尾部側面
A：沖縄島、久米島に分布する*M. ishikawanae*、B：奄美大島に分布する*M. amamiensis*、C：西表島に分布する*Meteterakis* sp.【略号】la：側翼、sp：交接刺、su：吸盤。
（原図および Hasegawa 1989, 1992bによる）

寄生が証明され、宿主域の広いことが判明した（長谷川 1992a；Nakachi & Hasegawa 1992）。一方、奄美大島では別種 *M. amamiensis* がアマミイシカワガエル、ヘリグロヒメトカゲおよびオオシマトカゲに寄生することが知られている（Hasegawa 1990；図 **8-4B**）。さらに、西表島には *M. amamiensis* に近いが、より大型の別種が存在する（長谷川 1992b；図 **8-4C**）。他方、日本本土ではヒキガエル類に多い *M. japonica* がニホントカゲやニホンカナヘビにも記録されている（Telford 1997；Bursey *et al.* 2005；Sata 2015）。この属には複数の爬虫両棲類を宿主として利用しながら島嶼群ごとに種分化するというパターンが伺える。しかし、最近 *M. amamiensis* が渡瀬線を越えて屋久島、九州から京都までニホントカゲに寄生していることが報告された（Sata 2015）。

　超早熟（**8-3-2** 項参照）で触れたヘドルリス属もまた興味ある分布を示す。本属の種は魚類、両棲類と爬虫類に寄生し、世界の各大陸に見られる。Baker（1982）はこの属がパンゲア原始大陸の時代にすでに存在し、ゴンドワナ古大陸系の種とローラシア古大陸系の種では形態が異なるという説を提唱した。*Hedruris miyakoensis* は形態からローラシア古大陸系と見られるが、近縁種 *H. longispicula* と *H. minuta* はゴンドワナ古大陸に由来するオーストラリアとニュージーランドのトカゲに寄生している。この一見矛盾した現象は、オーストラリアとニュージーランドの宿主がアジア大陸起源であり、寄生虫を伴って分散したと考えると説明がつく（Hasegawa 1989）。

8-6　おわりに

　現在の日本では開発による環境の激変によって自然が失われ、多くの爬虫類の生存が危機に瀕している。宿主が絶滅すれば宿主特異的な寄生虫も絶滅を余儀なくされ、貴重な生物が二重に失われる。また、地球温暖化が進み、キノボリトカゲの宮崎県への分布拡大に見られるように、爬虫類相が変化し、それに連動して寄生虫相も変化していると考えられる。さらに、ペットブームで多くの外来爬虫類が飼育され、捨てられて野生化することによって、これまで日本に存在しない寄生虫が蔓延し、在来爬虫類に影響を及ぼす可能性もある。

　現在、爬虫類の寄生虫に興味をもつ研究者は少なく、外国の研究者が日本の材料を研究する状況が生まれている。研究に国境はないのだが、科学先進国を標榜するわが国としては心もとないことである。本稿で取り上げたいくつかの

例を見ただけでも、寄生虫は進化や動物地理上の興味ある現象に満ちていることが知られる。寄生虫研究によってもたらされる進化生物学上の成果は小さなものではないはずである。最近、爬虫類の寄生虫に興味をもつ若い研究者たちが現れたことはたいへん心強く、新しい手法を応用して研究が格段に進展することを期待したい。

　本稿をまとめるにあたり、貴重なご教示をいただいた京都大学大学院理学研究科の佐田直也氏に厚く御礼申し上げます。

第Ⅲ編
爬虫類の遺伝と系統分類

9章　単為生殖の爬虫類

10章　イシガメ科の系統分類

11章　カメ類などの化石爬虫類

12章　日本産ヘビ類の分類

13章　爬虫類の分子系統学

14章　琉球列島における
　　　陸生爬虫類の種分化

9. 単為生殖の爬虫類

太田英利

9-1 単為生殖とは

　われわれヒトを含む現在地上に見られる多くの生物は、雌雄の性をもち雌性配偶子と雄性配偶子のもつ遺伝子のセット（ゲノム）の融合を経て繁殖を行う。これを両性生殖という。しかし、中には配偶子をつくらずに数を増やす生物もおり、たとえば植物や無脊椎動物には、出芽や分裂といった、いわゆる無性生殖を行う種も少なくない。これに対し爬虫類を含む脊椎動物では、生殖はかならず配偶子の段階を経る有性生殖の形で行われる。とはいっても、すべての脊椎動物が雌性配偶子（卵）と雄性配偶子（精子）のゲノムの融合に特徴づけられる両性生殖を行うわけではない。中にはこうした過程なしで次世代を生み出す、単為生殖を行うものも見られるのである。

　単為生殖には大きく3つの様式が見られる。すなわち（1）完全に雌性配偶子のみで胚発生を開始し完了する狭義の単為生殖、（2）雌性配偶子が発生を開始する引き金として、近縁の両性生殖種の雄性配偶子による受精の刺激を必要とする雌性発生、（3）受精後、見かけ上両方の配偶子のゲノムがともに胚に受け継がれるが、この胚が発生してゆく過程で雄親の配偶子に由来するゲノムが完全に排除されてしまう雑種発生である（Dawley & Bogart 1989）。このうち爬虫類では、有鱗目のみに狭義の単為生殖だけが報告されている（ただし第19章も参照）。この爬虫類の単為生殖のほとんどは、完全に雌だけから成る野外集団が安定的に示す絶対的単為生殖（obligate parthenogenesis）で、これまでにトカゲ亜目の7科16属50種あまりとヘビ亜目の1科1属1種について確認、ないし強く示唆されている（Darevsky 1992；Vitt & Caldwell 2013）。

　一般に想定される絶対的単為生殖でのゲノムの変化を、両性生殖における変化と比較すると図 **9-1** のようになる。普通、生物を構成する細胞の核には相同な染色体が2セットあり、それぞれがゲノム1つに対応している。つまり、一般に生物の細胞核には、2つの相同なゲノムが存在するのである。この状態

9. 単為生殖の爬虫類（太田英利）

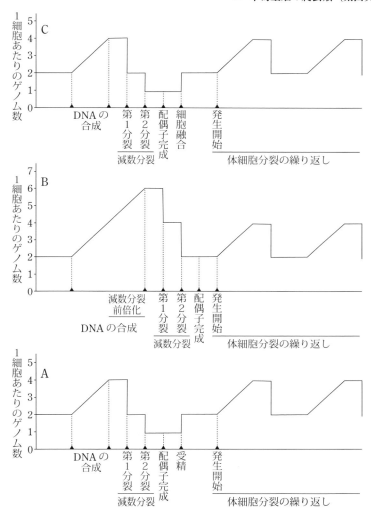

図 9-1 配偶子形成時およびその前後でのゲノム数の変化
A：両性生殖、B：絶対的単為生殖、C：条件的単為生殖。いずれも2倍体の種の場合。
　一般に絶対的単為生殖（B）では、減数分裂の開始に先だって減数分裂前倍化（premeiotic duplication）が生じ、そのため結果的に、見かけ上減数分裂なしで（実際には倍化で生じた相同染色体間での対合に始まる減数分裂を経て）母親のクローンに相当する配偶子がつくられ、受精による刺激なしに発生を開始する（Darevsky et al. 1985）。これに対し条件的単為生殖（C）では、通常は両性生殖を行う2倍体の雌において、卵形成の最終段階でいったんゲノム数が1となった卵核が、本来なら排出されて終わるはずの第二極体と融合する、いわゆる終期融合（terminal fusion）により2倍体となり、やはり受精の刺激なしに発生

（説明の続きは次頁の下部へ）

を2倍体という。両性生殖を行う2倍体の生物は、配偶子をつくる際、減数分裂という過程を経て相同染色体の各々片方ずつを配偶子に配分する。その結果、各々の配偶子は、1ゲノムのみをもつ半数体の状態となる。そしてこの状態から、受精に続く雌性配偶子と雄性配偶子の核の融合を経て、父方と母方の1ゲノムずつが次世代に受け継がれるのである。これに対し絶対的単為生殖では、見かけ上減数分裂を経ず、ほとんどの場合、親のゲノムが維持されたまま配偶子がつくられる。さらにこの雌性配偶子は、雄性配偶子による受精の刺激なしで自発的に発生を開始して次世代の個体を形成するのである。したがって、一般に絶対的単為生殖種の母娘や姉妹は、染色体上の個々の遺伝子座における遺伝子の組みあわせが完全に一致する、いわゆるクローンの関係になるのである（Darevsky 1992；MacCulloch et al. 1997）。

9-2　絶対的単為生殖をする爬虫類の特徴

　単為生殖を専門に行う（つまり絶対的単為生殖の）爬虫類の諸系統は、生殖様式のほかにもいくつかの特徴を共有している。これらの特徴のうちもっとも顕著なものとして、上述のように、ほぼ完全に雌だけの集団を形成していることが挙げられる。雄はいてもごくまれで、しかも多くの場合、正常に機能する生殖腺をもたない（Saint Giron & Ineich 1992；Ota et al. 1993；Yamashiro & Ota 1998；Roll & von During 2008）。このため両性生殖種の雄と区別する意味で、表型的雄型あるいは単に雄型（male phenotype）と呼ばれることもある。絶対的単為生殖種ではその生殖様式ゆえに、雄は餌などの資源を消費するだけの無駄な存在であり、結果として存在そのものが早々に淘汰されてしまうのかもしれない。

　このほか3セットのゲノムをもつ3倍体の集団がしばしば現れることも、絶対的単為生殖系統に広く見られる特徴といえる。両性生殖を行う系統には3倍体はまず見られないが、これは3つのゲノムが減数分裂の際にうまく配分され

（図9-1 説明の続き）

を開始する。条件的単為生殖の場合、成熟卵の核（半数体）と第二極体の核（半数体）の遺伝子型は完全に一致するため、発生卵の遺伝子型は全遺伝子座で同型接合となり、通常、母親のものとは多かれ少なかれ異なる。とくにヘビ類やオオトカゲ類のように雌異型（ZW型）の性染色体をもつ系統では、母子の遺伝子型は絶対に一致せず、極端な場合は全遺伝子座の半分に、異なる遺伝子をもつことになる（半クローン：Lampert 2008）。

ず、そのため配偶子の形成に支障が生じるためである。これに対し減数分裂前倍化でいったん偶数倍体（6倍体）となってから、真に相同な染色体間で対合が起こり、残る減数分裂の過程に進む絶対的単為生殖では、3ゲノムの状態が繁殖の障害とならず、そのため3倍体の繁殖集団が確立しやすいのであろう（Darevsky et al. 1985；Dawley & Bogart 1989）。

さらに、絶対的単為生殖種の三番目の特徴として、一般に両性生殖を行う近縁種の集団（個体群）に比べて形態的変異に乏しく、また環境の利用幅が狭いことも挙げられることがある（Case & Taper 1986）。これは突然変異でも起こらない限り、同じクローンの個体間で遺伝的差異が生じないことを考えれば、あたりまえと言えるかもしれない。とはいえ形態的変異や環境の利用幅が近縁の両性生殖種よりむしろ大きい例もないわけではなく（Ota et al. 1991；Hanley et al. 1994）、遺伝的一様性と表型的・生態的変異の乏しさをただちに結びつけるのは、短絡的すぎるのかもしれない。さらには、一見、単一のクローン系統だけから成るように見える集団が、起源の異なる複数の系統の個体を含んでいることもあり（下記参照）、こうした場合、見かけ上で一括される集団の遺伝的多様性がすこぶる高い場合もあるのは、留意すべきである。

最後に、絶対的単為生殖の系統は、近縁の両性生殖種に比べ、海洋島などの地理的に大きく隔たった場所や、砂漠など予期せぬ変化に富んだ厳しい環境に見られる傾向がある（Wright & Lowe 1968）。これは一般に、単為生殖種が、両性生殖種に比べ分散・定着力においては優れている反面、集団内に遺伝的差異を保存しにくく遺伝的可塑性に乏しいゆえに、安定した環境下での競争では両性生殖種に劣るためと考えられている（Dawley & Bogart 1989：ただし以下の説明も参照）。

9-3 絶対的単為生殖をする爬虫類の起源と進化

このような絶対的単為生殖を行う爬虫類の系統はどのようにして現れ、多様化してきたのであろうか？　一般にこのような系統は、近縁の2つの両性生殖種の種間交雑に起源すると考えられている（Maslin 1971）。この場合、これらの両性生殖種を絶対的単為生殖種の親種（parental species）と呼ぶ。異なる種が交雑してできた雑種個体は、普通、たとえばウマとロバのかけあわせで生じるラバや、ライオンとヒョウの雑種レオポンのように生殖能力を失うことが多

い。両種の異質性の高いゲノムが組みあわされた結果、配偶子形成の際の減数分裂に支障が生じるからである。しかし、トカゲやヘビの仲間では、まれにこうした雑種個体が卵形成時、上述のように減数分裂に先んじて染色体を倍化させること（減数分裂前倍化）で、あたかも減数分裂を経ないように見える配偶子形成メカニズムを獲得し（実際には、倍化によって生じた厳密な意味で相同な染色体が対合して、減数分裂が進行）、結果として2倍体の絶対的単為生殖の系統が確立されると考えられている。

さらにまた、こうして生じた2倍体の絶対的単為生殖種の雌が近縁の両性生殖種の雄（多くの場合 親種のうちの片方）と交配し、前者の雌性配偶子（2ゲノムをもつ）と後者の雄性配偶子（1ゲノムのみ）が融合して、3倍体の絶対的単為生殖の系統が生じると考えられている（図9-2）。このような類推は従来、絶対的単為生殖種の染色体に相同性が不明瞭で異質性の高いペア（2倍体の場合）やトリオ（3倍体の場合）がしばしば見られること、絶対的単為生殖種の形態に、地理的に近い場所に分布し、両性生殖する2つの種の中間的な特徴がよく現れること、などを根拠としてなされてきた（Darevsky *et al*. 1985）。最近になってミトコンドリアや核のDNAの塩基配列、あるいは遺伝子の一次産物である酵素タンパク質の分子量などを指標とする手法によって、親種の特定を含めより具体的に単為生殖種の雑種起源説が証明されつつある（Dessauer & Cole 1989；Radtkey *et al*. 1995；Ota *et al*. 1996；Trifonov *et al* 2015。ただし1つだけ、種間交雑に起源しないと思われる絶対的単為生殖種の例もある［Sinclair *et al*. 2009］）。さらに、近年では、北米産ハシリトカゲ属（*Aspidoscelis*）の3倍体絶対的単為生殖種の雌を、飼育下で同属の両性生殖種の雄と交配させたところ、単為生殖を行う4倍体の全雌系統が得られたとの報告もなされている（Lutes *et al*. 2011）。この事例はこのトカゲの仲間において、今後、絶対的単為生殖種と近縁の両性生殖種の関与のもと、さらに複雑な網状のものを含む進化・多様化が生じる可能性を強く示唆している。

かつて絶対的単為生殖種の主要な存在意義の一つは、その研究を通して、多くの生物に雌雄の性があり、それぞれの種で両者が関与する両性生殖が行われることの意義を検証できる点にあるとされていた。そうした議論の多くにおいて、絶対的単為生殖種は両性生殖種に比べ、分布の拡大能力や、あるいは急激な環境撹乱で大きなダメージを受けた集団の回復力において有利な反面、環境の漸移的な変動、とりわけ寄生生物や病原体の蔓延といった出来事への、世代

9. 単為生殖の爬虫類（太田英利）

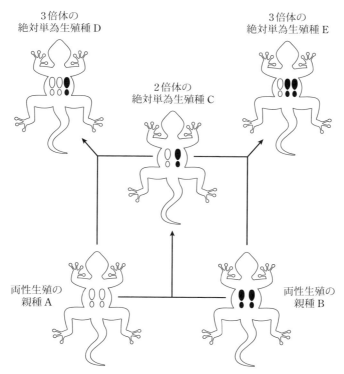

図9-2 2倍体および3倍体の絶対的単為生殖系統が形成される過程の模式図（Darevsky *et al.* 1985）
まず2つの両性生殖種（親種）の交雑によって2倍体のクローンが生じ、さらにこのクローンの雌と親種のうちの一方の雄が交雑することによって3倍体のクローンが生じる。

の進行に伴う遺伝子頻度の変化による対処（適応）において、決定的に不利な（対処できない）ことが理論予測として示され、したがって安定した環境下においては、絶対的単為生殖種は類似した生態的地位にある両性生殖種との競争で駆逐されてしまうとされた（Maynard Smith 1978）。そして、たとえば爬虫類では、上でも触れたように実際、一度も他の陸地と地続きになったことがなく、それゆえ到達、集団形成が難しい海洋島や、生物の棲息に適さない状況がしばしば生じる砂漠、荒地などの周辺で絶対的単為生殖種の割合が高く、より安定した環境下では低くなっており、このことがこうした理論予測の証左とみなされていた（Darevsky *et al.* 1985；Darevsky 1992）。また、この視点の延長として、

絶対的単為生殖種を、進化的な時間スケールにおいてはきわめて短命な存在とみなす予測も出された。たとえば現在、太平洋、インド洋の熱帯・亜熱帯島嶼に広く見られるオガサワラヤモリの出現は、両親種の地理的分布が重複する範囲や、最終氷期におけるその範囲での水陸分布の推定から、せいぜいここ2万年以内の出来事であろうとされたこともある（Radtsky et al. 1995）。

しかしその反面、絶対的単為生殖種の爬虫類と、類似した生態的地位にある両性生殖種の比較からは、実際には必ずしも予想されたような結果が得られない場合も報告されている。たとえば、寄生生物に対する抵抗力は、絶対的単為生殖種であるオガサワラヤモリの方が、同所的に見られる両性生殖種のヤモリよりはるかに強いとの結果が得られている。そして、その理由として、種間雑種起源のオガサワラヤモリでは、両性生殖種に比べ免疫系に関係する多くの遺伝子座で、はるかに高頻度で異型接合の状態にあり、その分、寄生生物に対する抵抗力をはじめからより幅広く備えているためとされている（Brown et al. 1995；Hanley et al. 1995）。

この他、悪条件下での運動能力、とくに持久力などにおいて、雑種起源の絶対的単為生殖種の方が近縁の両性生殖種より優れているとの報告もある（Kearney et al. 2005）。絶対的単為生殖種の"寿命"についても、近年行われた分子系統学的手法による推定からは、けっして極端に短命なものばかりではなく、少なくとも数十万年程度は続く系統も含まれることが示唆されている（Neiman et al. 2009）。このように爬虫類における絶対的単為生殖種の進化学的、生態学的役割や運命の議論においては、今後、さまざまな角度からのさらなる検討が必要と思われる。

9-4　日本の絶対的単為生殖爬虫類

日本に分布する絶対的単為生殖の爬虫類としては、トカゲ亜目ヤモリ科の2属2種とヘビ亜目メクラヘビ科の1属1種が知られている。ここでは各々の種の多様性、進化、生態に関するこれまでの研究を概観し、今後の課題について検討する。

9-4-1　オガサワラヤモリ（*Lepidodactylus lugubris*）

頭胴長4 cm前後の小型のヤモリで、太平洋とインド洋の熱帯・亜熱帯島

嶼や、隣接する大陸の沿岸部に広く分布する（Ineich 1999）。国内では、1930年代に小笠原諸島から初めて記録され、そのためこの和名がある（詳しくは Yamashiro & Ota 2005 を参照）。その後、大東諸島からも記録され、1970年代の初めから2000年代の初めにかけての時期には琉球弧のうち、沖縄島以南のほとんどの島々からも報告されている（Ota 1989；Yamashiro *et al.* 2000；前之園・戸田 2007）。

　これまでおもにポリネシアやミクロネシアの集団を対象とした研究に基づいて、（1）本種内には44本の染色体をもつ2倍体の集団と66本の染色体をもつ3倍体の集団がいること、（2）2倍体、3倍体の集団それぞれのなかでも遺伝的多様性・異質性はきわめて高く、各々の集団はさらに多くの異なるクローン系統に分かれること、（3）これらのクローン系統の多くは、胴部背面の斑紋に基づいて相互に識別できること、などが明らかにされている（Ineich 1988；Moritz *et al.* 1993）。

　日本の集団についても比較的最近、分布ならびにクローン組成に関する体系的な調査研究が行われ（Yamashiro *et al.* 2000；Murakami *et al.* 2015）、小笠原諸島には主に、太平洋からインド洋の熱帯島嶼にかけて広く分布するクローンAと呼ばれる2倍体のクローンが、また沖縄島以南の琉球弧の島々にはクローンAほどではないがやはり国外の熱帯島嶼に広く分布するクローンCだけが分布することが明らかになった。これらはいずれも比較的最近、おそらく南方から物資の移送に紛れる形で人為的に持ち込まれた個体に由来すると考えられる。成熟した雌雄が交尾期に出会わない限り次世代を残せない場合の多い両性生殖種に比べ、成熟した雌1個体から繁殖集団が確立され得る絶対的単為生殖種は、分布拡大能力に優れている。たとえば、1971年以降の琉球弧の島々におけるオガサワラヤモリの急激な分布の拡大（詳細は Ota 1989；前之園・戸田 2007 を参照）は、本種の分散・定着能力の高さをよく反映している。

　興味深いのが大東諸島の集団で、染色体、酵素タンパク質を支配する遺伝子座における対立遺伝子の組成、胴部背面の斑紋パタンなどを詳しく調査した結果、南・北大東島に2倍体のクローンが1系統と、3倍体のクローンがなんと11系統も生息することが明らかになった。しかも、これら12クローンのほとんどすべてが他の地域には見られず、大東諸島固有と考えられているのである。それでは、どのようにして大東諸島には、このような固有性・多様性の高いクローンが生息するようになったのであろうか？

オガサワラヤモリのような、形態的な特徴に基づいてまとめられた絶対的単為生殖種の中でのクローンの多様性の増大は、一般に（1）単為生殖の系統が確立された後でその一部に生じた突然変異に起因する場合（Ota *et al.* 1989, 1996）、および（2）親種の中のさまざまな遺伝子型の個体の交雑から多くの独立したクローン系統が確立されたことに起因する場合（Dessauer & Cole 1989）などが考えられる（図 **9-3**）。（1）と（2）は無論、まったく異質なものであるが、実際に観察される多様性の創出要因としてこれらを区別するのは、容易なことではない。ただ（1）の場合、各々のクローン系統は突然変異に由来する特有の遺伝子型をもつことで、相互に識別される場合があろう。これに対し（2）では、各々のクローン系統は親種内で多型となっている遺伝子を、異なる組みあわせでもつことによって識別されるであろう。デンプンゲル電気泳動法により大東諸島の各クローンの酵素タンパク質の支配遺伝子を調べたところ、3倍体クローンは広範に見られる遺伝子を異なる組みあわせでもつことだけで相互に識別され、特定のクローンに特有の遺伝子は認められなかった。また、2倍体クローンに見られる遺伝子は、ほとんどの3倍体クローンに共有されていた。これらのことから、大東諸島に見られる3倍体クローンの多様性は、2倍体クローンの雌と、種内での遺伝的変異の大きな両性生殖種の雄複数個体との間における交雑に由来すると推定される。

それでは、このようないわゆる多重交雑（multiple hybridization）はどこで起こったのであろうか？　この問いに対しても、2つの説明が考えられる。すなわち（3）どこか別の場所で起こり、その結果生じた多くのクローンが並行的に大東諸島に到達し繁殖したとする説明と、（4）このイベント自体が大東諸島内で起こったとする説明である。先にも述べたようにオガサワラヤモリは、人為的に輸送される物資に紛れて分布を拡げる"名人"であり、このことだけ考えると（3）の説明がもっともらしく思えるかも知れない。しかしながら、20世紀初頭の開拓期以来、戦中戦後も含め大東諸島と外部との航空機や船便による連絡は、ほぼ完全に沖縄島（那覇）との間だけでなされてきたこと、沖縄島やその周辺には、前述のように比較的最近の移入に由来すると思われるクローンCだけしか見られないこと、そして何よりも大東諸島に見られるクローンはそのほとんどすべてがここ固有であること、などを考えると、この説明は非常に苦しくなってしまう。一方で現在、大東諸島にはオガサワラヤモリ属（*Lepidodactylus*）の両性生殖種が分布しないことを考えると、（4）の説明は最

9. 単為生殖の爬虫類（太田英利）

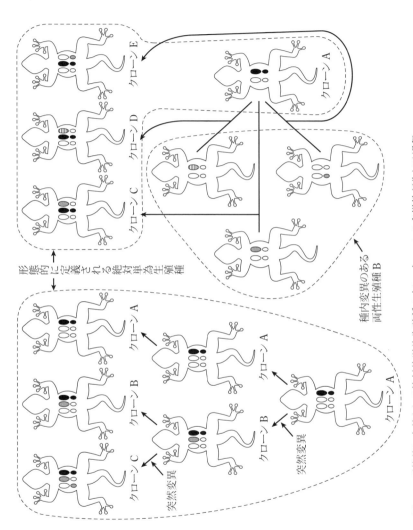

図9-3 形態的に定義される絶対的単為生殖種の中に，クローンの多様性が生じる過程
左：絶対的単為生殖の系統が確立した後，その一部に突然変異が生じて保存される場合。右：種内での遺伝的変異が大きな両性生殖種が親種で，その複数の個体がクローン系統の確立に参与する場合。

初から非常に無理があるように見える。しかしながら、太平洋の他の島々で、人間のさまざまな活動の影響のもと、オガサワラヤモリ属の両性生殖種が葬り去られ、絶対的単為生殖種のオガサワラヤモリだけが存続するケースがしばしば確認されていること（Ineich 1999）、もともとはうっそうとしたジャングルに覆われていた南・北大東島が、20世紀初頭からの開拓を通してほぼ一面のサトウキビ畑へと急激に変化したこと、このような島環境の急変に伴って、鳥類やコウモリ類などでの絶滅が少なからず生じていること、などを考え併せると、もともとこれらの島々に生息していたオガサワラヤモリ属の両性生殖種が、開拓に伴いごく最近になって絶滅したと想定することに、それほど無理はなさそうである。この仮説は今後、大東諸島に見られる2倍体と3倍体のクローンのミトコンドリアDNAや核DNAの塩基配列を比較するなどして（仮説通りだとするとミトコンドリアDNAの配列はよく一致し、核DNAには変異があるはず）、さらに検証してゆく必要があろう。

　近年、南太平洋の島々や小笠原諸島を舞台に行われてきた生態学的研究からは、オガサワラヤモリのクローン間にはしばしば、比較的明瞭な棲み分けや競争的排除のあること、したがって複数のクローンが同所的に安定して存続するためには、ある程度の環境多様性が必要となることが示唆されている（Bolger & Case 1994；Ineich 1999；Murakami *et al.* 2015）。南・北大東島は面積もさほど大きくなく起伏も単調で、さらに現在では植生も比較的単純で多様性に乏しい（南大東村誌編集委員会 1984；北大東村誌編集委員会 1986）。このような場所に、少なく見積もっても12にも上るクローンがひしめき合っている状況は、つい最近までこれらの島々がジャングルという多様性の高い植生を擁していた点を考慮しなければ、非常に不思議に思える。以上の2つの意味において、現在、大東諸島に見られるオガサワラヤモリのクローンの著しい多様性は、ここがジャングルに覆われていた時代の単なる"残像"であり、残念ながら今後、急速に失われていくことが強く懸念される。

　大東諸島のオガサワラヤモリについては、繁殖生態に関しても比較的詳細な調査がなされており、これまでに研究された日本産の爬虫類としてはきわめて例外的に、冬季を含め1年を通して産卵が見られること、孵化率は孵卵温度の低下とともに下がるものの、冬季の温度条件下でも1～3割の卵は孵化すること、などが報告されている（Ota 1994）。ちなみに同所的に生息する外来性の両性生殖種ホオグロヤモリ（*Hemidactylus frenatus*）では、産卵期は5月～9

月に限定されており、実験的に冬季の温度条件下に置かれた卵は、発生途中でみな死んでしまうことが示された。大東諸島のオガサワラヤモリが周年産卵を行う理由としては、これが絶対的単為生殖という特殊な繁殖様式と生理的にリンクした属性であること、クローン繁殖ゆえに冬季の胚の高い死亡率を淘汰圧とした集団遺伝的調節（微進化）が生じにくいこと、そもそも胚の比較的高い低温耐性ゆえに、冬季の産卵がそれほど強い淘汰圧を受けないこと、などが考えられる。

これに対し近年、沖縄島でクローンCの外来集団を対象に行われた体サイズ組成の季節変動に関する研究からは、夏季を過ぎると孵化幼体の加入が低下し、冬季には産卵、ないしは産卵された卵の孵化がなくなることを示唆する結果が得られている（Sakai 2016。ただし少なくとも沖縄島の周辺島嶼のクローンC集団について、冬季の抱卵雌の出現が確認されている：太田・樋上 1984；太田 未公表資料）。Ota（1994）とSakai（2016）の間での、少なくとも見かけ上の差異の理由については、今後より詳細な観察・データ収集に基づく検討が待たれる。

9-4-2　キノボリヤモリ（*Hemiphyllodactylus typus*）

オガサワラヤモリと同様、頭胴長4 cm前後の小型のヤモリで、前者とは胴長・短足の特徴的なプロポーションで識別される。太平洋とインド洋の熱帯・亜熱帯島嶼に広く分布しており、日本では1989年に西表島から発見されたのを皮切りに（Ota 1990）、ここ20年たらずの間に八重山諸島と、宮古諸島の島々から次々に記録されている（前之園・戸田 2007）。おそらく1980年代後半、オセアニアからの街路樹などの輸入物資に紛れて持ち込まれたのであろう。現在は定着していると考えられる。

近年、少なくともオセアニアの集団が雌だけから成り、雄の見られないことが明らかにされ、絶対的単為生殖であることが強く示唆された（Zug 1991, 2010）。しかし、その起源や倍数性、遺伝的多様性などについてはまったく知見がなく、今後の研究が待たれる。これまでに日本国内（15個体）や台湾で採集された個体（22個体）もすべて雌であり（Ota & Ross 1990；Takeda & Ota 1992；Lin 1994；太田ほか 2004；太田 未公表資料）、したがって現在これらの地域に見られる集団もクローンと思われる。ただし、少なくともフィリピン、マレー半島、ボルネオ、スマトラなどに分布し、形態的類似性に基づいて

同種とされることもある集団には雄も含まれ、よってその多くは両性生殖を行う別種と考えられる（Zug 1991，2010）。これらの集団が、現在、オセアニアや東アジアに見られる単為生殖の系統を生み出した親種ということなのかも知れない。

9-4-3　ブラーミニメクラヘビ（*Indotyphlops braminus*）

　全長18 cm程度の小型種で、アリやシロアリを餌にしている。現生のヘビ類の中でもっとも広域に分布し、大陸の内陸部、砂漠、高地などを除くほぼ全世界の熱帯と亜熱帯に生息している。日本国内では琉球弧のうちトカラ諸島の悪石島以南の島々、尖閣諸島、大東諸島、小笠原諸島などから知られる（Ota *et al.* 1991）。また最近では、大隅諸島の種子島や、伊豆諸島の八丈島にも移入され、定着したようである（Ota *et al.* 1995；前之園・戸田 2007）。鹿児島県指宿市など九州本土の南部沿岸地域からもしばしば発見されるが（中間 2007；林・池 2016）、繁殖集団として安定的に定着しているかどうかは不明である。

　本種についてははじめ、ニューギニアやセイシェル諸島産の標本に雄の見られないことが指摘され（Nussbaum 1980）、続いて行われた台湾、琉球列島、サイパン島産の計276個体を対象とした調査でも雌しかいないことが確認された（Ota *et al.* 1991）。さらに本種の核型は、若干の異質性を伴う3セットの相同染色体から成ること、電気泳動で得られた酵素タンパク質のパターンが3つの対立遺伝子を想定しないと解釈できないもので安定していることから、本種は雑種起源の3倍体単為生殖種と考えられる（Wynn *et al.* 1987；Ota *et al.* 1991；Patawang *et al.* 2016）。しかし、親種や最初に生じた場所についてはまったく知見がない。

　形態変異については台湾、琉球列島、サイパン島産の標本に基づいて詳細な分析が行われ、島嶼間や島嶼群間で差異が認められない一方で、各島嶼集団内では椎骨数や、体軸に沿った鱗の数に著しい変異のあることがわかった（Ota *et al.* 1991）。こうした変異は、同じ親から生まれた子の間でも見られることから、複数のクローンの存在など各島嶼集団の遺伝的多様性を反映するというよりは、形態形成時の非遺伝的な要因に由来するのではないかと予想される。いずれにせよオガサワラヤモリの場合と違い、本種における遺伝的多様性、クローン多型の有無については知見に乏しく、今後研究を進めていく必要がある。

　本種の繁殖については近年になって、琉球列島の集団を対象とした研究が行

われた。そして上述の大東諸島産オガサワラヤモリの場合とは対照的に、6月中旬から7月中旬のごく限られた時期に産卵が集中することが報告されている（Kamosawa & Ota 1996）。セイシェル諸島やマリアナ諸島などの熱帯域では、ほぼ1年を通して産卵が見られることから（Nussbaum 1980；Ota *et al*. 1991）、琉球列島の集団におけるこうした産卵期の限定は、本種の分布の北上と関連して生じた可能性が高く、遺伝的変化を伴い獲得された性質なのか、それとも環境に対する生理的反応の一つの現れなのかについての今後の検討が待たれる。

9-5 近年相次ぐ、爬虫類における条件的単為生殖の事例

ここまでで述べたような、全雌集団に恒常的に見られる絶対的単為生殖に加え、通常は両性生殖をする種の雌が、受精なしで自身の体細胞と同じゲノム数の卵を産生したとの内容が、とくに近年、さまざまな動物群で多く報じられ、そのメカニズムも論じられている（Suomalainen *et al*. 1987）。

爬虫類では、通常は両性生殖をする2倍体の雌において、卵形成の最終段階でいったんゲノム数が1となった卵核が、本来ならそのまま排出されるはずの二次極体と融合する、いわゆる終期融合（terminal fusion）を経て2倍体の卵となり、発生する現象がヘビ亜目やオオトカゲ科で散発的に知られている（Schuett *et al*. 1997；Groot *et al*. 2003）。このような場合、子のもつ2ゲノムは、いずれも減数分裂を終えた卵核のゲノムが単純に倍化したものに相当するため、母親では異型接合となっていたものを含む全遺伝子座で、遺伝子は同型接合となる（図 **9-1** 参照）。したがって、前述の絶対的単為生殖と違い、とくにヘビ類やオオトカゲの仲間などのように雌が異型（つまりZW型）の性染色体をもつ系統では、親子は完全なクローンの関係になることはなく、理論的には極端な場合、全ゲノム遺伝子座のうち半数で遺伝子組成が異なる、いわゆる半クローンの状態となる。このような様式の単為生殖は通常、条件的単為生殖（facultative parthenogenesis）と呼ばれるが、胚期における致死率の高さ、異常性を強調する意味で偶発的単為生殖（accidental parthenogenesis）と呼ばれることもある（Van der Kooi & Schwander 2015）。

これまでに爬虫類で条件的単為生殖の知られているヘビ亜目やオオトカゲ科では、上述のようにみな雌異型（ZW型）の性染色体をもっている。一般にW染色体の同型接合（WW）をもつ胚は発生の途中で死亡するとされる

ため、このタイプの単為生殖で生きた状態で産まれてくる幼体は、通常すべて ZZ をもつ雄だけで、したがって終期融合が頻発しても、単為生殖集団の確立にはつながらないと考えられていた（Groot *et al.* 2003；Watts *et al.* 2006；Lampert 2008）。しかし近年では、種によってはかなりの頻度で WW（あるいは WO）をもち、成熟後は正常に生殖にも参加する雌の誕生も報告され（Booth *et al.* 2011）、さらには飼育下の特殊な（長期間、雄のいない）条件下に限定されると予想されていた条件的単為生殖が、少なくともアメリカマムシ属（*Agkistrodon*）では野外でも見られることも確認された（Booth *et al.* 2012）。

　このように、以前はきわめて特殊で例外的な事例と考えられていた有鱗類における条件的単為生殖が、ここ 10 年ほどの間でその生態的・進化的意義、さらには希少種保全への応用の可能性までが論じられるようになってきている。その一方で、爬虫類でよく取りざたされる遅延受精（両性生殖種において、交尾で得られた精子が雌の輸卵管内で 1 年以上も生存して受精に使われ、その間雌が交尾せずに発生卵を産む現象。国内ではホオグロヤモリについて報じられている：Yamamoto & Ota 2006）に関するこれまでの記録に、実際には条件的単為生殖によるものの誤認が含まれている可能性も指摘されている（Booth & Schuett 2011）。

　今後これらの分野で、さらに研究の進むことが期待される。

10. イシガメ科の系統分類

安川雄一郎

10-1 はじめに

　カメ目（Testudines）は、骨質の甲骨板と角質の甲板の二重構造からなる甲により特徴づけられる爬虫類の一群である。その中で潜頸亜目（Cryptodira）に属すリクガメ上科（Testudinoidea）は、イシガメ科（Geoemydidae）、ヌマガメ科（Emydidae）、オオアタマガメ科（Platysternidae）、リクガメ科（Testudinidae）の4科を含み、種数にして現生カメ類の半数以上を含むカメ目でもっとも繁栄している群である（表10-1）。

　イシガメ科は旧称バタグールガメ科で、科の学名はかつて Bataguridae とされていたが、現在はより記載の古い Geoemydidae が使用されている。この科はおもにアジアの温帯域から熱帯域に分布し、地中海沿岸と中南米にそれぞれ異なる1属が分布する。ヌマガメ科はおもに南北アメリカ大陸に分布し、ヨーロッパヌマガメ属（*Emys*）のみがヨーロッパから西アジア、北アフリカに分布する。近年この上科に含められたオオアタマガメ科はアジア熱帯域の高地に1種のみが遺存的に分布する。これら3科は半水生の淡水生種が中心で（一部の種は汽水域に進入）、イシガメ科とヌマガメ科は湿性の陸生種を含む。一方、リクガメ科はオーストラリアと南極を除くすべての大陸に分布し、すべて陸生で、非常に乾燥した場所に生息する種を含む（Iverson 1992；Ernst *et al.* 2000；van Dijk *et al.* 2014）。

　日本国内に分布する陸産カメ類は、ニホンスッポン（*Pelodiscus japonicus*）を除き、すべてイシガメ科に属す。すなわち、セマルハコガメ（*Cuora flavomarginata*）、リュウキュウヤマガメ（*Geoemyda japonica*）、ニホンイシガメ（*Mauremys japonica*）、ミナミイシガメ（*M. mutica*）、クサガメ（*M. reevesii*）の3属5種である。このうち、リュウキュウヤマガメとニホンイシガメは日本の固有種で、琉球列島に生息するセマルハコガメとミナミイシガメは日本の固有亜種に分類されている。なお、クサガメは疋田・鈴木（2010）お

表 10-1　リクガメ上科およびイシガメ科の分類

リクガメ上科（Testudinoidea）
　　リクガメ科（Testudinidae）　　　　　　　　　　16 属　60 種
　　ヌマガメ科（Emydidae）　　　　　　　　　　　12 属　53 種
　　オオアタマガメ科（Platysternonidae）　　　　　 1 属　 1 種
　　イシガメ科（Geoemydidae）　　　　　　　　　　19 属　69 種
　　　　ヤマガメ属（*Geoemyda*）グループ
　　　　　　ヤマガメ属（*Geoemyda*）　　　　　　　　　　2 種
　　　　ホオジロクロガメ属（*Siebenrockiella*）グループ
　　　　　　ホオジロクロガメ属（*Siebenrockiella*）　　　2 種
　　　　インドヤマガメ属（*Melanochelys*）グループ
　　　　　　インドヤマガメ属（*Melanochelys*）　　　　 2 種
　　　　　　ケララヤマガメ属（*Vijayachelys*）　　　　　 1 種
　　　　ハコガメ属（*Cuora*）グループ
　　　　　　ハコガメ属（*Cuora*）　　　　　　　　　　　12 種
　　　　　　イシガメ属（*Mauremys*）　　　　　　　　　9 種
　　　　マルガメ属（*Cyclemys*）グループ
　　　　　　マルガメ属（*Cyclemys*）　　　　　　　　　 7 種
　　　　　　オオヤマガメ属（*Heosemys*）　　　　　　　4 種
　　　　　　シロアゴヤマガメ属（*Leucocephalon*）　　　1 種
　　　　　　ムツイタガメ属（*Notochelys*）　　　　　　 1 種
　　　　　　ニセイシガメ属（*Sacalia*）　　　　　　　　2 種
　　　　バタグールガメ属（*Batagur*）グループ
　　　　　　バタグールガメ属（*Batagur*）　　　　　　　6 種
　　　　　　ハミルトンガメ属（*Geoeclemys*）　　　　　 1 種
　　　　　　カンムリガメ属（*Hardella*）　　　　　　　 1 種
　　　　　　ニシクイガメ属（*Malayemys*）　　　　　　 2 種
　　　　　　メダマガメ属（*Morenia*）　　　　　　　　 2 種
　　　　　　ボルネオカワガメ属（*Orlitia*）　　　　　　1 種
　　　　　　コガタセタカガメ属（*Pangshura*）　　　　　4 種
　　　　アメリカヤマガメ属（*Rhinoclemmys*）グループ
　　　　　　アメリカヤマガメ属（*Rhinoclemmys*）　　　9 種

各分類群の属数や種数は van Dijk *et al.*（2014）による。ただし複数の説が紹介されていた場合、筆者が妥当だとみなした説をとった。イシガメ科の各グループについては本文参照。

よび Suzuki *et al.*（2011）によれば、おそらく江戸時代に朝鮮半島から持ち込まれた外来種だが、日本国内では普通種で、定着の歴史も古いことから本稿では日本産として扱う。

10-2　リクガメ上科4科の系統関係

　リクガメ上科の4科の関係や、内部の系統関係に関しては、研究者ごとに意見の相違があるが、リクガメ上科全体の単系統性に関しては今のところ異論はない。イシガメ科は McDowell（1964）の革新的な論文が出るまでヌマガメ科に含められ、他の狭義のヌマガメ科カメ類と区別されていなかった（Wermuth & Mertens 1961）。たとえば、イシガメ科のイシガメ属（*Mauremys*）の一部やニセイシガメ属（*Sacalia*）は、ヌマガメ科の数種とともに *Clemmys* 属に含められていた。

　McDowell（1964）は、イシガメ類とヌマガメ類が形態的に識別可能な分類群であることを初めて明らかにするとともに、この2群の各属を再定義した。さらに、イシガメ類がヌマガメ類よりもむしろリクガメ類に近縁である可能性を指摘し、リクガメ科（Testudinidae）の中にバタグールガメ亜科（Batagurinae；現在のイシガメ科に相当）、ヌマガメ亜科（Emydinae）、リクガメ亜科（Testudininae）の3亜科を認めた。その後、McDowell（1964）による属の分類については大筋において踏襲されてきた。しかし、これら3群の扱いについては、ヌマガメ科内にバタグールガメ亜科とヌマガメ亜科を認め、リクガメ科はヌマガメ科に近縁な独立の科とする分類が一般的となった。この当時、非常に特異な形態をもつオオアタマガメ科は広義のヌマガメ科に近縁とする説もあったが、カミツキガメ科に近縁とする説が有力であった（Pritchard 1979；Ernst & Barbour 1989）。

　McDowell（1964）以降、イシガメ類の系統分類学的研究には大きな進展がなく、論文も少ない状態が続いていた。しかし、1970年代以降、進化の過程で新たに生じた派生的な形質の共有により生物の分岐関係を推定し、その結果に基づき各分類群を単系統群として定義・認識しようとする分岐分類学が台頭し、1980年代以降はカメ類のさまざまな分類群にも適用されるようになった。

　Hirayama（1984）は、形態形質に基づきイシガメ科カメ類の分岐分類学的な手法による系統解析を行い、この仲間が顎の咬合面の拡大と複雑化と水生生活への適応という進化傾向をもつ群と、陸生傾向の強い種を多く含み、顎の咬合面の縮小と単純化と陸生生活への適応という進化傾向をもつ群の2系統に分かれることを明らかにした。さらに、この後者のグループ群の一部は、他のイシガメ科ではなく、リクガメ科と単系統をなし、リクガメ科をその内群として

含むとした。すなわち、イシガメ類は擬系統的な分類群であるとしたのである。
　Gaffney & Meylan（1988）は分岐分類学的な観点から、化石種を含めたカメ目全体の系統関係を形態形質に基づいて再検討し、イシガメ類、リクガメ類、ヌマガメ類を合わせた一群は単系統だが、オオアタマガメ科はこれらとは別系統で、カミツキガメ科の系統に含まれると結論した。さらに、リクガメ類とヌマガメ類は複数の共有派生形質で定義可能な単系統群であるのに対し、イシガメ類については、McDowell（1964）がこの群の特徴とした頭骨の形態や、Hirayama（1984）がこの群の共有派生形質ではないかとした腹甲の2対の臭腺孔の存在はすべて原始的な形質状態であり、他にイシガメ類の単系統性を支持する共有派生形質は見当たらないとした。その一方、彼らはHirayama（1984）をレビューし、イシガメ類が擬系統的な群であるという説に対し、根拠とされた三叉神経孔の形態などの形質は変異が著しいことから疑問を呈している。そのため、彼らはイシガメ類の単系統性について結論は出せないとしつつ、このグループをその多様性や独自性に鑑みてバタグールガメ科（Bataguridae：現在のイシガメ科）とし、リクガメ科とヌマガメ科と並ぶリクガメ上科の1科とした。
　イシガメ科とヌマガメ科は、骨格などの内部形態や、鱗や甲板、指などの外部形態に共有形質が多く、半水生か陸生でも湿性の種が多く、雑食性の種を中心とするなどの点で生態的特徴を共有し、リクガメ科とは異なっている。しかし、両者の類似の大半は、リクガメ上科における祖先的な形質の共有か、同じような生息環境や生態に関する収斂や並行進化で説明可能だと思われる。一方、リクガメ科は、より乾燥した環境を含む陸上生活への高度の適応の結果、他の近縁の2科とは大きくかけ離れた形態を獲得したのであろう。
　1980年代後半、中国を中心としたアジア各地からイシガメ科の20以上の新種・新亜種記載が相次ぎ、このグループの系統分類学的研究はにわかに活況を呈することとなった。それに伴い、1990年代半ばになると、イシガメ類は分類群として大いに注目されるようになり、ヌマガメ科と異なる独立した科としての扱いが一般化した（David 1994；Ernst *et al*. 2000）。
　イシガメ科の単系統性の問題に関しては長らく未解決なままであったが、Shaffer *et al*.（1997）は、ミトコンドリアDNAのシトクロム*b*およびリボソーム遺伝子について塩基配列の変異を利用し、おもにそれに基づきカメ類各科の系統関係を解析し、イシガメ科、ヌマガメ科、リクガメ科の3科はいずれも

10. イシガメ科の系統分類（安川雄一郎）

単系統であるとした。さらに、この3科の中ではイシガメ科とリクガメ科が互いにもっとも近縁であることが強く示唆された。一方、オオアタマガメ科の系統的位置については、ミトコンドリアDNAのデータのみからは不明確であったが、形態形質と合わせてカミツキガメ科の系統に含まれると結論された。

彼らの研究に対しては、各科を代表している種はそれぞれ1～3種とその数が少ないため、イシガメ科などを単系統とするには疑問の余地があったが、その後行われたイシガメ科全体を対象とした分子系統学的な研究（たとえばSpinks *et al.* 2004）でも、イシガメ科の単系統性を否定するような結果は得られていない。

Yasukawa *et al.*（2001）は、形態形質に基づいてイシガメ科の単系統性について検討を加え、背甲の腋下部と鼠蹊部の甲骨板にそれぞれ左右1対の臭腺孔が発達すること、骨盤の腸骨背側突起の先端部が前方で側方に拡がることの2つの形質がイシガメ科の単系統性を支持する共有派生形質だとしている。臭腺の存在自体はカメ目の原始的な共有形質だが、甲骨板に2対の発達した臭腺孔が見られる種は他の科では知られていないのに、これまで調べられたイシガメ科では、メダマガメ属（*Morenia*）を除くすべての属でそのような臭腺孔が存在していた。腸骨背側突起についても、これまで調べられたイシガメ科の全属で上述の形状が確認され、類似した形状は多くの科では見つかっていない。他科でのこれら2つの形質状態の有無についてはさらに詳しく調べる必要があるが、たぶんこれら2形質はイシガメ科固有の共有派生形質であると思われる。

カミツキガメ科については、Shaffer *et al.*（1997）以降、カミツキガメ科もしくはそれに近縁な科とする説が有力であった。しかし、今世紀になってから行われた核DNAを用いた研究（Cervelli *et al.* 2003；Krenz *et al.* 2005）やミトコンドリアDNAの全塩基配列を用いた研究の結果（Parham *et al.* 2006）は、リクガメ上科内の各科の系統関係についてはそれぞれ異なるものの、オオアタマガメ科はリクガメ上科に含まれることを強く示唆していた。

このように、イシガメ科が単系統群であり、さらにリクガメ科と単系統群を形成すること、これら2科はヌマガメ科およびオオアタマガメ科と近縁であることから、これら4科の系統関係には結論が出ていないものの、それらを合わせたイシガメ上科が単系統群であるのは間違いないと思われる。

10-3　イシガメ科内の系統関係

　McDowell（1964）はイシガメ科を互いに近縁と考えられる4つの属群に分類したが、各群の系統関係については議論を行っていない。イシガメ科全体の系統解析を最初に行ったのは、前述の Hirayama（1984）である。Hirayama は当時知られていたイシガメ科の全属の大多数の種を含む 24 属 37 種を対象に、頭骨の骨格形態を中心とした分岐学的な系統解析を行い、この仲間が水生傾向をもつ群と、陸生傾向の強い群の 2 系統に分かれるとした。

　これも前述のように、Gaffney & Meylan（1988）は Hirayama（1984）をレビューして、その単系統性についての問題点を認めた上でイシガメ科をリクガメ上科の 1 つの科とし、さらに Hirayama のいう 2 つの系統のうち、前者をバタグールガメ亜科（Batagurinae）、後者をヤマガメ亜科（Geoemydinae）にした。彼らは、バタグールガメ亜科の単系統性は複数の共有派生形質で定義でき、亜科内の系統関係は信頼できるとした一方で、ヤマガメ亜科については、その共有派生形質とされた形質は種内変異が多いか、多くの属で収斂や並行進化が見られるため、単系統性は疑わしく、亜科内の系統関係についても再検討が必要だとした。

　その後、Hirayama（1984）の系統仮説に対し、一部の属の系統的位置について異なる仮説が提唱されたが、科全体の系統仮説が発表されることはなかった。同時に、新たに複数の種がその系統的位置について検討が不充分なまま記載されており、それらや Hirayama が実見していない種を含めた包括的な系統解析が強く望まれるようになった。

　Yasukawa *et al.*（2001）は、Hirayama（1984）で解析に含められていない種を加え、ヤマガメ亜科の各種について形態形質に基づく系統解析を行うとともに、その単系統性に検討を加えた。その結果、一部の種の系統的な位置づけは異なっていたものの、多くの点で属間の関係については Hirayama（1984）と概ね一致する結果を得た。同時に、Yasukawa *et al.*（2001）は、ヤマガメ亜科の単系統性については結論が出せないが、イシガメ属とニセイシガメ属を除くヤマガメ亜科の 10 属の単系統性については、方形頬骨の退縮と後方で最大幅となる椎骨板という 2 つの共有派生形質により支持されるとした。イシガメ属とニセイシガメ属については、イシガメ科あるいはヤマガメ亜科の祖先形質を多数共有する擬系統的な幹群である可能性を指摘した。

10. イシガメ科の系統分類 (安川雄一郎)

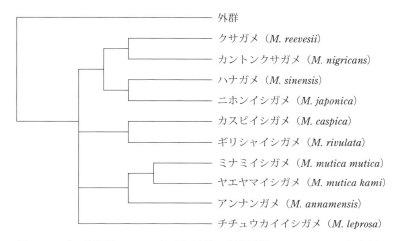

図10-1　イシガメ属 (*Mauremys*) 9種1亜種の系統関係 (Barth *et al.* 2004を改変)

　このような形態的な手法による系統解析が行われる一方で、イシガメ科に対しては、アロザイムの電気泳動 (Sites *et al.* 1984)、ミトコンドリアや核のDNAの塩基配列の変異分析 (Honda *et al.* 2002; Barth *et al.* 2004; Spinks *et al.* 2004)、核DNAの短鎖散在反復配列 (SINE) の挿入位置 (Sasaki *et al.* 2006) といった分子系統学的手法による系統解析も行われた。それらの結果は多くの点で形態形質に基づく系統推定とは大きく異なっていた。

　イシガメ属とその近縁種に関する一連の分子系統学的な研究 (Honda *et al.* 2002; Barth *et al.* 2004) では、それまでイシガメ属とは形態的に著しく異なり、別亜科とされていたクサガメ属 (*Chinemys*) や、ハナガメ属 (*Ocadia*) がイシガメ属の内群に含まれるという結果が得られた (図10-1)。この結果に基づき、クサガメ、カントンクサガメ (*M. nigricans*)、ハナガメ (*M. sinensis*) の3種はイシガメ属とされるようになった。

　Spinks *et al.* (2004) は、ミトコンドリアDNAおよび核DNAの塩基配列データを用いてイシガメ科全体の系統解析を行ったが、その結果、上述のバタグールガメ亜科とヤマガメ亜科はいずれも単系統性が否定された (図10-2)。この研究でも、クサガメ属とハナガメ属がイシガメ属の新参シノニム (同物異名) となることが確認されたほか、やはり形態から見て独立な属であるとみなされていた複数の属が同様に新参シノニムとされ、それらの属に含められていた種は、従来系統的に遠いとみなされていた属に移された。

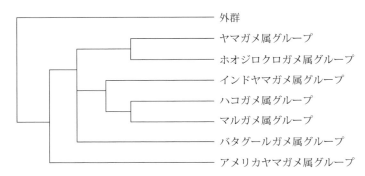

図10-2 イシガメ科（Geoemydidae）内の7グループの系統関係（Guillon et al. 2012を改変）。各グループについては、本文と表10-1を参照。

　ミトコンドリアや核のDNAの塩基配列データを用いた系統解析は、一般に形態形質に基づく系統解析に比べて情報量を増やしやすく、収斂や並行進化による影響を受けにくいとされる。これまでに行われた分子系統学的な研究の結果は、解析に用いるミトコンドリアDNAや核DNAの部位、あるいは解析に用いる方法により少なからず異なっている。しかし、Spinks et al.（2004）、Prashag et al.（2006）、Guillon et al.（2012）などの結果からイシガメ科内には以下の7つの系統群が認められる（表10-1、図10-2）。

(1) ヤマガメ属（*Geoemyda*）グループ：ヤマガメ属のみからなる。
(2) ホオジロクロガメ属（*Siebenrockiella*）グループ：ホオジロクロガメ属のみを含む。
(3) インドヤマガメ属（*Melanochelys*）グループ：インドヤマガメ属とケララヤマガメ属（*Vijayachelys*）の2属。
(4) ハコガメ属（*Cuora*）グループ：ハコガメ属とイシガメ属の2属。
(5) マルガメ属（*Cyclemys*）グループ：マルガメ属、オオヤマガメ属（*Heosemys*）、シロアゴヤマガメ属（*Leucocephalon*）、ムツイタガメ属（*Notochelys*）、ニセイシガメ属（*Sacalia*）の5属。
(6) バタグールガメ属（*Batagur*）グループ：バタグールガメ属、ハミルトンガメ属（*Geoclemys*）、カンムリガメ属（*Hardella*）、ニシクイガメ属（*Malayemys*）、メダマガメ属（*Morenia*）、ボルネオカワガメ属（*Orlitia*）、コガタセタカガメ属（*Pangshura*）の7属。
(7) アメリカヤマガメ属（*Rhinoclemmys*）グループ：アメリカヤマガメ属のみ

10. イシガメ科の系統分類 (安川雄一郎)

からなる。このグループはイシガメ科で唯一中南米に分布する。

これら7つのグループのうち、(1)と(2)は単系統である可能性が高い。また、(4)と(5)はおそらく単系統であり、(3)はそれらを合わせた群と単系統である可能性が高い(図 10-2)。しかし、それ以外のこれら各グループの系統関係については、定説がないのが現状である。

(7)にあたるアメリカヤマガメ属は、イシガメ科の中でも他の属からもっとも早く分岐した群だと思われる。そのため、バタグール亜科とヤマガメ亜科を認める従来の分類よりも妥当な考えとして、イシガメ科をアメリカイシガメ属のみからなるアメリカヤマガメ亜科(Rhinoclemmydinae)と、それ以外のすべての属からなるイシガメ亜科(Geoemydinae)に二分するという分類も提唱されている(Le & McCord 2008)。しかし、この2亜科それぞれの共有派生形質とみなせる形態形質は見つかっておらず、形態のみで両者を識別することすら現状では困難である。この分類法は今後広まっていく可能性があるが、形態からの定義が強く望まれる状況である。

近年、DNA塩基配列データの蓄積と共用化が進んだ結果、従来解析に含められることのなかった種や亜種などの組織サンプルが得られたときに、特定の部位のDNA塩基配列を調べ、既存のデータと合わせて解析することで、その種や亜種などの系統的な位置づけを知ることが可能になっている。実際、そういう方法で、きわめて標本が稀少な種の系統的位置の推定に成功した例もある(たとえば Parham *et al*. 2004；Prashag *et al*. 2006)。

このように見ていくと、カメ類の系統分類において、形態形質に基づく研究に対する分子データに基づく研究の優位性は揺るぎないように見える。とくにイシガメ科では、多数の形態形質で収斂や並行進化が繰り返し起こっていることが疑えないため、尚更である。しかし、カメ類はそのサイズや甲骨板などの目立つ骨要素があるため、化石標本の多い動物である。化石標本からDNAデータを得るのは難しく、化石種の系統分類においては形態形質に頼らざるを得ないし、カメ類の進化を考える上で化石種の存在を無視することはできない。

今後、イシガメ科カメ類の系統分類においては、分子系統学的手法の簡便化や精度の上昇が期待され、それによる研究の進展は間違いないと思われるが、得られた高精度の系統仮説をベースに、今一度このグループの形態の進化について精査し、包括的な研究を進めていくことがイシガメ科の進化を解明していく上でもっとも重要ではないかと筆者は考えている。

11. カメ類などの化石爬虫類

平山　廉

11-1　日本産の化石爬虫類について

　国内の化石爬虫類は、中生代三畳紀（約2億5200万年前から2億100万年前）以降の地層から発見されている。その産地は37都道府県に及んでいるが、大半の発見は1980年代以降になされたものであり、現在も毎年のように新しい産地が見つかっている。ここでは、1）カメ類、2）恐竜類、3）その他の爬虫類に分けて紹介する。

11-2　カ メ 類

　カメ類（目）の化石記録は中生代三畳紀中期（2億4000万年前）、ドイツ産のパッポケリス（*Pappochelys*）まで遡るようになった（Schoch & Sues 2015）。しかし、カメ類と他の爬虫類との類縁関係にはなお不明なことが多い。全身骨格が知られている三畳紀終わりのオドントケリス（*Odontochelys*）やプロガノケリス（*Proganochelys*）ですら、四足動物内での系統関係を解析するにはあまりにも特殊化が進んでいる（口絵 *iv* 頁①②参照）。カメ類最大の特徴である甲羅の基本的な特徴は、プロガノケリスに見られるように、三畳紀の出現当時から現代と大差ないほどに完成されていたが、これより古いオドントケリス（約2億2000万年前）では背甲の形成が不完全であった（Li *et al.* 2008）。さらにパッポケリス（約2億4000万年前）では、腹甲が複数の腹肋骨から成っており、カメ類の腹甲が腹肋骨に由来したという仮説を支持している（Schoch & Sues 2015）。

　プロガノケリスはドイツの三畳紀後期（約2億1000万年前）より発見された、もっとも原始的なカメ類の一つで、全長はほぼ1mある。カメ特有の甲羅の基本構造はすでに完成していた。しかし、首の上に甲板が並んでいることからもわかるように、後のカメ類とは異なり、首を大きく曲げて甲羅の

中に引っ込めることはできなかった。方形骨の外耳部分や、内耳の耳小柱骨の発達が悪く、聴覚は非常に弱かったと考えられる。四肢骨の形状はリクガメ科のように陸生の生態であったことを示している。また、口（咬合面）の形態から植物食であったと思われるが、口蓋部分には歯が残存していた。

近年は、分子データの解析や卵に見られる派生形質から、カメ類が、ワニや鳥など主竜類に近縁なのではないか、という系統仮説が議論されている（Rieppel & Reisz 1999；Hirayama 2001）。とりわけ石灰質の丈夫な卵殻や、大きな卵白は主竜類に共通して見られるものであり、今後の詳細な研究が待たれる。

カメ類が大きな適応放散を遂げて今日まで生き延びてきたのは、柔軟性の高い首や耳を進化させることなどにより、甲羅を利用した防御機能がより一層向上したためであったことが化石記録から読み取れる。首の柔軟性が小さく、頭部や頸部を甲羅によって十分に保護できない、メイオラニア（*Meiolania*；口絵 *iv* 頁③参照）のような原始的なタイプのカメ類は、結局すべて絶滅してしまったのである。メイオラニアは、オーストラリアの太平洋東岸にあるロード・ハウ島の更新統（約 4 万年前）より産出し、長い尾も入れて全長は 1.5 m に達した。頑丈な頭部に角状の突起が発達することが最大の特徴である。オーストラリア本土からはニンジャエミス（*Ninjaemys*）という近縁種が報告されているが、メイオラニアの 2 倍近くの大きさがあった。メイオラニア類（Meiolaniidae）は潜頸類として報告されてきたが、顕著な頸肋骨や、発達の著しい頭頂部など、プロガノケリスに類似した原始的形質もあり、潜頸類と曲頸類が分岐する以前の初期カメ類の遺存種であるという見解もある。メイオラニア類はオーストラリア本土やニューカレドニアなど周辺地域に広く分布していたが、渡来した人類によって滅ぼされた可能性がある。

白亜紀（1 億 4500 万年前から 6500 万年前）には、屈曲度の大きな首をもつ現代型の潜頸類と曲頸類が、大陸分裂の顕著な北半球と南半球でそれぞれ進化、多様化したため、化石カメ類の種類が著しく増大した（Hirayama *et al.* 2000）。命名規約上、有効と考えられる化石カメ類はこれまで約 300 属が報告されているが、このうち 160 属が白亜紀から報告されていることからも、白亜紀においてカメ類の分化が著しく発展したことがうかがえるであろう。

日本ではジュラ紀からもカメ類化石の報告があるが、大半の資料が発見さ

れるのは白亜紀の地層である（平山 2006）。なかでも白山周辺の手取層群の白亜紀前期の非海成層（約1億4000万年前から1億2000万年前）からは、2000点を超えるカメ化石が見つかっている。属種未定のシンチャンケリス科（Xinchiangchelyidae）のようにジュラ紀型の古いタイプの潜頸類（口絵 iv 頁④参照）も認められる。

　シンチャンケリス類はアジア大陸のジュラ紀中頃から終わりに繁栄した潜頸類であり、白亜紀に出現した現代型の潜頸類（スッポン上科やリクガメ上科）の姉妹群であった。頸椎や頭頂部の形状は、シンチャンケリス類が首を曲げて、不完全ながらも頭部を甲羅の中に引き入れることが可能であったことを示す。手取層群の陸成層からはシンチャンケリス類が多数見つかり、より進化したスッポン上科と共存していたことがわかっている。

　しかし、世界でも最古の現代型潜頸類の化石記録としてとりわけ注目されるのは、スッポン上科（スッポン科やスッポンモドキ科を含む）のカメ類で（図 11-1；平山 2005）、属種未定の頭骨が、石川県白山市桑島化石壁の白亜

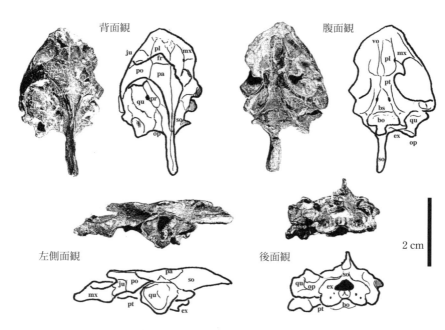

図11-1　最古の現代型潜頸類（スッポン上科の属種未定）の頭骨
　　　　（白山市教育委員会所蔵の標本）

紀前期（約1億4000万年前：手取層群桑島累層）より産出している。手取層群からは *Kappachelys* など原始的なスッポン上科の化石がとりわけ多く見つかるが、その多くは遊離した甲羅片である（Hirayama et al. 2012）。頭頂部分は後方から大きく湾入・退縮しており、このカメがすでに頭部を完全に甲羅内部に収納できたことを示唆している。ここで共産した頸椎には、スッポン科やスッポンモドキ科と共通する前凸後凹型の椎体関節面が見られる。現代型の潜頸類は、日本を含む白亜紀初めのアジア大陸沿岸部で進化した可能性が高い。

この他にも、福岡県の関門層群（白亜紀前期）や熊本県の御船層群（白亜紀後期初頭）、徳島県の勝浦層群（白亜紀前期）などから白亜紀の陸生カメ類が発見されている（平山 2006；Sonoda et al. 2015）。いずれもスッポン上科が優勢であり、アドクス（*Adocus*）やシャチェミス（*Shachemys*）など中央アジアの白亜紀産カメ類と属レベルで共通したものが認められる。

白亜紀中頃（約1億1000万年前）にはウミガメ類が出現し、海洋環境への本格的な進出を開始した。ウミガメ類の進化では最古のウミガメ類であるサンタナケリス（*Santanachelys*）に認められるように、鰭脚の発達のみならず涙腺の肥大化による塩分の排出が重要な適応課題であったと考えられる（口絵 iv 頁⑤参照；Hirayama 1998）。サンタナケリスは、ブラジル・セアラ州の白亜紀前期（約1億2000万年前）より産出し、体長20cmである。白亜紀終わりに絶滅したプロトステガ科（Protostegidae）に属する。頭骨内部を眼窩前方から覗くと、頭頂骨からの下方突起が後方に著しく退縮しているが、現生ウミガメ類と同様に眼球の奥にあった涙腺が肥大し、海洋環境に適応していたことを示唆している。ただし鰭脚は小さく、また指骨には可動の関節が残存しており、遊泳能力は初期の段階にあったと考えられる。

白亜紀後期（約8000万年前から7000万年前）のメソダーモケリス（*Mesodermochelys*）は我が国に固有であり、海外ではきわめて稀な、中生代のオサガメ科の原始的な属である（図 11-2；Hirayama & Chitoku 1996）。メソダーモケリスは、北海道や兵庫県、香川県などの浅海成層に多産し、鰭脚は良く発達し、遊泳能力は高かったが、甲板の退縮はウミガメ上科としては顕著でなかった。背甲中央部には、部分的に鱗板が残存していたことを示す鱗板溝が見られる。平均的な個体は甲長1m足らずだが、北海道や香川県からは甲長2m近くに達したと推定される巨大な標本も見つかっている。近

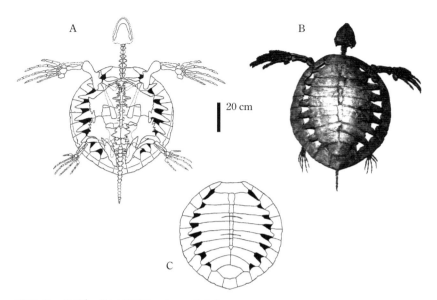

図11-2 メソダーモケリス(*Mesodermochelys*)
A:骨格復元図(腹面観)、B:復元組立て骨格(むかわ町立穂別博物館の展示による)、
C:背甲の背面観。

年、保存良好な頭骨が採集され研究が進んでいるが、顎の形態は、硬い外骨格をもつ動物でも捕食可能だったことを示唆している(平山 2007)。メソダーモケリスが我が国だけにみられることは、白亜紀当時のウミガメ類の種分化のパターンが現代とは異なっており、地理的分布の限られた固有種の適応放散が顕著であったことを物語っている。当時は、大西洋をはさんだ北米と欧州の間ですら属種レベルで共通するウミガメ類がほとんど見られなかった(Hirayama 2006)。

　白亜紀末のいわゆる大量絶滅では、カメ類はほとんど影響を受けていないように見えるが、アノマロケリス(*Anomalochelys*;図 11-3;Hirayama *et al*. 2001)など、スッポン上科のナンシュンケリス類(Nanhsiungchelyidae)は例外的に滅びてしまった。これは、陸生で植物食であったと推定される彼らの生態に関係があったのかも知れない。アノマロケリスは、北海道むかわ町(旧穂別町)の白亜紀中頃(約 9000 万年前)の地層から地元の化石愛好家によって発見された。甲長は推定 70 cm に達し、日本国内では最大の陸生

11. カメ類などの化石爬虫類 (平山 廉)

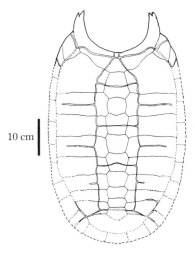

図11-3 アノマロケリス(*Anomalochelys*)

カメである。背甲前方の頸板の側方が前方に突出して角のような形状になり、他に類を見ない特徴となっている。中国産のナンシュンケリス (*Nanhsiungchelys*) など、近縁種から類推すると、頭部が巨大化して甲羅内部に引っ込められなくなり、これを側面から保護する役割がこの「角」にあった可能性が考えられる。ナンシュンケリス類は、アジアと北米の白亜紀後期に栄えた陸生の大型カメ類であり、現在のゾウガメのような生態をもっていたらしい。

新生代では、琉球列島も含めて、鮮新世から更新世にかけてのカメ類がとくに注目される（Takahashi et al. 2003, 2013；Hirayama et al. 2007）。大分県の津房川層（鮮新世）からは、オオアタマガメ (*Platysternon megacephalum*) を含む、亜熱帯性のカメ類が発見された（平山 2006）。日本列島の陸生動物相がどのように変遷・成立したのかを探るうえで、化石として保存されやすいカメ類の資料は、またとない研究対象であると思われる（奥田ら 2006）。また、ハナガメ (*Ocadia sinensis*) と化石種ニホンハナガメ (*O. nipponica*) との比較研究などに見られるように、現生種の分子データによる分類の妥当性を検証するうえでも化石資料の研究が大きな試金石になることが期待される。ニホンハナガメ（口絵 *iv* 頁⑥参照）は、ほぼ完全な骨格が千葉県袖ケ浦市の更新世中期（約20万年前）下総層群清川累層より採集されている（Hirayama et al. 2007）。咬合面に鋸歯状のリッジが発達するなど、台湾からベトナムにかけて生息するハナガメ (*O. sinensis*) に類似するが、二次口蓋の発達が著しく、より大型で甲長 33 cm に達するなど明瞭な違いがあるため、2007年4月に新種として記載された。本種の発見は、第四紀における日本列島の古環境や生物地理を考察するうえで新たな問題を投げかけている（平山 2007）。

11-3 恐竜類

　戦前に日本領であったサハリン南部の白亜紀後期の地層で発見され、1936年に報告されたニッポノサウルス（*Nipponosaurus*）が、我が国から初めて報告された恐竜であった（図 **11-4**）。ニッポノサウルスは鳥盤目ハドロサウルス科に属する植物食の恐竜であり、最近になって北米の白亜紀にもっとも近縁なもの（*Hypacrosaurus*）がいること、また体長 3 m ほどで、*Hypacrosaurus* の成体の数分の 1 程度であり、亜成体であることが確かめられた（Suzuki *et al*. 2004）。

　戦後しばらくは恐竜化石の発見は途絶えていたが、1970 年代末から国内での発見例が相次ぐようになった。とりわけ、石川県や福井県、岐阜県、富山県に分布する白亜紀前期の手取層群からは、恐竜の化石産地がすでに 10 か所以上知られている。多くの化石は遊離した歯などの断片的な資料であるが、福井県勝山市の発掘現場ではフクイサウルス（*Fukuisaurus*；鳥盤目鳥脚類）やフクイラプトル（*Fukuiraptor*）、フクイベナトル（*Fukuivenator*；竜盤目獣脚類）など保存良好な骨格が続々と発見されている（Azuma & Currie 2000；Kobayashi & Azuma 2003；Azuma *et al*. 2016）。

　フクイサウルス（図 **11-5**）は、手取層群北谷累層（白亜紀前期：約 1 億 2000 万年前）より発見されたイグアノドン類に属する植物食恐竜である。体長 5 m ほどで、少なくとも 3 個体分の遊離した骨格に基づいて復元された。

図**11-4**　ニッポノサウルス（*Nipponosaurus*）の復元組立て骨格
　　　　（福井県立恐竜博物館の展示による）

11. カメ類などの化石爬虫類（平山 廉）

図11-5　フクイサウルス（*Nipponosaurus*）の復元組立て骨格（福井県立恐竜博物館の展示による）

　イグアノドン類は、手取層群以外にも、日本の白亜紀前期からもっとも普通に見つかる恐竜の仲間であるが、多くは歯などの断片的資料である。フクイラプトル（口絵 *iv* 頁⑦参照）もやはり、北谷累層より採集されたが、獣脚亜目テタヌラ類に属する肉食恐竜である。体長 4 m ほどで、これも遊離した複数の骨格に基づいて記載されたが、国内で見つかったもっとも完全な肉食恐竜である。フクイベナトルは、国内では初のほぼ完全な骨格に基づいて命名された小型獣脚類であるが、歯の特徴から植物食であった可能性が指摘されている。手取層群では、他にも石川県白山市の桑島層から小型鳥脚類アルバロフォサウルス（*Albalophosaurus*）が報告されている（Ohashi & Barrett 2009）。
　2006 年には、兵庫県丹波市の白亜紀前期篠山層群から体長 20 m 前後と推定される大型の竜脚類（竜盤目）の骨格の一部が発見され、*Tambatinanis* と命名された（Saegusa & Ikeda 2014）。この他にも北海道の蝦夷層群（白亜紀後期：鳥盤目曲竜類や鳥脚類）、三重県の松尾層群（白亜紀前期：竜盤目竜脚類）、徳島県の勝浦層群（白亜紀前期：鳥盤目鳥脚類）、福岡県の関門層群（白亜紀前期：竜盤目獣脚類）、熊本県の御船層群（白亜紀後期：竜盤目獣脚類など）や御所浦層群（白亜紀前期：鳥盤目鳥脚類など）、鹿児島県の姫浦層群（白亜紀後期：竜盤目獣脚類や竜脚類）、および岩手県の久慈層群（白亜紀後期：竜盤目竜脚類や獣脚類など）などから恐竜類が発見されている（梅津ら 2013）。このように国内で見つかっている恐竜化石は、いずれ

も白亜紀産のものであるが、今後の調査によって三畳紀の地層などからも発見される可能性がある。

11-4　その他の爬虫類

　魚竜類（目）や鰭竜類（目）、モササウルス類（有鱗目）などの海生爬虫類は、我が国には中生代の海成層が多いという事情もあり、戦前から報告例がある（Sato *et al*. 2012）。鰭竜類エラスモサウルス科のフタバサウルス（フタバスズキリュウ；*Futabasaurus*）は、福島県いわき市の双葉層群（白亜紀後期：約8500万年前）より発見されてから30年以上たってようやく正式に命名された（口絵 *iv* 頁⑧参照；Sato *et al*. 2006）。また、北海道の白亜紀後期蝦夷層群からは、鰭竜類の胃の内容物として、頭足類の嘴（くちばし）が残った珍しい記録が報告されている（Sato & Tanabe 1998）。ウタツサウルス（*Utatsusaurus*）は宮城県の稲井（いない）層群（三畳紀前期）から発見された世界最古（約2億4500万年前）の魚竜であり、海外の研究者の関心も高い（Motani *et al*. 1998）。ウタツサウルスの四肢骨には陸生爬虫類の特徴が残っており、また脊椎骨は前後に長いなど、祖先形の原始的な形質が数多く残っている。他にも保存良好なモササウルス類（海生のトカゲ類）が報告されている（Konishi *et al*. 2016）。

　白山周辺に分布する白亜紀前期の手取層群からは、上述したように恐竜やカメが多数見つかっているが、トカゲやコリストデラ類など中小型の双弓類も数多く発見されている。とくに有鱗類のサクラサウルス（*Sakurasaurus*）や、絶滅した水生爬虫類であるコリストデラ類（目）のショウカワ（*Shokawa*）はとりわけ保存が良い（Evans & Manabe 1998, 1999；Matsumoto *et al*. 2014；Evans & Matsumoto 2015）。また、カガナイアス（*Kaganaias*）は有鱗目ドリコサウルス類（科）の仲間である（Evans *et al*. 2006）。ドリコサウルス類は、ヘビ類の起源を考えるうえで重要なトカゲ類だが（松井1992）、これまでは欧州の白亜紀後期の海成層から発見されていた。カガナイアスは陸成層から発見されており、しかも地質時代がより古いことから、ヘビの仲間がどのような環境で進化したのかという議論に、新たな手がかりを提供している。兵庫県丹波市の白亜紀前期篠山層群からもトカゲ類が報告されている（Ikeda *et al*. 2015）。

手取層群や御船層群からは断片的ながら翼竜類の化石も報告されている（Ikegami *et al.* 2000）。また石川県桑島の手取層群からは、ジュラ紀に絶滅したと思われていた単弓類（いわゆる哺乳類型爬虫類；松井 1992）の生き残りの化石が発見された（Matsuoka *et al.* 2016）。これはトリティロドン類という、哺乳類の齧歯類に類似した歯列をもつ植物食のウサギ大の動物であった。

新生代では、大阪大学構内の大阪層群（更新世中期）より発見されたマチカネワニ（*Toyotamaphimeia machikanensis*）のほぼ完全な全身骨格（約6 m）が際立っている（Kobayashi *et al.* 2006）。花粉分析などによる古気温の推定は、現在より温暖な気候を示していないが、これはマチカネワニが温帯性の気候に適応した大型ワニ類であったことを示唆している。

11-5　おわりに：羽毛恐竜の発見など

1990年代終わり頃から骨格の周囲に羽毛の残った恐竜化石（シノサウロプテリクス *Sinosauropteryx* やカウディプテリクス *Caudipteryx* など）の発見が中国遼寧省の白亜紀前期の地層から相次ぎ、世界的に注目されている。鳥類が小型の肉食恐竜（竜盤目獣脚類）から進化したという仮説は、手首など骨格に見られる類似点により1970年代から主張されてきたが、羽毛恐竜の発見はこれをほぼ疑いのないものにしたと言えよう。中でもミクロラプトル（*Microraptor*）という、後肢にも翼があり、前後四つの翼をもつ肉食恐竜の発見は、飛行能力をもった鳥の仲間がどのように進化してきたのかという疑問に新たな課題を突きつけている（Xu *et al.* 2003）。前肢に大きな翼が発達する以前に、後肢にも翼があった段階があったという主張がなされ、大きな論争となっている。なお羽毛ないし毛状の皮膚は、原始的な鳥盤類（*Kulindadromeus*）にも確認されるようになっており、羽毛が恐竜進化の初期から存在したと考えられるようになっている（Godefroit *et al.* 2015）。

またモンゴルの白亜紀後期では、オビラプトル（*Oviraptor*）という歯のない獣脚類の成体が卵を産みつけた巣の上で見つかっており、鳥類に近縁な恐竜ではすでに抱卵するなど卵を保護する習性があったことの証拠と考えられている（松井 2006）。なお卵の殻の断面構造も、肉食恐竜と鳥類は非常に類似しており、彼らがきわめて近縁であることを示唆している。

12. 日本産ヘビ類の分類

鳥羽通久

12-1　はじめに

　ヘビ類全体の分類体系は、生化学的手法の発達や化石種の精査に基づく重要な情報の追加などで、大きな見直しを受けてきた．日本産のヘビ類については、すでに10年前には学名の変更が必要な種がいくつか出ていたが（鳥羽・太田 2006)、その後、科のレベル、属のレベルでも大きな改変があり、学名の変更がなされた（日本爬虫両棲類学会 2016）。

　ごく最近の移入種を除くと、現在日本には40種のヘビ類が生息するが、これらは分布状況から大まかに4つに大別される。まず北海道から九州、南西諸島のトカラ列島北部までの日本列島主要部に分布する種、それからトカラ列島南部以南の南西諸島に分布する陸生種、3番目にウミヘビ類、最後に汎世界的な分布をもつ単為生殖種のブラーミニメクラヘビである。琉球列島の種については第14章で扱われるので、ここでは日本列島主要部の種に重点をおいて順次見ていきたい。

12-2　日本列島主要部のヘビ類

12-2-1　ヤマカガシ（*Rhabdophis tigrinus*）

　日本のヘビのうち、種より下位の分類でもっとも混乱していたのがヤマカガシである。つい最近まで、ヤマカガシの分布域は、日本の本州から九州、朝鮮半島から沿海州、中国、台湾と、琉球列島を除いて東シナ海を取り囲むかなり広い範囲とされていた。まず、スタイネガー（Stejneger 1907）は尾下板数の変異に基づいて、これを亜種に分割し、日本列島から朝鮮半島南部のものを基亜種におき、それ以外をタイリクヤマカガシ（*Natrix tigrina leteralis*）とした。その後、牧 茂市郎（Maki 1931）は、色彩斑紋を重視し、尾下板数の変異は無視して、日本列島のものを基亜種に、朝鮮半島から中国にかけての個体群を

タイリクヤマカガシに、台湾のものを新たにタイワンヤマカガシ（*N. tigrina formosanus*）とした。しかし、今泉吉典（1957）は尾下板数の変異を詳しく検討し、日本列島南部と朝鮮半島南部のものを基亜種に、日本列島北部と大陸の残りの部分をタイリクヤマカガシにおいた。尾下板数は北から南に向かって増加するのであるが、中国においては必ずしもはっきりした傾向は示していない。これらの結果をふまえ、中村健児・上野俊一（1963）は、タイワンヤマカガシだけを亜種として認め、大陸の個体群は基亜種と一緒にしてしまった。

色彩斑紋の変異に最初に注目したのはゴリス（Goris 1971）であり、日本列島のヤマカガシについて、関東型、関西型、九州型を区別した。これらの区別を簡単に述べると、関東型ははっきりした細かい斑紋をもち（図**12-1**）、関西型では黒斑が不鮮明（図**12-2**）、九州型は大きくてはっきりした斑紋をもつ。ただ、表現方法には問題があり、その後鳥羽（Toriba 1992）によって修正された。

より最近導入された分類形質が染色体である。鳥羽（Toriba 1987）は日本列島と韓国の個体を調べ、中国の研究者の結果と合わせ、3つのタイプを区別した。変異が見られたのはW染色体で、東日本では次端部動原体型、西日本と朝鮮半島、中国東北部では端部動原体型、中国中部から南部では次中部動原体型となる（図**12-3**、図**12-4**）。その後さらに、台湾の個体の染色体も調べられ、台湾の個体群は形態的特徴とも合わせ、亜種タイワンヤマカガシ（*Rhabdophis tigrinus formosanus*）としてはっきりと分けられた（Ota *et al.* 1999）。問題は残りの日本列島から大陸にかけての地域で、日本列島のものを基亜種に、大陸のものをタイリクヤマカガシにおく例が見られたが（たとえばZhao & Adler 1993）、その根拠は示されていなかった。

この問題に一応の終止符を打ったのは竹内らによる分子系統学的解析である

図**12-1** ヤマカガシ関東型

図**12-2** ヤマカガシ関西型

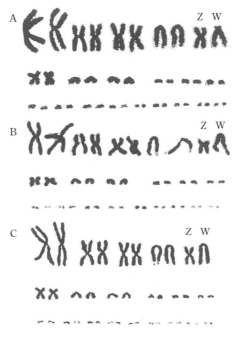

図12-3 ヤマカガシの染色体
A：山梨県、B：鹿児島県、C：韓国大邱市。
ZとWは性染色体。

（Takeuchi *et al.* 2012, 2014）。その結果、日本、台湾、大陸の3亜種はそれぞれが独立種と結論された。また、日本列島内には、中国地方西部を除く本州と四国に分布する系統と、九州と中国地方西部に分布する系統が明確に区別されたが、この遺伝的変異は、尾下板数、色彩斑紋、W染色体の地理的変異と必ずしも一致しなかった。今後、さらに詳しく調べればこれら2系統をそれぞれ別亜種にするのが妥当となると思われるが、それまでは1つにしておくほかはないであろう。ヤマカガシが強い毒をもつことは近年周知されるようになってきたが、重症患者の発生状況は、東北から九州までまんべんなく拡がっており、この点での地域差は見られない。タイリクヤマカガシやタイワンヤマカガシの毒性や咬症の発生状況についてはほとんどわかっておらず、これも今後の課題である。

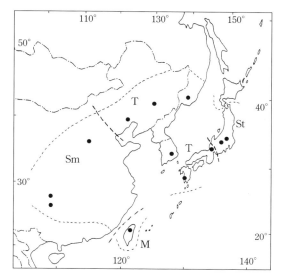

図12-4 ヤマカガシのW染色体の変異
St：次端部動原体型、T：端部動原体型、Sm：次中部動原体型、M：中部動原体型（Toriba 1987；Ota *et al.* 1999による）。

12-2-2 ヒバカリ（*Hebius vibakari vibakari*）

ヤマカガシと同じユウダ亜科（Natricinae）のヒバカリはこれまで、南西諸島のガラスヒバァ（*H. pryeri*）、ミヤコヒバァ（*H. concelarus*）、ヤエヤマヒバァ（*H. ishigakiensis*）や国外産の30種あまりとともに、台湾、大陸中国東部・南部、島嶼部を除く東南アジア、南アジアに広く分布するキスジヒバァ（*Amphiesma stolatum*）を模式種とする*Amphiesma*属とされていた。しかしごく最近、DNAの塩基配列を指標とした系統解析の結果から、この属はキスジヒバァのみからなる単模式属とされ、ヒバカリを含む他種はすべて、独立のヒバカリ属（*Hebius*）にまとめられた（Guo *et al.* 2014）。ヒバカリはヤマカガシ（広義）と同様、大陸と日本の両方に見られるが、分布ははるかに狭く、中国東北部までである。ただし、ロシアの沿海州においては、ヒバカリの方が北まで分布を拡げている。尾下板数の差に基づいて、大陸のものはタイリクヒバカリ（*H. v. ruthveni*）として亜種に分けられている（Malnate 1962）。

また、長崎県の男女群島、男島に生息する個体群は、一時ザウテルヘビ（*H. sauteri*）とされたこともあったが（浦田・山口 1973）、その後ヒバカリの亜種

ダンジョヒバカリ（*H. v. danjoensis*）とされた（Toriba 1986）。確かに腹板数などはザウテルヘビに一致するのだが、体鱗列数が多く、これはヒバカリに一致する。ダンジョヒバカリはヒバカリやザウテルヘビに比べかなり体が小さいが（全長 18 ～ 34 cm）、体が小さくなって、なおかつ鱗列数が増えるというのは考えにくい。尾が長く、吻もとがっており、独特な形態をもっていて、ヒバカリとの関係については、今後遺伝生化学的なデータなども加えて詳しく検討すべきである。

12-2-3　ナメラ属（*Elaphe*）

いずれも日本列島と国後島の固有種である3種のヘビ、アオダイショウ（*Elaphe climacophora*）、シマヘビ（*E. quadrivirgata*）、ジムグリは、長い間ナメラ属とされ、いずれも大陸のどの種と類縁関係が深いのか、よくわかっていなかった。中村・上野（1963）は、アオダイショウを、中国や台湾、与那国島のシュウダ（*E. carinata*）に近いと考えたが、根拠ははっきり述べられていない。より最近ナメラ属のモノグラフを著したシュルツ（Schulz 1996）は、形態に基づいてナメラ属をいくつかの種群に分けているが、シュウダは瞳が縦に長い楕円形になることなどを理由に、アオダイショウではなくシマヘビと一緒にされている。アオダイショウは朝鮮半島のサラサナメラ（*E. dione*）やチョウセンナメラ（*E. schrenskii*）などと一緒にされた。そしてジムグリは、同じように太い首と下顎にかぶさった上顎をもつ中国・台湾のタカサゴナメラ（*E. mandarina*）などと一緒にされている。

ナメラ属は種数が多いために、なかなか系統解析が進まなかったが、近年ウティゲルら（Utiger *et al.* 2002）はミトコンドリアDNA、およびヘミペニスなどの形態の比較から、ナメラ属の系統の推定を行った。それによると、サラサナメラ、アオダイショウ、シマヘビ、シュウダは1つのグループにまとめられ、シュルツの推定とまったく同じではないが、それに近い結果が得られた。なおサラサナメラは、東は朝鮮半島から西はカスピ海を越えて黒海沿岸まで、かなり広い分布域をもつ。また、ジムグリはタカサゴナメラと近縁で、これら2種はかなり早い段階で他の種から分かれており、孤立した位置にいる。

ウティゲルらはこれらの結果に基づいて、ナメラ属の分割を行い、アオダイショウ、シマヘビを狭義のナメラ属（*Elaphe*）にとどめたが、ジムグリをタカサゴナメラとともにジムグリ属（*Euprepiophis*）に移した。ジムグリ属は、先

端が拡がらず基部に棘をもつヘミペニスによってナメラ属から区別される。

　日本産ナメラ属2種の種内変異の様子には、まだわかっていないことが多いが、地理的に見て不規則である。アオダイショウの変異で興味深いのは、滋賀県を中心にした地域で、子ヘビに縦縞のみをもつタイプと、普通のはしご型の斑紋をもつタイプがいることで、この違いは成体になっても認めることができる。これらがどのような遺伝の仕方をするか不明であるが、縦縞型のものは他の地域ではほとんど出現しない。山口県岩国市には、国の天然記念物に指定されている白化型のシロヘビの個体群がいるが、このシロヘビではたまに頸部が部分的に縦縞になる個体が現れる。これが滋賀県の縦縞型と関連があるのかも、まだわかっていない。

　シマヘビの変異については、さらに不可解である。色彩におけるおもな変異は、縦縞が消失する場合と、黒化型が現れる場合とがある。小さな島では、伊豆大島の黒化型や、御蔵島の無条型のように、ある程度環境との関連で説明できそうであるが、本州となるとそうはいかない。黒化型は各地に出現するが、出現頻度には明らかに地域差がある。関東では比較的低く、西日本や北海道などでは高い。無条型も各地で現れるが、地域によってはその出現頻度が非常に高いところがあり、栃木県足利市北部の山間の地域では、よく見られる。黒化型の出現は必ずしも遺伝的要因だけでは決まらないことが、他の種で示唆されており、シマヘビの場合もそうであろう（Zweifel 1998）。無条型については、今後検討されなければならない。

12-2-4　ジムグリ属（*Euprepiophis*）

　上述のように、ジムグリ（*Euprepiophis conspicillatus*）はナメラ属から分割され、独立属に含められたが、その種内変異は、地理的に見ればわりと規則的なものの、アオダイショウやシマヘビに比べ著しく、本州の山地と北海道の個体群はアカジムグリとしてかつて別種におかれていた（中村・上野 1963）。アカジムグリというのは、普通のジムグリに見られる黒い斑紋がまったく見られず、胴体背面が鮮やかな赤色ないし赤褐色を呈するものであるが、普通のジムグリも子ヘビの時にはアカジムグリのような赤い地色をしており、アカジムグリも成体になると赤みを失い、普通のジムグリのような薄い褐色の色合いになってしまう個体もいるので、アカジムグリというのはジムグリの無斑紋型と考えられるようになった。実際に、長野県大町市で採集された普通のタイプのジ

ムグリの卵から、両方のタイプの子ヘビが孵ったこともあり、アカジムグリを種として分ける理由は見あたらない。また、これまで記述されたことはないが、アカジムグリタイプの子ヘビには、体側にきわめてかすかながら暗色の縦条が認められる。この縦条が時には非常にはっきり現れることがあり、長沢武（2000）によって公表された。

普通のタイプのジムグリも、黒い斑紋の広がりにはかなりの地理的な変異がある。上述のように、北海道や本州の山地のジムグリは無斑紋型が多いが、東北や関東の普通のジムグリも、斑紋は細かくなり、頭部を除けば細かい斑点のようになる。腹面の市松模様のような黒斑も、しばしば失われる。一方、西日本では、胴体背面の模様、腹面の黒斑もはっきりしている。これらを整理してみると、寒い地方から暖かい地方にかけて、次第に黒い斑紋が増えてくる、という傾向が認められるように思われる。

12-2-5　マダラヘビ属（*Dinodon*）

シロマダラ（*Dinodon orientale*）も日本列島に固有の種であるが、その類縁関係についてはよくわかっていない。頭骨、体色などを見ると、シロマダラに比較的よく似ているのが、現時点では一般にオオカミヘビ属（*Lycodon*）におかれているサキシマバイカダ（*L. ruhstrati multifasciatum*）であるが、その帰属について、筆者は下でも述べる理由から、オオカミヘビ属ではなくマダラヘビ属にするべきと考えている。ただ、そもそもこれら2属は文献上違いがはっきり示されておらず、この点がまず問題である。たとえば中村・上野（1963）は次のように述べている。

「……この属と、もっと南方の地域に広く分布している *Lycodon* 属とが、はっきりと区別できるものであるかどうかという点にかなり強い疑問があるが、ここでは一応従来の慣例に従って、*Dinodon* を独立の属と見なした。」

この点について筆者は、いくつかの種について、頭骨を詳しく調べたことがある（鳥羽 2004）。そのとき調べた種に関する限り、オオカミヘビ属とマダラヘビ属は一応分けることができる。まず上顎骨で、どちらも上顎骨歯は前、中、後の3群に分かれるが、上顎骨から内側に突き出ている口蓋骨突起の位置が、オオカミヘビ属では中群の前端にくるのに対し、マダラヘビ属では前群の後端になる。下顎骨では、後方の複合骨の部分で、多くのヘビで内側と外側の2葉の突起が発達しているが、マダラヘビ属では他の多くのヘビ類と同様内側の突

起が高く発達するのに対し、オオカミヘビ類では内外とも同じくらいか外側の突起が高く発達する。もう1つマダラヘビ属の特徴と考えられるのが旁蝶形骨の部分で、左右の翼が拡がり、前頭骨から下方にのびたリッジとともに、梁軟骨を包み込んでいる。こういう観点からこれらの属を分けると、従来オオカミヘビ属におかれているサキシマバイカダやチャイロマダラ（*L. fasciatus*）はマダラヘビ属に移されることになる。しかし、最近の分子系統学的解析の結果は、こうした属の区分を支持せず、マダラヘビ属がオオカミヘビ属のシノニムであることを示唆している（Siler *et al*. 2012；Guo *et al*. 2013）。

12-2-6　タカチホヘビ（*Achalinus spinalis*）

タカチホヘビが特異なのはその分布の仕方で、日本列島と中国の中部から南部に生息し、その中間の地域である朝鮮半島から中国北部にかけては記録がない。また、琉球列島には同属の他種が分布している。このため、日本の個体群と中国の個体群が同種かどうか、詳しい検討が望まれる。そのためにもまず、国内のタカチホヘビの変異について、詳しく知る必要がある。

12-2-7　マムシ属（*Gloydius*）

マムシ属に対しては従来 *Agkistrodon* という属名が使われてきた。しかし、近年の研究でアメリカ大陸のマムシ類とアジア大陸のマムシ類とがかなり隔たっていることが明らかにされ、筆者もこれを支持する事実を見つけており、アジアのマムシ属については *Gloydius* を使っていくべきである。これについて詳しく述べる前に、まず種の分類について触れておきたい。

中村・上野（1963）の図鑑など、比較的近年まで日本のマムシは、アジア大陸に広く分布するただ一種のマムシ（シベリアマムシ *Agkistrodon halys*）の一部とされていた。しかし、グロイド（Gloyd 1972）が朝鮮半島に3種のマムシが分布することを示してから、この問題が詳しく検討されるようになり、従来シベリアマムシとされていた種の分類は、現在次のようになっている。

まずこれらは、胴体中央部の体鱗列数で2分される。21列の鱗をもつのがニホンマムシ（*Gloydius blomhoffii*）種群で、4種に分けられる。ニホンマムシは日本列島の固有種で、北海道から九州、大隅諸島まで分布する。なお、これまで多くの文献で分布域とされてきた国後島には分布しない（Bannikov *et al*. 1977）。対馬の個体群は五十川ら（Isogawa *et al*. 1994）によって独立種とされ、

第Ⅲ編　爬虫類の遺伝と系統分類

　ツシママムシ（*G. tsushimaensis*）の名を与えられた。朝鮮半島から中国東北地方、沿海州にかけてはウスリーマムシ（*G. ussuriensis*）が分布する。もう1つの種タンビマムシ（*G. brevicaudus*）は、朝鮮半島から中国東北部ではウスリーマムシと重なって分布し、黄河流域に分布の空白部があるが、中国中部から西は四川省まで広く分布する。近年は食用や薬用として大量に日本に輸入されている。これら4種で、近縁なのはニホンマムシ、ツシママムシ、ウスリーマムシで、タンビマムシはやや離れている（Paik *et al.* 1993，1998）。

　このようにニホンマムシ種群についてはかなりはっきりしてきているが、体鱗23列のパラスマムシ（*G. halys*）種群（狭義のシベリアマムシを含む）については、モンゴルやシベリアによくわからない個体群が多くあり、その分類はこれからの課題である。東の方は比較的わかっており、ウスリーマムシと重なるようにサンガクマムシ（*G. intermedius*）が分布し、渤海湾の蛇島と大陸の一部にはヘビジママムシ（*G. shedaoensis*）が分布する。これら2種は互いに近縁で、さらにシベリアマムシ（狭義、一名パラスマムシ）とも比較的似た特徴をもつ。

　これらに加え、ヒマラヤや四川省の山地などに高山性の種がおり、アジアには総計10数種、あるいはそれ以上のマムシが分布しているが、アメリカ大陸には4種のマムシがいる。これら2つの大陸の種を最初に分離して、アジアのものに *Gloydius* という名称を付けたのが、ホゲとロマノーホゲ（Hoge & Romano-Hoge 1981）である。彼らがこれらを分割する根拠としたのは、頭骨の上側頭骨が後方に突き出ないなど、わずかな形質によるものであったため、必ずしも支持されなかった。逆にその後の研究は、むしろニホンマムシ種群とアメリカ大陸のマムシ類との類似を示し、形態学的な観点からは、その分割は否定される方向にあった（Kardong 1990；Malnate 1990）。しかし、ミトコンドリアDNAなど分子系統解析の研究は、アジアとアメリカのマムシ類がかなり遠く離れていることを示しており、形態的な類似はむしろ収斂進化ではないかと考えられるようになってきた（Kraus *et al.* 1996；Parkinson *et al.* 1997；Parkinson 1999；Alencar *et al.* 2016）。

　筆者は、広義のハブ属（*Trimeresurus*）やマムシ属といったクサリヘビ科（Viperidae）の分類の研究に、走査型電子顕微鏡を使って観察される鱗表面の微細構造を利用し、系統関係を比較的よく反映していると考えられる結果を得ている。これを使って、アメリカマムシ（*Agkistrodon contortrix*）とアジアの

マムシ類には大きな違いがあることがわかった（図12-5）。アメリカマムシでは、鱗の付け根の部分が、横に長い細胞のパターンで構成され、鱗の先端に向かって筋状の構造が形成されても、このパターンが基本的に保持されている。しかし、アジアのマムシでは（ハブ類においても）、鱗の付け根のパターンは、多角形が敷き詰められたようになっており、横に長い細胞のパターンはまったく観察されない。アメリカマムシに見られるような横長のパターンは、じつはナミヘビ科やコブラ科にかなり広く見られるもので、もしかすると古い形質を残しているのかもしれない。

12-3　南西諸島のヘビ類

ここでは簡単に触れるにとどめたいが、今後検討されるべきなのは、先島諸島のヘビ類と、台湾や中国の近縁種との関係である。先島諸島には、台湾や中国の個体群と亜種の関係にあるものが多く分布する。しかし、それらは詳しく検討されたとはとても言えない状態であり、いくつかは種のレベルにまで分化しているのではないかと思われるものであり、亜種の境界をどこにおくか問題のものもある。前者にはサキシマスジオ（*Elaphe taeniura schmackeri*）、イワサキワモンベニヘビ（*Sinomicrurus macclellandi iwasakii*）、後者にはヨナグニシュウダ（*E. carinata yonaguniensis*）、サキシママダラ（*Dinodon rufozonatum walli*）などがある。

図12-5　鱗表面の微細構造
いずれも鱗の付け根部分。上：サンガクマムシ（左上方が先端、×1000）、中：アメリカマムシ（左上方が先端、×1800）、下：シマヘビ（上方が先端、×2000）。
横に長い帯状の構造は、アジアのマムシ類ではまったく見られない。

12-4　ウミヘビ類

　ウミヘビ類はコブラ科（Elapidae）に属し、かつては2つのグループが認められていた。すなわち、卵生で海岸の岩場にある隙間などに隠れたり、産卵したりして、いわば水陸両生の生活を送るエラブウミヘビ亜科（Laticaudinae）と、胎生で上陸することはなく、中には河口を遡るものや淡水湖に陸封されたものもいるが、その大半は一生を海で過ごすウミヘビ亜科（Hydrophiinae）である。どちらもオーストラリア－ニューギニア地域のタイパン亜科（Oxyuraninae）に類縁が近いと考えられる。これら3亜科は、翼状骨－口蓋骨の関節の仕方や、毒の性状、染色体などによるほか、毒タンパク質のアミノ酸配列やミトコンドリアDNAの塩基配列に基づいて、海生のヘビと陸生のヘビの双方を含むウミヘビ亜科として一括されたこともある（Slowinski *et al.* 1997）。そして、より最近のDNAの解析結果から、コブラ科はアフリカ、アジア、新世界産のコブラ亜科（Elapinae）と、オーストラリア－ニューギニアの陸域産種とウミヘビ類を含むウミヘビ亜科（Hydrophiinae）に区分されている（Slowinski & Keogh 2000；Williams *et al.* 2006）。

　日本の海域のウミヘビで問題が残るのはクロボシウミヘビ（*Hydrophis ornatus maresinensis*）で、琉球列島の亜種と基亜種との境界がどのあたりなのかほとんどわかっていない。マダラウミヘビ（*H. cyanocinctus*）も、日本からペルシア湾という非常に広い分布域をもち（Golay *et al.* 1993）、しかも斑紋などの変異が大きく、その地理的な変異についてはまったくわかっていない。また、マダラウミヘビとクロガシラウミヘビ（*H. melanocephalus*）との違いについてもはっきりしない点が多い。他方、西太平洋と中部南太平洋に離れて分布するエラブウミヘビ（*Laticauda semifasciata*）とニウエウミヘビ（*L. schistorhynchus*）は、形態がよく似ており（McCarthy 1986；Ota 1995）、主要な毒成分もまったく同じため（Guinea *et al.* 1983）、別種とみなすべきかどうかが疑問視されたが、今では形態で区別される別種という扱いに落ち着いた（Kharin & Czeblukov 2006）。

編者注：この章の著者 鳥羽通久氏は、本文の入稿を前に他界された。本文は、太田英利氏、森 哲氏、および編者によって、その後の知見を追加、訂正したものである。

13. 爬虫類の分子系統学

本多正尚

13-1 なぜ遺伝子を分析するのか

　系統学とは生物の進化の歴史をたどる学問である。では、生物の進化とは何だろうか。集団遺伝学的な定義に従えば、進化とは「世代を越えた集団の遺伝子頻度の変化」である（Dobzhansky 1937）。とすると、遺伝子の塩基配列から系統推定を行う分子系統学的アプローチは生物の進化を知るのに非常に有効な手段ということができる。

　それでは、遺伝子からではなく形態から系統を推定できないのだろうか。多くの形態形質、すなわち生物の体の形や大きさは遺伝子によってその状態が支配されている。ということは、緻密に評価すれば、形態からも系統を推定することが可能なのかもしれない。実際に、これまで多くの研究者が形態から系統を推定してきた（たとえば Frost & Etheridge 1989）。しかし、形態を正確に分析することは非常に難しい。一般に、種や個体群等の集団内にはさまざまな遺伝子型（遺伝分散）が含まれる。さらに、その遺伝子型それぞれに対するさまざまな表現型（表現型分散）が存在する。ある遺伝子型に対する表現型分散は環境などの影響によって大きくなる場合がある。そこで形態から系統を推定するときは、遺伝分散と表現型分散の両方を考慮に入れなければいけない。一方、直接遺伝子を分析する場合には、遺伝分散だけを考慮して系統を推定すればよい。

　また、形態にみられる形質状態は連続的である場合が少なくない。連続した形質状態を離散的に評価することは難しい。また評価できたとしても、それが客観的なものである保証もない。すなわち、形態の厳密な評価というのは非常に難しいのである。一方、遺伝データの中で、とくによく用いられるDNAの塩基配列は、A（アデニン）・C（シトシン）・G（グアニン）・T（チミン）という4種類の塩基の組みあわせによる離散的な形質である。実験を失敗しない限り、誰がどこでやっても同じ結果を得ることができる。近年はDNAデータベ

ースにデータが蓄積され、研究者はそのデータを容易に利用することができるようにもなっている。

このように分子系統学的な方法には多くの有利な点がある。しかし、遺伝子の塩基配列がわかってしまえば、系統がわかるというものではない。遺伝子を直接分析する分子生物学的アプローチがいかに強力な方法であっても、進化の歴史というものは直接見ることができない。塩基配列は「決定」できても、系統は「決定」するのではなく「推定」するものなのである。

13-2 分子系統から何がわかるか

13-2-1 スベトカゲ亜科とは

ここではスベトカゲ亜科に関する形態学・核学・免疫学的研究に対して、分子系統学的研究からどのような新事実がわかったかを紹介する。これから研究を始める人のために、普段の論文には書けない部分も含めて研究の流れにそって解説する。

スベトカゲ亜科は 600 種以上を含み、アジア、オーストラリア、アフリカ中南部、北アメリカ南東部、中・南アメリカの温帯から熱帯にかけて分布する。このような多様な種分化と広い分布域がこの亜科を分類・系統・生物地理の魅力的な材料としている（たとえば Greer 1974；Ota *et al.* 1996）。スベトカゲ亜科を含むトカゲ科の分類・系統・生物地理の研究の発展は、アレン・グリア（A. E. Greer）によるところが大きい。それまでの分類はおもに鱗などの外部形態の形質状態に基づいて行われた。これに対して彼は、頭骨の形態（おもに二次口蓋の発達状態）も重要な形質とみなして分類などの再検討を行った。

13-2-2 形態学・核学・免疫学からわかったこと

まず、Greer（1970a）はおもに頭骨の形態比較からこの科を 4 つの亜科（トカゲ亜科、アコンティアス亜科、アリノストカゲ亜科、スベトカゲ亜科）に分割した。スベトカゲ亜科の中で現生のマブヤトカゲ属（*Mabuya*）がもっとも原始的な形質状態を示すので、この亜科はマブヤトカゲ属に類似した祖先（マブヤ型祖先）から分化したと考えた（Greer 1970b, 1977, 1979）。また、現生のマブヤトカゲ属の中で東南アジアに分布する種がもっとも原始的形質状態を示すので、東南アジアをこの亜科の起源と考えた（Greer 1970b, 1974, 1977,

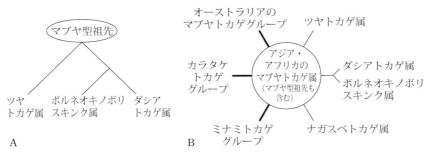

図13-1 A：Greer（1970b）の考えたダシアトカゲ属・ボルネオキノボリスキンク属・ツヤトカゲ属の関係。B：Greer（1977）の考えたダシアトカゲ属・ボルネオキノボリスキンク属・ツヤトカゲ属・ナガスベトカゲ属の関係。太線が本文でのグループに対応する。

1978，1979）。

　スベトカゲ亜科内部の系統関係に関しても、いくつかの研究結果が報告されている。Greer（1970b）は、東南アジアに分布するダシアトカゲ属（*Dasia*）の分類学的再検討を行い、外部と頭骨の形態比較に基づき、この属からボルネオキノボリスキンク属（*Apterygodon*）とツヤトカゲ属（*Lamprolepis*）を分割した。この際に彼は、ダシアトカゲ属とボルネオキノボリスキンク属は系統的に近く、この2属の系列とツヤトカゲ属の系列は東南アジアのマブヤ型祖先から独立に進化したと考察した（図13-1A）。その後、Greer（1977）はこの仮説をさらに拡張し、スベトカゲ亜科は東南アジアのマブヤ型祖先から進化し、その中には大きな3系列と小さな3系列（上で述べたダシアトカゲ－ボルネオキノボリスキンクの系列、ツヤトカゲ属の系列、ナガスベトカゲ属［*Lygosoma*］の系列）があると考えた（図13-1B）。

　じつはここで問題が一つ存在する。進化分類学者のGreerは各系列の分岐の順序をまったく想定していない。さらに、Greer（1976，1977）は、アフリカに分布するユーメシアトカゲ属（*Eumecia*）やマクロスキンク属（*Macroscincus*）は東南アジアからアフリカに侵入したマブヤ型祖先から分化したと考察しているが、マブヤ型祖先のアジアでの分化とアフリカでの分化のどちらが早いかをまったく想定していない（図13-2A，B）。そもそも、彼の一連の論文ではマブヤ型祖先と現生のマブヤトカゲ属とがまったく区別されていないのである。

　形態学的研究が進む一方で、King（1973）は、核学的データからオーストラリアのスベトカゲ亜科がマブヤトカゲグループ（*Mabuya* Group）、ミナミト

第Ⅲ編　爬虫類の遺伝と系統分類

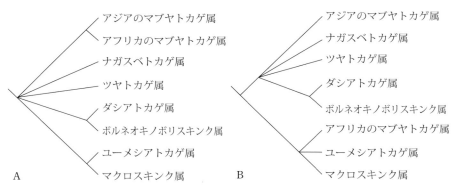

図13-2　アジア・アフリカのスベトカゲ亜科について予想される系統関係の例
A：マブヤトカゲ属が単系統の場合。B：マブヤトカゲ属が非単系統の場合。

カゲグループ（*Sphenomorphs* Group）、カラタケトカゲグループ（*Eugongylus* Group）の3つに分かれることを明らかにした。その後、Greer（1979，1989）は、形態学証拠からこれら3グループがオーストラリアのスベトカゲ亜科内で進化的に独立な系列をなすことを指摘した。この3系列は、Greer（1977）における3大系列に対応する。これら3グループは、その後のオーストラリアおよびそれ以外の地域の種についての形態学・核学的な研究からも支持されている（たとえばHardy 1979；Donnellan 1991a, b；Ota *et al*. 1996）。

　ここでもまた問題が存在する。Greer（1979，1989）はこの3系列の「関係」を提出している（図 13-3A）。しかし、上でも述べたように、この図は系統関係を示したものではない。図のXからYまでの間のどこかに東南アジアの現

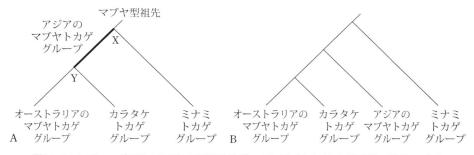

図13-3　A：Greer（1979, 1989）の形態学的データに基づくスベトカゲ亜科の関係。XからYの太線がアジア・アフリカのマブヤトカゲグループの位置になる。B：Hutchinson（1981）の免疫学的データに基づくスベトカゲ亜科の系統関係。

生のマブヤトカゲ属が位置するので、この図からは、オーストラリアのマブヤトカゲグループと東南アジアのマブヤトカゲグループが近縁なのか、オーストラリアのマブヤトカゲグループとカラタケトカゲグループが近縁なのか（すなわちマブヤトカゲグループが単系統でなくなるのか）、判断がつかない。しかし、オーストラリアのマブヤトカゲグループとカラタケトカゲグループの共有形質を挙げているので、これらが姉妹群の関係にあることを示唆しているように思える。

　これに対してHutchinson（1981）は、免疫学的データからオーストラリアのマブヤトカゲグループはアジアのマブヤトカゲグループよりカラタケトカゲグループに近縁であると結論した（図**13-3B**）。すなわち、マブヤトカゲグループが非単系統群であることを示唆している。しかし、彼の研究にも問題がないわけではなく、アジアのマブヤトカゲグループから選んだ種が少ない上に、彼の用いた免疫学的方法は主観に頼る部分が大きい（Greer 1986）。

　ここまでスベトカゲ亜科の単系統性について何も言及してこなかったが、じつはこの亜科の単系統性についても疑問が提示されている。King（1973）はオーストラリアのマブヤトカゲグループがトカゲ亜科と同じく、染色体数が $2n = 32$ であるのに対し、ミナミトカゲグループとカラタケトカゲグループが $2n = 30$ であるため、オーストラリアのマブヤトカゲグループをトカゲ亜科に含めた。Rawlinson（1974）は、オーストラリアのマブヤトカゲグループでは二次口蓋の発達が悪いので（トカゲ亜科では二次口蓋は発達しない）、やはりこれをトカゲ亜科にした。一方、Hutchinson（1981）はミナミトカゲグループが他のスベトカゲ亜科（オーストラリアのマブヤトカゲグループも含む）と免疫学的に大きく異なるので、ミナミトカゲグループはスベトカゲ亜科でないとした。これに対してGreer（1986）は、この亜科の共有派生形質をさらに挙げ、単系統性を主張した。

13-2-3　問題はどこにあるか

　では、ここで形態学・核学・免疫学的データに基づく研究に対する系統学的問題点を整理してみよう。以下のような問題点が思いつくだろう。

1) ダシアトカゲ属とボルネオキノボリスキンク属は近縁で、ツヤトカゲ属とは進化的に独立の系列か？
2) 小さな3系列（ダシアトカゲ－ボルネオキノボリスキンク、ツヤトカゲ、

ナガスベトカゲ)の関係は？
3) アジアとアフリカのマブヤトカゲグループの関係は？
4) オーストラリアのマブヤトカゲグループと他のマブヤトカゲグループとの関係は？
5) マブヤトカゲグループは単系統か？
6) オーストラリアのマブヤトカゲグループとカラタケトカゲグループは姉妹群か？
7) スベトカゲ亜科内の3グループは系統を反映したものか？
8) ミナミトカゲグループが一番早く分化したのか？
9) スベトカゲ亜科は単系統か？

まず、形態学的な分析を考えてみた。しかし、この亜科のトカゲは形態的にあまり変異がなく、これ以上系統推定に有用な情報を見出せそうにもない。また、核学・免疫学的な分析も同様であった。そのころはアイソザイム分析もやっていたので一応考えてみたが (Honda et al. 1999a, b)、属間の系統推定には有効でないように感じられた。そこで、ミトコンドリアDNAの塩基配列を決定し、系統推定を行うことにした。

13-2-4　マブヤトカゲグループの分化

まず問題1〜3について調べることにした。アジアとアフリカのマブヤトカゲ属、ダシアトカゲ属、ボルネオキノボリスキンク属、ツヤトカゲ属、ナガスベトカゲ属を材料に12S rRNA・16S rRNA遺伝子を用いて系統推定を行った (Honda et al. 1999c)。その結果、ダシアトカゲ属とボルネオキノボリスキンク属は遺伝的に近縁であり、ツヤトカゲ属の系列とは独立に進化したことが明らかになった (図13-4A)。この結果はGreer (1970b) の仮説を支持した。また、アジアとアフリカのマブヤトカゲ属が単系統群にならず、図13-3Bを支持しているように見えた。ところが、予想もしない事実が明らかになった。ツヤトカゲ属とナガスベトカゲ属が近縁であり、この2属を含む系列が早い段階で残りのアジア・アフリカのマブヤトカゲグループから分化していたことが明らかになった。すなわち、アジア・アフリカでのマブヤトカゲグループには大きな2系列、ツヤトカゲーナガスベトカゲの系列と、マブヤトカゲ (アジア・アフリカの両方を含む) ーダシアトカゲーボルネオキノボリスキンクの系列があると考えられた。

13. 爬虫類の分子系統学（本多正尚）

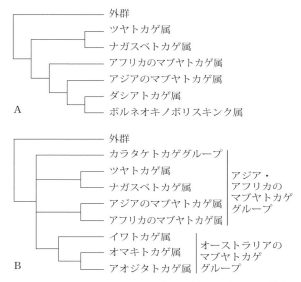

図13-4　A：12S rRNA・16S rRNA遺伝子（約830塩基対）から推定されたアジア・アフリカのマブヤトカゲグループの系統関係（Honda et al. 1999c）。B：12S rRNA・16S rRNA遺伝子（約830塩基対）から推定されたマブヤトカゲグループの系統関係（Honda et al. 1999d）。

　アジア・アフリカのマブヤトカゲグループの分化が明らかになったので、残りのマブヤトカゲグループ、すなわちオーストラリアのマブヤトカゲグループとの関係を調べることにした（問題4～6）。幸い、オーストラリアのマブヤトカゲグループ全3属、オマキトカゲ属（*Corucia*）、イワトカゲ（*Egernia*）、広義のアオジタトカゲ属（*Tiliqua*）はペットとして輸入されていたので、それを材料に分析を行った（Honda et al. 1999d）。その結果、オーストラリアのマブヤトカゲグループは単系統群であることが明らかになった（図13-4B）。ソロモン諸島まで見られるオマキトカゲ属は、オーストラリアで分化したものが二次的に分布域を拡大したものと考えられた。ところが、形態学的・免疫学的に支持されていたオーストラリアのマブヤトカゲグループとカラタケトカゲグループの姉妹関係は支持されなかった。また、ツヤトカゲーナガスベトカゲの系列はここでもその分化が早いことが示唆され、マブヤトカゲグループ内には3つの進化的に独立な系列があることが強く示唆された。しかし、これら系列間の分岐関係は明らかにすることはできなかった。

13-2-5 スベトカゲ亜科の系統関係

ここまでいろいろなことが明らかになってくると、ミナミトカゲグループとカラタケトカゲグループも含めた、スベトカゲ亜科全体の系統関係が当然のように問題となった（問題7～9）。さらに、マブヤトカゲグループ内の3つの系列の系統関係も未解決のままであった。幸い諸先輩方がこの亜科の多くの標本を集めてくれていたので、後は分析をするだけだった。しかし、上で述べた2つの分析（Honda *et al.* 1999c, d）で用いた12S rRNA・16S rRNA遺伝子のデータだけからは上位の分岐関係を明らかにできそうになく、追加データが必要となった。この当時は、トカゲ科の分子系統学的研究はごく一部の分類群でのみ行われているだけで、参考になるものがあまりなかった。そこで自ら他の領域のプライマーを新たに設計し、分析することにした。狙いをつけたのは、ミトコンドリアの遺伝子の中では一般的に進化速度が遅いとされる16S rRNAの残りの領域であった。

この遅い領域の解析が、より早い時期に起こった上位の分岐関係を明らかにし、予想以上の結果をもたらした（Honda *et al.* 2000）。まず、ミナミトカゲグループとオーストラリアのマブヤトカゲグループがスベトカゲ亜科の内部に含まれ、スベトカゲ亜科全体は単系統群であることが強く示唆された（図13-5）。Greer（1970a, 1986）の形態からの系統仮説が支持されたのであった。また、ミナミトカゲグループがこの亜科内で最初に分化したことも、形態学・免疫学からの系統仮説（Greer 1979, 1989；Hutchinson 1981）と同様に支持された。ここまではほぼ予想通りの結果であった。

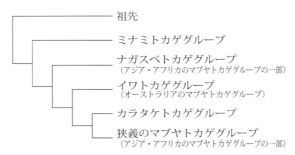

図13-5 12S rRNA・16S rRNA遺伝子（約1250塩基対）から推定されたスベトカゲ亜科の系統関係（Honda *et al.* 2000）。

しかし、興味深い新事実が明らかになった。まず、形態学・免疫学の結果とは異なり、オーストラリアのマブヤトカゲグループとカラタケトカゲグループは姉妹群にならず、後者はアジア・アフリカのマブヤトカゲグループの一部（狭義のマブヤトカゲグループ）と姉妹群になった。オーストラリアのマブヤトカゲグループとカラタケトカゲグループで共有されていた形質は収斂または並行進化の結果と解釈された。

また、ツヤトカゲ－ナガスベトカゲの系列はマブヤトカゲグループの中で独立の系列であることが、前の2つの分析で明らかになっていたが（Honda et al. 1999c, d）、この系列の分化が予想以上に早い時期に起こったことも明らかになった。すなわちスベトカゲ亜科では、まずミナミトカゲグループが分化し、次にツヤトカゲ－ナガスベトカゲの系列、オーストラリアのマブヤトカゲグループが分化し、アジア・アフリカのマブヤトカゲグループの一部とカラタケトカゲグループは姉妹群になることが示された。これまで形態学的あるいは核学的分析からまとめられていたマブヤトカゲグループ（広義）には、遺伝的に異なる3つの系列が含まれていたのである。つまり、この亜科は5つの進化的に独立の系列（ミナミトカゲグループ、ナガスベトカゲグループ [*Lygosoma* Group]、イワトカゲグループ [*Egernia* Group]、カラタケトカゲグループ、マブヤトカゲグループ [狭義]）からなることが強く示唆されたのである。

13-3 「これから」の爬虫類分子系統学

ここまでの文章は、じつは私が大学院生時代の2000年に書いたものを一部削除しただけで、そのまま載せている。引用文献が古いのはこのためであり、後述のように分析法の進歩や新知見との齟齬など、問題点も散在する。私たち自身の後の分析でも、ミナミトカゲグループが最初に分岐することを除き、スベトカゲ亜科内のグループ間の系統関係は強く支持されなくなってしまっている（Honda et al. 2003）。

分析方法に関しては、当時主流だったミトコンドリアDNA塩基配列だけからの系統推定は、今では不十分とされることも多い。核遺伝子の塩基配列、核遺伝子の短鎖散在反復配列（SINE）、さらには次世代シークエンサーを用いたトランススクリプトームなどが利用できるようになり、多くのデータからより精度の高い分析が可能となっている。同時に系統推定法も進歩し、分岐年代推

定も広く行われるようになっている。また研究目的も、単に分類と系統の不整合ではなく、種分化や保全などの幅広い分野に及んでいる。

スベトカゲ亜科に関する新知見については、同じ 2000 年に "First data on the molecular phylogeography of scincid lizards of the genus *Mabuya*" というタイトルの論文が、Honda *et al.*（2000）の 4 か月遅れで出版されている（Mausfeld *et al.* 2000）。彼らがタイトルに "first" と入れてしまったのは、私たちの投稿を知らなかったからだろう。しかし、彼らはこの後、Honda *et al.*（2000, 2003）ではためらったマブヤ属の分割を行い、アメリカ産をマブヤ属とし、アジア産をアジアマブヤ属（*Eutropis*）、アフリカ産をアフリカマブヤ属（*Euprepis*）、カーボベルデ島産をカーボベルデマブヤ属（*Chioninia*）として分類した（Mausfeld *et al.* 2002）。

系統関係についても、本稿とは異なる系統樹がその後の研究で提示されている（たとえば Skinner *et al.* 2011；Datta-Roy *et al.* 2012；Pyron *et al.* 2013）。これらの研究は、本稿の研究の問題点を批判したり、新たに年代推定をしたりしているので、興味のある人は読んでもらいたい。また、本稿とは直接関係がないが、有鱗目全体の系統関係をはじめ、多くの分類群で分子系統的研究が行われているので、これらも是非参照してもらいたい（たとえば Vidal & Hedges 2005）。

さらに、本稿の 5 グループの他に進化的に独立な 2 グループ（ヘリグロヒメトカゲグループ［*Ateuchosaurus* Group］、ネコトカゲグループ［*Ristella* Group］）の存在も明らかになっている（Pyron *et al.* 2013）。ヘリグロヒメトカゲグループは、ヘリグロヒメトカゲ属（*Ateuchosaurus*）の 2 種だけからなり、日本にも中部琉球から北部琉球にかけてヘリグロヒメトカゲ（*A. pellopleurus*）が分布している。このヘリグロヒメトカゲ属はミナミトカゲグループに属するものと考えられてきたが、スベトカゲ類の中で最初に分岐した独立の系列であった（ただし、形態学からの予想は Greer & Shea（2000）ですでに述べられていた）。一方、ネコトカゲグループは、南インドに固有でカラタケトカゲグループに属すると考えられていたネコトカゲ属（*Ristella*）と、スリランカに固有で最近までミナミトカゲ属として分類されていたスリランカトカゲ属（*Lankascincus*）からなる。この 2 属の分布域は、それぞれ固有の動物相を発達させている地域なので、新たに独立の系列が見つかることも不思議ではない。また、これらの 7 グループを科にし、従来のスベトカゲ亜科をスベトカゲ上科

13. 爬虫類の分子系統学（本多正尚）

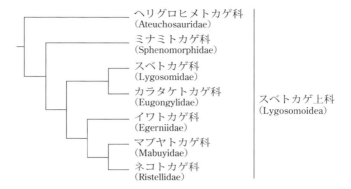

図13-6 Hedges（2014）の分類
スベトカゲ亜科をスベトカゲ上科とし、その中にヘリグロヒメトカゲ科、ミナミトカゲ科、スベトカゲ科、カラタケトカゲ科、イワトカゲ科、マブヤトカゲ科、ネコトカゲ科を設けている。

に昇格させる分類も提案されている（Hedges 2014；図 **13-6**）。

　こうした最近の研究からみると、本稿は『これからの爬虫類学』という書名からほど遠いかもしれない。私自身が今読んでも、考察に未熟な箇所が点在する。しかし、私が学生時代に行った一連の思考過程は、"これから"爬虫類を研究しようという学生には、何かしらの参考になると信じたい。

14. 琉球列島における陸生爬虫類の種分化

戸田　守

14-1　はじめに

　日本産の陸生爬虫類のリストを見ると、琉球列島にとくに多くの種が分布していることに気が付く。九州と台湾の間に弧状に連なる広義の琉球列島には、成因の異なる大東諸島と尖閣諸島を除いても、国内に生息する在来の陸生爬虫類の 75 ％を越える 63 種（亜種）が生息している（疋田 2002；前之園・戸田 2007；Kurita & Hikida 2014a）。各種の分布域に目を向けると、琉球列島の陸生爬虫類の多く（77 ％）がこの地域にしか見られない固有種（亜種）であることがわかる。その一方で、琉球列島に固有の属というのはなく、この地域に見られる属はすべて日本本土や台湾、中国大陸のいずれかの地域にも分布している。これらの事実は、琉球列島の陸生爬虫類が周辺地域の種と共通の起源をもつグループに由来し、琉球列島の島嶼化に伴って隔離され、固有化したものであることを物語っている。さらに、ほとんどの種が琉球列島の内部でも比較的狭い範囲にしか見られず、同属の複数の種がそれぞれ異なる島嶼群に分布しているケースが数多く見つかることから、島嶼化に伴う陸生爬虫類の分化は列島の内部でも頻繁に起こってきたと推測される。

　このように、琉球列島は陸生爬虫類たちが種分化してきた一つの舞台とみなすことができる。しかし、各種の分布は必ずしも互いに一致しておらず、実際に彼らがどこでどのように分化してきたのかは必ずしも明白ではない。本章では、琉球列島を舞台に起こったと思われる陸生爬虫類の種分化の歴史をより体系的にとらえるため、彼らの分布や変異の地理的パターンを概観したうえで、この分野におけるこれからの研究を発展させていくために今後期待される事柄について考えてみたい。

　なお、種分化に関する議論には、それが「種」を題材にしたものであるが

ために、「種とは何か」という、いわゆる種概念の問題がつきまとう（Cracraft 1989）。しかし、種の定義に関してはじつに多くの議論があり、ここでこの問題に深入りすることは好ましくない。幸いなことに、琉球列島の陸生爬虫類にみる「種分化」は、地理的隔離によって異所的集団が分化していく「異所的種分化モデル」によって説明されるものがほとんどである。このモデルにおいては一般に、同種内の隔離された集団が異なる種にまで分化していく過程は漸進的であるとみなされるので、少なくともそういった分化をもたらした要因について論じるうえでは、問題とする分化が「種」のレベルにまで達しているか否かを厳密に区別することは必ずしも重要でない。そこで本章では、「種分化」という用語をかなり曖昧な意味で用い、種や亜種をはじめとする時空間的にある広がりをもった集団の分化全般をテーマとする。

14-2 複数の系統群に共通する種分化パターンと地理的分断

　種分化は、生物多様性を生み出すもっとも基本的なプロセスであり、個々の系統群における種分化の歴史を復元することは、進化学に携わる多くの研究者の関心事であるにちがいない。しかし、我々が直接的に種分化の過程を観察することは難しいため、通常は、観察された近縁な集団間の関係を、先験的に立てられた種分化のモデルにあてはめてみる、という方法で種分化過程の議論がなされるのが一般的である。これまでに提唱されている種分化モデルのうち、もっとも一般的なのが異所的種分化モデルである。このモデルは、祖先集団がある地域的障壁によって2つ以上の地域集団に隔離され、それらの分集団間に次第に遺伝的な違いが蓄積して、ついには別種に至る、というものである。

　高山帯や乾燥帯の存在しない琉球列島では、海が陸生爬虫類の集団を隔離するほとんど唯一の地理的障壁である。琉球列島は数多くの島々からなり、それらの島々は周囲の陸塊や他の島々との分離・接続を繰り返してきた（木崎・大城 1980；木村 2002）。おそらく、現在この地域に見られる陸生爬虫類の多くは琉球列島のさまざまな地域の島嶼化に伴って隔離された地域集団が分化し、生じたものと思われる。

　海峡の成立による陸域の分割は、外部からの力として、そこに生息する陸生の生物集団をいやがうえにも分断・隔離する。そのため、もし琉球列島の陸生爬虫類に見られる種分化の多くが地域の島嶼化に伴う単純な隔離によって起こ

ったのならば、その分化の地理的パターンは多くの系統群で共通しているはずである。なぜなら琉球列島の古地理学的歴史は一つであり、その歴史はそこに生息する多くの系統群の分化に共通の役割を果たしたはずだからである。

　それでは、琉球列島の陸生爬虫類は具体的にどのような地理的分断事象によって隔離され、分化してきたのだろうか。琉球列島の古地理に関しては、地質学や堆積学、海洋微古生物学的データからいくつかの仮説が提唱されているものの、それらは互いに食い違い、確固たる定説を得るには至っていないのが現状である。そこでまず、琉球列島の陸生爬虫類の分布や地理的変異の一般的なパターンを調べ、それに基づいて、複数の系統群に共通して作用したと思われる外的要因（＝地理的分断事象）を推定することが必要である。

14-3　琉球列島の島々の隔離と種分化 －爬虫類相の類似度に基づく議論－

　これまでに、琉球列島の陸生爬虫類の分化をもたらした一般的な地理的分断事象を特定するために、地域間の爬虫類相の類似度を調べる方法がとられてきている（たとえば Hikida & Ota 1997）。比較的最近まで陸続きであった地域の間では、いずれの系統群においても種分化が起こっておらず、多数の共通種が存在することが期待される。一方、古くから地理的に隔離されてきた地域の間では、多くの系統群で種分化が起こり、共通種はほとんど見られないにちがいない。したがって、地域と地域の陸生爬虫類相を比較し、その間に見られる共通種の割合を調べることによって、それらの地域の間にどの程度重要な地理的分断事象があったのかが推定される。

　これまでに、琉球列島の陸生爬虫類の分類はかなりの部分が整理され、また各種の分布も詳細にわかってきた。島嶼を単位とした陸生爬虫類の分布に関する知見は池原ら（1984）や前之園・戸田（2007）に集約されている。ここでは、成因の異なる大東諸島と尖閣諸島を除く琉球の島々の関係を見直すため、前之園・戸田（2007）の資料から、陸生爬虫類相について比較的よく調査されている 57 の島嶼を抜き出し、すべての島の間で種構成の類似度を比較した。その結果、琉球の島々は、概ね次の 7 つのグループに区分できる。それは、①大隅諸島と、悪石島以北のトカラ諸島を含む地域、②小宝島と宝島からなる地域、③奄美諸島地域、④沖縄諸島地域、⑤宮古諸島地域、⑥ 与那国島を除く八重山諸島地域、⑦与那国島のみからなる地域である（図 **14-1**）。これら 7 つの

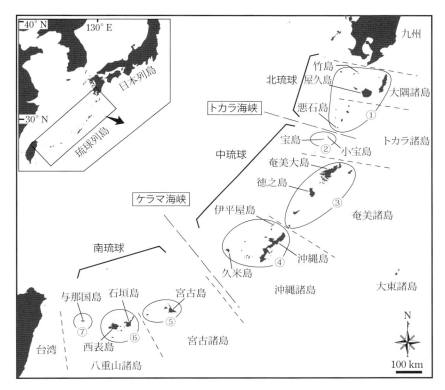

図14-1 琉球列島の地理区分と陸生爬虫類相の違いによって認識される7つの島嶼グループ（楕円①〜⑦）

地域から、陸生爬虫類の生息種数が比較的多い12の島を抽出し、さらに琉球島と生物地理学的に関係の深い九州と台湾を加えて、陸生爬虫類相の類似度に基づく島嶼間の関係を描いたのが図14-2に示す樹形図である。

この図から、琉球の島々は陸生爬虫類相の類似度によって、①からなる北琉球ブロック、②〜④からなる中琉球ブロック、⑤〜⑦からなる南琉球ブロック、に大別されることがわかる。さらに、北琉球ブロックは九州と、南琉球ブロックは台湾と高い類似性を示す。このことから、琉球列島は列島全体として日本本土や台湾と隔離されていたわけではなく、北琉球と中琉球、中琉球と南琉球の間でいち早く地理的な分断が起こり、それよりもずっと後になってから北琉球が九州と、南琉球が台湾と分断されたと推定される。このような地域間の関

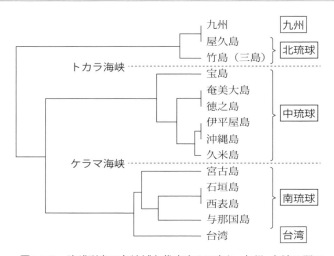

図14-2 琉球列島の各地域を代表する12島と、九州、台湾の間の陸生爬虫類相の類似度を示す樹形図（種を単位とし、野村―シンプソン指数に基づいて非加重平均法で作図）
前之園・戸田 (2007) の分布資料に基づき、在来種のみを対象とした。島の地理的位置については図14-1を参照。

係は、両棲類に基づく同様な分析や、非飛翔性の陸生哺乳類を加えた分析によっても示されている（太田 2002；戸田ら 2003）。

　北琉球と中琉球の間には、琉球列島周辺に存在する海峡のなかではもっとも成因が古いとされるトカラ構造海峡が横たわっている（図 14-1 参照）。おもに地質学的データに基づいて琉球の古地理を論じた木崎・大城(1980)によれば、トカラ構造海峡の形成は鮮新世の中・後期に遡り、その後この海峡は一度も陸化していない（ただし、トカラ構造海峡を含め、琉球列島全域が更新世後期にふたたび陸化し、九州や台湾と接続したという仮説もある；木村 1996）。すなわち、この海峡より北の地域と南の地域は鮮新世以来、長期にわたって地理的に隔離されてきたということになる。このように、この点に関しては、陸生爬虫類の分布パターンが物語る琉球列島の分断史は木崎・大城（1980）の古地理仮説とよく符合する。

　一方、中琉球と南琉球の間に見られる陸生爬虫類相の明確なギャップは、木崎・大城（1980）の古地理仮説とは必ずしも整合的でない。木崎・大城（1980）によれば、中琉球と南琉球は、トカラ構造海峡の成立と前後して、それぞれ独立した陸塊として島嶼化するが、それらの陸塊は更新世初期に古台湾を経て北

東へ伸びる半島状の陸橋によってふたたび大陸と地続きになったとされる。その後、更新世中期にこの陸橋は崩壊し、陸域は多くの島々に分離していく。もし、現在、中琉球と南琉球に分布する陸生爬虫類の多くがこの更新世陸橋を伝って台湾から侵入し、その後の陸橋崩壊で隔離・分化したのならば、中琉球の陸生爬虫類相は、少なくとも南琉球と同程度に台湾の陸生爬虫類相と類似しているにちがいない。ところが、図 14-2 の樹状図は、中琉球が南琉球よりもずっと古くに他の陸塊から隔離されたことを示唆している。後で述べるように、このことは、両棲爬虫類から得られる情報を少し異なる視点から分析して琉球の古地理を見直した Ota（1998）によって指摘されており、それに基づき、中琉球が更新世陸橋形成時にも独立した陸塊として隔離され続けたという、別の古地理仮説が提唱されている。

14-4　爬虫類相の類似度に基づく古地理推定の問題点

　前節でみたように、陸生爬虫類相の類似度に基づく方法は、琉球の大局的な古地理を推定するうえで、ある程度の成果を収めてきている。しかし、この方法は、種分化の古さについての情報を含まないため、海峡形成の時期に関する厳密な議論には適しておらず、列島の古地理の細部をより高い精度で推定することには使えない。たとえば、古くから隔離された 3 地域の関係を考えてみる。もし仮に、すべての系統群において、これらの地域の集団が異なる種にまで分化していたとすると、3 地域の間にはまったく共通種が存在しないことになり、したがって、生物相の類似度はいずれの地域間でも「ゼロ」と評価されてしまう。すなわち、このようなケースでは、これら 3 地域のうちのどれが相対的により古くに隔離されたのかについては情報が得られない。図 14-2 に示した解析は種を単位として行ったものであるが、もし同様な解析を亜種を単位にして行うと、南琉球と台湾の類縁性はほとんど隠されてしまう。反対に、この方法が、すべての種（あるいは亜種）がすべての地域に共通して分布するような、隔離時間が非常に短い島々に対して適用できないことも明白である。このように、種構成の類似度に基づく方法には、ある閾値を超えてしまうと、地域間の関係について何も議論できなくなるという弱点がある。

　爬虫類相の類似度を比べる方法にはもっと別の、そしてより重大な問題点もある。それは、地域間の生物相の違いが必ずしも当該地域の間で生じた種分化

事象だけを反映したものとは限らない、というものである。たとえば、トカラ構造海峡の南北で爬虫類の種構成に明確な違いがあるという事実には、ハブ類（*Protobothrops*）やキノボリトカゲ類（*Japalura*）など、そもそも海峡の片方の地域にしか分布しない系統群の存在が大きく影響している。これはおそらく、そういったグループがそもそも海峡の片側にしか侵入できなかったためである。このような系統群の存在は、トカラ構造海峡が古くから陸生爬虫類の分散を抑制していたという考えを支持してはいるが、それでも、この海峡の形成によって、もとは同一種だった集団が隔離され、複数の種に分化したというのとは明らかに意味が異なる。

　この方法の、さらに別の問題点は、それが既存の分類体系に準拠している点である。亜種や種、属といった特定の分類ランクで認識される分類群は、たとえそれらが同一のランクの分類群どうしであっても系統史的に同じ古さをもつとは限らない。同一種に含まれる2つの地域集団間の分化は、別種とされる集団の間の分化よりもずっと古くに起こっている場合もあるのである。たとえば、現行の分類に従えば、奄美諸島と沖縄諸島にハブ（*Protobothrops flavoviridis*）が分布し、トカラ諸島の南部には別種のトカラハブ（*P. tokarensis*）が分布している。共通種の存在に着目すれば、前者の2地域が地史的に近い関係にあると評価してしまうが、アロザイムやDNAを用いた系統学的解析により、奄美諸島のハブ集団は沖縄諸島の同種集団よりもトカラハブ集団にずっと近縁であることがわかっている（Toda *et al.* 1999；Tu *et al.* 2000）。

　このように、既存の分類体系だけを用い、それを通して地域間の歴史的な関係を論ずるには限界がある。生物相の類似度に基づく古地理推定の問題点は、太田（2002）、皆藤（2016）によって詳しく論じられているので参照されたい。

14-5　種や集団間の分化の古さを調べる
－分子情報を用いた系統地理解析の有用性－

　Ota（1998）は、地域間の種構成の類似度に基づく解析を発展させ、各地域の各々の種が、それぞれどの地域に近縁種をもつか、という系統的な視点を導入して、陸生爬虫類と両棲類の各系統群の分布パターンに基づく歴史生物地理議論を展開した。それによると、南琉球には、地理的に隣接する台湾に姉妹種をもつ種が多く見られるのに対し、中琉球では周辺地域に近縁種をもたないも

14. 琉球列島における陸生爬虫類の種分化 （戸田 守）

のが多数を占める。一般に、周辺地域に近縁種をもたない種はかつて一帯に分布していた系統群の生き残り（遺存種と呼ばれる）と考えられ、その系統の由来が古いことを示すとされている。すなわち、中琉球の種の多くはより古い時代に分化したと考えられ、ひいては、この地域が南琉球よりも古くから隔離され続けてきたと推定されるのである。

　しかし、ある種が隣接する地域に近縁種をもたないことを、本当にそれらの種が古くに生じたことを示す証拠と考えていいのだろうか。不連続な分布をもつ系統が「古い系統」とみなされるのは、そのグループの分布を不連続ならしめた中間地域での絶滅があり、さらにその絶滅には通常、長い時間がかかると考えるからである。この遺存種（あるいは遺存系統）形成のモデルは一般的に広く受け入れられているが、中間地域の絶滅に要する時間は実際には未知であり、この仮定を盲目的におくことは危険である。

　中琉球の種が本当に古い時代に分化したものであるかどうかについて、もっと実証的なデータに基づいて検討することはできないだろうか。そこで登場するのがDNAやタンパク質などの遺伝情報をもった生体分子の変異を手がかりとした系統地理学的分析である。近年急速に普及したDNA分子やタンパク質分子の変異を調べる方法は、分子構造の進化的変化が時間をおって概ね一定の割合で蓄積されていくという特性を利用したもので、集団の分岐時間を推定するのに適している（根井 1990；Avise 2000）。そこで、ある系統群について、さまざまな地域の集団からサンプルをとり、それらの間のDNA配列などを比較すれば、個々の地域集団の分岐の相対的な古さについて検討することができる。さらにこの方法では、同種あるいは同亜種内の各地域集団を単位として分析することが可能なため、中琉球、南琉球、台湾の関係といった列島の大局的な古地理だけでなく、より細かい地理スケールにおける島嶼間の関係についても推定ができる。

　このような手法を用いて各系統群に属する島嶼集団の分化パターンを次々に調べ、多数の系統群についての結果を重ね合わせれば、琉球列島の爬虫類の種分化におもな影響を与えた地理的分断事象をより細かく、かつ正確に捉えることができよう。この方法では、既存の分類体系に依存することによって生じる問題点も回避でき、さらに種分化事象と無関係の要素を取り込んでしまう心配もない。

14-6　系統地理学解析の実践に向けて

　DNAやタンパク質の変異に基づく系統地理学的解析を実践する際には、どのようなグループを対象にしていけばよいのだろうか。この解析では、とにかく琉球列島のある地域の集団を含む単系統群を見出し、そのグループが示す系統地理パターンを片っ端から調べてやればよい。あくまで単系統群を対象とするのは、系統的由来の異なる集団どうしを比較しても種分化やその背景にある地史について何も議論できないからである。たとえば、中琉球のヒメハブ（*Ovophis okinavensis*）の集団と、それとは系統的由来の異なる南琉球のサキシマハブ（*Protobothrops elegans*）の集団を比べても、そこから対象地域の古地理に関する情報を得ることはできない。

　単系統群の認識は、複雑な地史をもつ琉球列島ではとりわけ慎重に行う必要がある。たとえば、中琉球—南琉球—台湾と地理的に連続して分布し、一見その場で分化したように見えるグループでも、じつは中琉球の集団だけが前もって大陸で分化した別系統由来の種で、残りの地域の種はそれとは別に大陸から南琉球や台湾に侵入したものである場合もある（戸田ら 2003）。このようなことは、もっと狭い地域の内部でさえ起こっている場合がある。たとえば、南琉球のカナヘビ属（*Takydromus*）では、宮古諸島のミヤコカナヘビ（*T. toyamai*）と八重山諸島のサキシマカナヘビ（*T. dorsalis*）が地理的に隣り合って分布しているが、これら2種は系統的な由来が異なることが示されている（Ota *et al.* 2002）。したがって、対象群の選定にあたっては、まずそのグループの東アジアのメンバー全体の系統関係を調べ、琉球の集団どうし、あるいはそれらの集団および比較に用いる他の地域の集団の全体が単系統群をなすかどうかを十分に検討する必要がある。

　得られた系統地理データの解釈にあたっては、系統群の分布パターンを手がかりに、その特質を十分に考慮する必要がある。上述のように、琉球列島には不連続な分布を示す遺存的な系統群が存在する。こういった系統群では、中間地域で地域集団の絶滅があったと考えられるが、その場合、絶滅した集団が現存する集団とどういう関係にあったかはまったく不明である。たとえば、中琉球に遺存的に分布するリュウキュウヤマガメ（*Geoemyda japonica*）は南琉球や台湾に近縁な仲間を欠くが（Yasukawa *et al.* 1992）、それらの地域で絶滅したと想定される集団は、中琉球の種とほとんど分化していない同一種であった

かもしれないし、大きく分化した別種であったかもしれない。解析によって示されるのは、中琉球のリュウキュウヤマガメと、それにもっとも近縁な中国大陸のスペングラーヤマガメ（*G. spengleri*）との関係だけである。このように遺存的な系統群は、その群に起こった種分化の歴史をそのままの形で留めてはいない。したがって、2種のヤマガメについてのデータは、中琉球と中国南東部の間のいずれかの地域にあった地理的分断事象の年代について情報を与えるかもしれないが、もしそうだとしても、それが中琉球の隔離時間を反映しているとは限らない。

　一方、単系統をなすグループが、琉球列島内外で地理的に連続して分布している場合は、その系統群で起こった種分化事象がそのままのかたちで保存されている可能性が高いので、遺存的な種よりもはるかに多くの情報を与える。このようなケースでは、得られた地域集団の分化のパターンをそのまま地域の関係に読みかえれば、その地域の古地理が推定されることになる。上に挙げたリュウキュウヤマガメでも、この種自体は単系統群であり、沖縄諸島のいくつかの島に隣接して分布するので、この種の種内集団間の系統地理パターンに基づき、それらの島嶼間の関係について論ずることは可能である。こういった点に十分に注意しながら多くのグループの系統地理パターンを枚挙的に調べ、そこから共通パターンを抽出していけば、列島の陸生爬虫類の分化に共通して作用した外的要因（＝地理的分断の歴史）を正確に捉えることができるはずである。

　このような条件を満たしつつ、これまでに分子データに基づいて分化史が論じられているものとして、トカゲ属（Brandley *et al*. 2011; Kurita & Hikida 2014b）、トカゲモドキ属（Honda *et al*. 2014）、カナヘビ属（Ota *et al*. 2002）、スベトカゲ属（Koizumi *et al*. 2014）、ハブ類（Tu *et al*. 2000）、ヒバァ属（Kaito & Toda 2016）などがある。ただし、扱っているエリアや島が必ずしも一致しないこともあり、共通する分化パターンを見出すためにはもう少しデータの蓄積が必要である。それでも、同じく海峡の成立が種分化を引き起こすと期待される両棲類におけるデータと併せ、一部の地域に着目して共通する種分化事象について検討する試みはなされはじめている（Kaito & Toda 2016）。

14-7　系統地理情報に基づく古地理推定の理論的基盤

　ここまで本章を読み進めてきた読者のなかには、陸生爬虫類の種分化の話の

第III編　爬虫類の遺伝と系統分類

はずが、古地理推定の話にすり替わっていると感じる人がいるにちがいない。しかし、琉球における陸生爬虫類の種分化事象の多くが陸域の古地理学的分断によると考える以上、当該地域の古地理の推定は避けては通れない課題である。そうはいっても、一部の読者はさらに、爬虫類の種分化について論じるために古地理の推定が必要で、その古地理を推定する手がかりとして爬虫類の分化パターンを使うのは循環論にならないのか、との疑問をもつかもしれない。しかし、まず、多くの系統群に共通するパターンから古地理の全体像を推定し、次に、それでは説明のつかない部分を個別の要因による分化と捉える方法論は、地質学などの独立したデータに基づく古地理仮説が不在の状況では、これも避けて通れないのである。

　このような考え方の妥当性は、次のように考えると理解できる。まず、ある系統群に見られるある地域集団間の分化が、古地理学的な陸域の分断（＝外的要因）によるとの仮説を立てたとする。この仮説から引き出される予測は、もし本当に陸域の分断があったなら、別の系統群でもそれを反映して、同じ時期に同じ場所で分化が起きたはずである、というものである。そこで、実際に第2第3の系統群の系統地理パターンを調べ、その仮説を検証することになる。もし仮に、第2第3の系統群がこれと矛盾する系統地理パターンを示したならば、仮説を棄却し、第1の系統群の分化は地理的分断という外的要因でなく、何か別の要因によって引き起こされたと考える。これは、1～3の系統群を入れ替えても同様に成り立つ。このように、個々の系統群の系統地理データは互いに別の系統群の系統地理データから導かれる分断仮説の潜在的な反駁材料となっており、結局は多くの系統群で共通するパターンがもっともよく支持される分断仮説となるのである。一方、このようにして得られた分断仮説と矛盾する分化事象は、その系統群に特有な、何か別の要因によると捉えられる。このような考え方は、じつは歴史生物地理学分野では以前から採用されており、Wiley（1981）などによって定式化されている。

　ただし、今後の研究に向けて、この方法論に関して2点ほど補足しておきたい。一つは、Wiley（1981）の時代には、いわゆる分子時計を用いることが容易でなかったため、生物集団の分化のタイミングに関する情報がほとんど使えなかったことである。したがって、複数の系統群の分化パターンの一致・不一致を論じる際にも、専ら集団間の分化の順序（分岐順序）のみが問題にされていた。しかし、仮に分岐順序が一致していても、分岐のタイミングが系統群間

で明らかに異なるならば、それらの分岐の原因を同一の地理的分断事象に求めることはできない。したがって、これからの研究では、種分化をもたらす外的要因の特定に、分岐のタイミングに関する情報も取り込む必要がある。

　もう一つは、かつての議論では、種分化をもたらす外的要因として、もっぱら陸域の分断のみが想定されていた点である。つまりそこでは、ある系統群内で一連の種分化が起こるための初期状態として、一つの大きな陸塊に単一の祖先種が広く分布する状態が想定され、それが次々と細かく分割される過程だけが問題にされていた。しかし、そのような初期状態はいったいどうやって形成されたのであろうか。おそらく、元はどこかで生じた種が、前もって広い範囲に分散したのであろう。そうでなければ、個々の種の分布域は狭くなっていくばかりで、最終的にはいよいよそれ以上分割できないほど細かくなってしまうにちがいない。このように、分散と分化は表裏一体であり、分散過程の推測も種分化の理解に必要なのである。

　かつては、分散は個々の系統群に特有な偶発的な事象として扱われていたが、陸橋の形成による陸域の癒合は、外的要因として、多くの系統群に共通して分散の機会をもたらすと考えられる。そのため、上述したのと同様な方法論によって、陸橋伝いの分散という共通事象と、一部の系統群に個別に起こった洋上分散とを区別できる可能性がある。このような考えに基づき、最近では、複数の系統群の系統地理情報を重ね合わせて分化と分散の過程を同時に推定しようとする試みもなされている（たとえば Brooks *et al.* 2001；Wojcicki & Brooks 2005）。

14-8　古地理の推定から種分化学へ －外的要因の特定の先にあるもの－

　さて、分化や分散に寄与した古地理学的な要因（外的要因）が特定できたら、次は、いよいよ一部の系統群に起こった個別の分化・分散事象の要因について検討することになる。その要因とは、たとえば、同一の陸塊の中でさえ集団の分化を促進するような、何か特別な交配相手認知システムの進化かもしれないし、逆に、隔離された陸域間でも集団の分化を抑制するような優れた洋上分散能力の獲得かもしれない。このように、個別の分化・分散事象には、当該系統群に特有の何某かの要因が関与しているはずであり、それを突き止めるためには、さまざまな角度から当該系統群の生物学的特性を検討してみる必要がある。

それは、種分化を引き起こす要因のうち、生物自身に備わった内的要因をつきとめる作業であり、種分化学のもっとも面白い部分ともいえよう。その意味では、前節までに論じてきた地理的分断という外的要因を特定する作業は、その基礎作りに過ぎないといえるかもしれない。

しかし、残念ながら、琉球産陸生爬虫類では、種分化の内的要因にまで踏み込んだ研究はこれまでほとんどなされていない。それは、まさにこれからの研究領域である。よって、原因論に踏み込んだ具体的な研究例を示すことはできないが、ここでは、これからの研究課題を立てる手がかりとして、これまでに示唆されている個別の分化・分散の事例を二、三紹介しておきたい。

一つ目はまず、トカゲ属（*Plestiodon*）の *latiscutatus* 種群についてのものである（図 **14-3**）。琉球からはこの種群のトカゲが5種知られている。トカラ列島の口之島に同島固有のクチノシマトカゲ（*P. kuchinoshimensis*）が、奄美諸島にオオシマトカゲ（*P. oshimensis*）が、沖縄諸島にオキナワトガケ（*P. marginatus*）が分布し、残るバーバートカゲ（*P. barbouri*）とイシガキトカゲ（*P. stimpsonii*）は、それぞれ奄美・沖縄諸島と八重山諸島に分布する。また、これら3種と近縁なアオスジトカゲ（*P. elegans*）が台湾や尖閣、中国大陸の一部に分布する。Kato *et al.*（1994）はアロザイム法を用いて、このグループの系統関係を調べた。ただし、この時代には口之島のものと奄美・沖縄諸島のものはすべてオキナワトカゲとして扱われていた。それによると、琉球-台湾地域の種の中では、まずバーバートカゲが、次いでアオスジトカゲが残りの群から分化し、イシガキトカゲとオキナワトカゲは互いにもっとも近縁であった。この関係を、本章の前半で紹介した大局的な琉球の古地理に照らし合わせれば、

図**14-3** 琉球のトカゲ属（*Plestiodon*）の *latiscutatus* 種群を代表するオキナワトカゲ *P. marginatus* の成体（左）と幼体（右）（前之園唯史氏撮影）

14. 琉球列島における陸生爬虫類の種分化（戸田 守）

バーバートカゲの分化とアオスジトカゲの分化は、それぞれ鮮新世の中琉球の島嶼化と、更新世中期の台湾－南琉球の間の分断に伴って起こったと解釈できる。しかし、最後のイシガキトカゲとオキナワトカゲの間の分化は単純な地理的分断では説明できない。このように地史と整合しない系統地理パターンを受けて、後に Hikida & Motokawa（1999）は、南琉球で生じたイシガキトカゲとオキナワトカゲの共通祖先が更新世のある時期に海を越えて中琉球に到達し、その後、地域間で分化してオキナワトカゲとイシガキトカゲが生じたというシナリオを描いている。

Kurita & Hikida（2014b）はさらに、火山起源と考えられるトカラ列島北部の3島（口之島、中之島、諏訪之瀬島）のトカゲ属の集団の由来を調べ、口之島集団はイシガキトカゲに、中之島集団はオキナワトカゲに、諏訪之瀬島集団はオオシマトカゲに近縁であり、それらの分化年代もさまざまに異なることを見出した。すなわち、これらの地理的に隣接する3つの島のトカゲ集団は、じつは、別々の地域に由来し、それぞれ異なる時代に海を越えてトカラの地に辿り着いたと推定されるのである。

もし、これらのシナリオが正しいとすると、他の多くの系統群が越えることのできなかった南琉球と中琉球の間の海峡を、なぜトカゲ属の種は越えることができたのであろうか。彼らは比較的乾燥に強く、海岸付近にも生息するため、もともと他の陸生爬虫類よりも海を越えた分散をしやすいのかもしれない。しかし、そうだとすると、今度は、海を越えて次々と南琉球から侵入を受けていた中琉球の集団が、なぜ供給源である南琉球の集団とは異なる種にまで分化したのかという疑問が湧いてくる。また、本種群のメンバーが台湾と南琉球の間の海峡を渡れなかったのも不思議である。今後、これらの疑問に迫っていくためには、本種群のトカゲ各種の乾燥耐性を詳しく比較したり、過去の海峡の状態についてもっと詳しい情報を得るなどの努力が必要であろう。さらには、洋上分散によって接触した集団の間で何が起こったか（起こるか）を知ることも、種分化の様式を知るうえで重要である。いずれにしても、琉球を舞台とした本種群の分散と分化の歴史には、今後の研究で解明されるべき多くの謎が残されている。

琉球列島に見られる個別の分化・分散の事例の2つめは、ミナミヤモリ（*Gekko hokouensis*）に関するものである。この種では、中琉球から北琉球、そして九州までの範囲の集団が遺伝的にあまり分化していないことが示されており、上

図14-4 木の幹の窪みに産みつけられたミナミヤモリの卵と卵殻（前之園唯史氏撮影）

のオキナワトカゲの場合と同様に、少なくともトカラ構造海峡を越えた洋上分散があったと推定されている（Toda *et al.* 1997）。ヤモリ類は厚い殻に覆われた乾燥に強い卵を樹皮の下などに産みつける（図 **14-4**）。そのため、卵が流木とともに流され、洋上分散を果たした可能性が考えられる。実際に海外の2、3のヤモリでは、一定期間、海水をスプレーしながら孵卵しても、卵が無事に孵化することが確かめられており、ヤモリ類の卵が高い塩分耐性を備えていることが示されている（Brown & Alcala 1957）。Brown & Alcala の少しばかり古いこの論文を読んだとき、私はミナミヤモリの洋上分散の要因が理解できた気がした。しかし、その後の研究で、中琉球から未記載のヤモリが見つかり、同様な卵を産むにもかかわらず、ミナミヤモリとは対照的に奄美諸島と沖縄諸島の間でさえ明確に分化していることが明らかになるにつれ、それが妄想であったことを認めざるを得なくなった。ヤモリ類の卵の塩分耐性についても今後の詳しい比較研究が望まれるが、生きた卵に海水をスプレーするというやや過激な実験がやりにくい時代になっているので、なにか別のアプローチを考案する必要があろう。

　次に少し視点を変えて、一部の系統群における個別の分化は形態形質でも起きていることを指摘しておきたい。それはたとえば、本章の **14-4** 節で触れた、トカラ諸島南部と奄美諸島のハブ属の集団の間に見られる。遺伝的な比較からは、これらの集団は比較的最近になって互いに隔離されたことが示されているが、両者は体鱗列数や体の模様などいくつかの形態形質で分化が認められ、もはや別種とみなされるまでになっている（木場・菊川 1969；Toda *et al.* 1999）。これに対し、同時期に同じ地史的イベントによって隔離されたと考えられるアオヘビ属（*Cyclophiops*）の集団では、これらの地域の間で顕著な形態的分化は認められず、分類学的にも同種（リュウキュウアオヘビ *C. semicarinatus*）とみなされている（Ota *et al.* 1995）。形態形質の進化的変化が複数の系統で同調して進むと期待する理由は何もないが、それでも、トカラ諸島南部のハブ属の集団で短期間のうちに体鱗列数や模様などに変化が生じたのには、きっとこの

グループに特有な何らかの生物学的な理由があるにちがいない。こういった問題も、種分化を巡る今後の研究課題の一つである。

このように、たとえ琉球の古地理は一つでも、そこに生息する陸生爬虫類の種分化の様子は、実際には系統群によってそれぞれ多少なりとも異なっている。琉球列島では、多くの種が、それと近縁な種と地理的に隔離されて何らかの進化を遂げてきており、さらに個々の種も複数の島嶼集団に隔離され、多少なりとも分化してきたという経緯をもっている。今後、さまざまな地理的・時間的スケールで系統地理研究が行われていけば、本節で紹介したような一部の系統群に見られる個別の分化・分散事象が多数見出されるにちがいない。そのなかには、「偶然」という要因でしか説明できないものもあるかもしれないが、生物をよく観察し、比較研究法についても工夫しながら研究に取り組んでいけば、多くの場合、その要因は徐々に明らかになっていくにちがいない。

14-9　系統地理解析の基礎としての分類学の重要性

蛇足になるかもしれないが、ここで、種分化研究を進めるうえでの分類学の重要性について触れておきたい。本章の前半では、既存の分類体系に依存した一部の分析法が、種分化の外的要因を特定する研究として必ずしも適当でないことを示した。しかしそれは、本章で論じてきたような種分化研究を進めていくうえで分類体系が必要ない、という意味ではけっしてない。上述したように、妥当な系統地理解析を行うためには、比較の対象とすべき生物集団を注意深く選定することがきわめて重要である。その選定作業を行うための土台は、言うまでもなく、既存の分類体系と各分類群の分布に関する情報である。

琉球列島の陸生爬虫類の分類は概ね整理されたようにみえるが、近年になっても新たな分類学的発見は続いている。たとえば、上で示したクチノシマトカゲは2014年に記載されている。それ以前はニホントカゲ（*P. japonicus*）とされていたものだ（Kato *et al.* 1994）。同様に、以前はアオカナヘビ（*Takydromus smaragdinus*）と考えられていた宮古諸島のカナヘビ集団が宮古固有のミヤコカナヘビ（*T. toyamai*）として記載され、それが台湾のスタイネガーカナヘビ（*T. stejnegeri*）などに近縁であることが示されたのもそう古い話ではない（Takeda & Ota 1996；Ota *et al.* 2002）。また、近年になって、それまで1種と思われていた沖縄諸島のヤモリ属（*Gekko*）の中に、一部の地域で同所的に分布する2

種が含まれていることも明らかにされている（Toda *et al.* 2001）。もし、これらの事実が見落とされたまま各島からサンプルを得て、系統地理学的な解析が行われたならば、データの解釈を巡って決定的な過ちを犯してしまうであろう。このように、妥当な系統地理学的解析を行っていくためには、各種の分類や分布の情報を正確に把握していく努力も必要なのである。

14-10 おわりに

　このように見てくると、琉球列島の陸生爬虫類の種分化について論じるためには、まだまだ長い道のりがあるように感じるかもしれない。しかし、近年の生物多様性研究に対する関心の高まりを反映して、この分野の研究に参画する研究者の数は増えてきている。加えて、分子系統地理学的解析に必要なDNAの分析技術や、関連するデータ解析法も日々進歩している。分子情報に基づく系統地理学的研究が、ただ目の前にある材料をやみくもに調べるのではなく、分類学や系統学の知識に基礎をおいて、将来的な展望をもって行われていけば、本章で論じたような体系的な系統地理議論を展開し、個々の系統群に個別に起こった種分化事象の要因論に踏み込んでいけるようになるまでには、そう長い時間はかからないように思う。

第Ⅳ編
爬虫類の保全・飼育・防除

15章　爬虫類の保全
16章　ウミガメ類の研究の現状と保全
17章　爬虫類の飼育と繁殖
18章　ハブの生態と防除

15. 爬虫類の保全

太田英利・当山昌直

15-1 はじめに

　世界的にみて爬虫類は、高い保全生物学的な関心の対象となっている。このことは、たとえば"Animal Conservation""Biological Conservation""Conservation Biology""Oryx"といった保全生物学分野の専門学術雑誌に爬虫類を研究対象とした論文が高い頻度で掲載されていることからも、容易に見てとれる。加えて近年では、"Herpetological Conservation and Biology""Chelonian Conservation and Biology"など、爬虫類と両棲類、あるいは爬虫類の一部のみの保全をスコープの中心に据えた学術雑誌すら刊行されはじめている。

　ではなぜ、爬虫類に対する保全生物学的な関心が高まっているのであろうか？　理由は、大きく分けて次の三つが考えられる。

　一つは爬虫類が、保全生物学と境を接し、手法や理論において共通性が高い学問分野（分類学、分子系統学、集団遺伝学、個体群・群集生態学など）において、取り扱いの容易な体の大きさ、限られた分散能力、ほどよい生物学的多様性などの属性ゆえに、好適なモデル生物として高い頻度で研究対象となっていることにある（Ota 1999）。つまり爬虫類は、保全生物学的な仮説を検証するための研究対象として、多くの理想的な属性を備えているのである。

　次に、多くの爬虫類は、その所属する生態系の中で比較的高次の捕食者となっており、ゆえに在来種の場合はその分布域の生態系全体の健全さの指標となり、またとりわけ外来種の場合は在来生態系・生物多様性の維持に深刻な影響を与えることが少なくない。爬虫類はこうした観点から、保全生物学上、とくに重要な対象とされることが多い（たとえば Rodda *et al.* 1999）。

　あと一つは現在、爬虫類の多くの種や亜種、個体群が、人間のさまざまな直接的・間接的影響の結果、際立って存続の危機にさらされていることにある。つまり緊急の保全策を必要とする種が少なくないのである（Baillie & Groombridge 1996；Bohm *et al.* 2013）。

15．爬虫類の保全（太田英利・当山昌直）

　爬虫類の固有種を多く擁する日本国内における保全生物学的研究の現状は、どうであろうか。残念ながらこの仲間を対象とした調査研究も、また具体的な保全策の施行もきわめて遅れており、不十分な状況にあると言わざるを得ない。ここでは、まず日本国内の爬虫類の保全上の問題について、1991年に環境庁（2001年以降は環境省）が初めてとりまとめ、以後2014年の最新版まで、情報の追加や考え方の変更に基づく改訂を重ねてきたレッドデータブックの爬虫類を扱った部分、分冊を概観しつつ、整理してみたい。

15-2　レッドデータブックの改訂

15-2-1　レッドリスト、レッドデータブックとは

　現在地球上に見られる生物の絶滅を防ぎ、その多様性を存続させるための研究・保護活動を推進する非政府組織（NGO）に、国際自然保護連合（IUCN）というのがある。このIUCNがまとめた、世界中の絶滅のおそれのある野生生物の種のリストが、"IUCN版レッドリスト"で、存続に赤色の危険信号がともってしまった種ごとに学名、英名、分布が、危急度に対応したいくつかのカテゴリーのもとで挙げられている。IUCNによるレッドリストの公表を受けて、いくつかの国や地域では、それぞれの範囲で同様のレッドリストを作成し、さらにレッドリストに挙げられた種や亜種、個体群の現状に関するより具体的な資料本、すなわちレッドデータブックを出版している。日本では環境庁（当時）が多くの研究者の協力のもとに1991年、哺乳類、鳥類、爬虫・両棲類、魚類などを対象にはじめてレッドリストを取りまとめ、続いてレッドデータブックを出版した（環境庁 1991）。その後、各都道府県も、それぞれ都道府県版のレッドリスト、レッドデータブックを作成している。

　環境庁による1991年版レッドデータブックの作成から5年後の1996年、IUCNはそれまでのレッドリストの改訂にあたり、該当種選定、危急度評価のための新基準を策定し、これに基づいて新たなレッドリストを公表した（Baillie & Groombridge 1996）。それまで、レッドリストに入れられていた種の選定やその危急度の評価は、レッドリストの作成にかかわった各分類群の専門家独自の判断に大きく依存していた。しかし、こうしたやり方は、多分に主観の入り込む余地ができる、分類群間で判断基準が不統一になってしまう、などの問題を残していた。この問題の解決をはかって考案されたのが上記の新基準で、ま

ず各々の種の評価時点での個体数、分布面積、地域個体群間での分断の程度などを推定し、さらにその時点までの一定期間における個体数の減少率や分布範囲の縮小率の推定値を組みあわせる。こうして求められるそれぞれの種の将来一定期間における絶滅確率に基づき、より客観的、定量的に危急度の評価（すなわち各カテゴリーへの割当）を行うことを目指していた（詳細は Baillie & Groombridge 1996 を参照）。ただこう書くと、さも科学的に素晴らしいものができあがったような印象を与えるかも知れないが、現実には危急度の評価のために必要な減少率や縮小率の値はおろか、現在の個体数や分布範囲でさえ、正確には把握されていない種がほとんどで、こうした種についてはごくわずかな資料から、かなり思い切ったやり方で、それぞれ必要となる変数の値が推定されるに過ぎなかった。また、こうした推定の基盤となるわずかな資料さえないものは、結局レッドリストから抜け落ちてしまっていたりした。たとえば、全アフリカで当時認識されていた陸生爬虫類約 1200 種のうち、1996 年版の IUCN のレッドリストに"絶滅の恐れがある"として掲載されたのはわずか 21 種で、しかもそのうち 8 割強にあたる 17 種は、南アフリカ共和国やその隣接地域に分布の限られるものであった。これは同国が国内に生息する爬虫類の現状についていち早く調査を行い、その結果を公表していたためであって（Branch 1988）、南アフリカ共和国以外の地域の爬虫類のほとんどがおおむね安泰ということではまったくなかった。このように IUCN のレッドリストの改訂、新基準の導入は、けっして一つの完成形を示すものではなく、むしろ今後の保全に関係した研究に対して、いくつかの課題、努力目標を明示した点に最大の存在意義があったといえる。

　ともあれこうした IUCN の動きに対応する形で、環境庁も分類群ごと、専門家の協力のもとに 1991 年版のレッドリストの見直しを行い、改訂版のレッドリストを作成することになった。その結果、爬虫類については、両棲類とともに他の分類群にさきがけて、1997 年 8 月に改訂版のレッドリストがまとめられ、2000 年 2 月には改訂版のレッドデータブック（環境庁 2000）が出版された。改訂にあたって環境庁は、極力 IUCN の新基準にならった危急度の評価、カテゴリー分けを目指した。しかし、その土台となる個体数や分布面積に関する定量的な資料は実際にはほとんどの種で存在せず、そのため結局、従来の基準（個々の種の希少性や、おかれている状況の危急性に関する研究者の、しばしば具体的な根拠の伴わない判断）との併用にとどまった（詳細は環境庁 2000

15. 爬虫類の保全（太田英利・当山昌直）

を参照）。

　レッドリストは絶滅のおそれのある種（和名、学名、カテゴリーなど）を文字通りリスト化したものであり、種ごとの危急度の評価、割当てるカテゴリーの検討には時間を要するものの、全体的には比較的短期間でとりまとめられるという利点がある。一方、レッドデータブックは、レッドリストを基本としつつ形態、生態、分布、生息環境、個体数の減少や分布の縮小をもたらす要因、現行ならび望まれる保護対策、などについて、資料をもとに記述が加えられるため、レッドリストでは得られない多くの情報を提供するものである。が、その一方で、作成にはさらに時間を要してしまい、そのため初版こそ、両方の準備が整った1991年に揃って公表されたもののそれ以降は、改訂されたレッドリストとそれに基づくレッドデータブックの発行に時間差が生じてしまっている。以下では、とくにレッドデータブックに絞り、多くの面でとりわけ顕著な違いの見られる1991年版と2000年版（改訂版）を比べ、具体的にどう変わったか、なぜ変わったかについて見てみたい。その上で、さらに現時点での最新版（2014年版）に至るレッドデータブックの改訂内容についても概観し、今後に向けたおもな努力目標をまとめてみる。

15-2-2　1991年版レッドデータブックの内容は2000年版でどう変わったか

　日本産爬虫類のうち、2000年版レッドデータブックに掲載されている（すなわち1997年の改訂版レッドリストに掲載されている）種とその割り当てられたカテゴリーを、1991年版レッドデータブックのものと併せて表15-1に示す。2000年版レッドデータブックには、絶滅のおそれのある種（絶滅危惧種）に対して危急度の高い順に絶滅危惧ⅠA類（CR：critically endangered の略）、絶滅危惧ⅠB類（EN：endangered）、絶滅危惧Ⅱ類（VU：vulnerable）の三つのカテゴリーが設けられ、さらにその下に準絶滅危惧（NT：near threatened）というカテゴリーが設けられている。このNTには、今のままであれば絶滅の心配はないが、取りまく状況のわずかな変化で容易に絶滅危惧種に移行すると予想される種が入れられている。さらに、学術的に見て保全する価値がとくに高く、かつ存続の危ぶまれる個体群に対して絶滅のおそれのある地域個体群（LP：threatened local population）、保全の対象となる可能性があるものの情報が不足し、そのため具体的な評価のできない種に対して情報不足（DD：data deficient）というカテゴリーが設けられている。以上のうち、CRとENは、

表 15-1 環境庁（環境省）の 1991 年版, 2000 年版, 最新版（2014 年版）に掲載されている爬虫類の種・亜種・個体群とそれぞれが割り当てられているカテゴリーの比較。カテゴリーの略号については本文参照。

1991 年版		2000 年版		最新版（2014 年版）	
カテゴリー	種・亜種・個体群	カテゴリー	種・亜種・個体群	カテゴリー	種・亜種・個体群
E	キクザトサワヘビ	CR	イヘヤトカゲモドキ キクザトサワヘビ	CR	イヘヤトカゲモドキ クメトカゲモドキ*1 ミヤコカナヘビ キクザトサワヘビ
		EN	タイマイ ヤマシナトカゲモドキ*1 マダラトカゲモドキ オビトカゲモドキ ヒメヘビ*2	EN	アカウミガメ タイマイ マダラトカゲモドキ オビトカゲモドキ アオスジトカゲ シュウダ ヨナグニシュウダ ミヤコヒバァ ミヤコヒメヘビ*2
V	セマルハコガメ*3 リュウキュウヤマガメ	VU	アオウミガメ アカウミガメ セマルハコガメ*3 リュウキュウヤマガメ クロイワトカゲモドキ*4 キンボリトカゲ*5 バーバートカゲ ミヤコトカゲ ミヤコヒバァ ヨナグニシュウダ ミヤラヒメヘビ	VU	アオウミガメ ヤエヤマセマルハコガメ*3 リュウキュウヤマガメ クロイワトカゲモドキ*4 ミヤコトリシママヤモリ タシロヤモリ ヤクヤモリ オキナワキノボリトカゲ*5 ヨナグニキノボリトカゲ オキナワトカゲ キシノウエトカゲ バーバートカゲ ミヤコカナヘビ ミヤラシマヘビ コモチカナヘビ ヤエヤマタカチホヘビ サキシマスジオ ミヤコヒメヘビ

15. 爬虫類の保全（太田英利・当山昌直）

R	アオミミガメ タイマイ アカミミガメ クロイワトカゲモドキ*4 キシノウエトカゲ イワサキセダカヘビ アマミタカチホヘビ ヤエヤママダラヘビ サキシママアオヘビ サキシマバイカダ ヒバぁ*2 イワサキワモンベニヘビ ヒャン	NT	キシノウエトカゲ イワサキセダカヘビ アマミタカチホヘビ ヤエヤママダラヘビ サキシママアオヘビ サキシマバイカダ イワサキワモンベニヘビ ヒャン ハイ
		NT	ニホンイシガメ オキナワヤモリ タカラヤモリ タワヤモリ サキシマキノボリトカゲ オガサワラトカゲ イシガキトカゲ オキシマトカゲ*6 アムールカナヘビ サキシママアオヘビ サキシマバイカダ イワサキセダカヘビ アマミタカチホヘビ アオマダラ ハイ ヒャン トカラハブ
			クメジマハイ イワサキワモンベニヘビ エラブウミヘビ ヒロオウミヘビ イイジマウミヘビ
DD	スッポン	DD	ニホンスッポン ツシマスベトカゲ ダンジョヒバカリ
LP	なし	LP	大東諸島のオガサワラヤモリ 三宅島、八丈島、青ヶ島のオカダトカゲ 三島のヘリグロヒメトカゲ 沖永良部島、徳之島のアナカナヘビ 宮古諸島のサキシママダラ
LP	悪石島以北のトカラ諸島のニホントカゲ*6 三宅島、八丈島、青ヶ島のオカダトカゲ		

*1*2*3*5 日本爬虫両棲類学会が推奨する標準和名の採用に伴い、同一物に対して使用されている和名が変更されたものを示す。

*4 クロイワトカゲモドキは、1991年版では種全体をさし、2000年版では基亜種のみをさす。

*6 2000年版でLPに指定された悪石島以北のトカラ諸島のニホントカゲ個体群は、その後の生化学的手法による研究（Motokawa & Hikida 2003）、最新版ではオキシマトカゲではなくオキシマトカゲに属することが示唆されたため、ニホントカゲではなくオキシマトカゲの一部として扱われている。

1991 版レッドデータブックにおける絶滅危惧種（E；ただし上述のように定性評価のみ）、同様に VU は危急種（V）、NT は希少種（R）におおむね対応している（表 15-1）。

1991 年版レッドデータブックには計 16 種の爬虫類が挙げられているが、このうち絶滅危惧カテゴリー（すなわち危急度が V 以上）とされたのはわずかに 3 種で、残り 13 種は R とされた。これに対し 2000 年版レッドデータブックには計 28 の種・亜種と 2 種の 8 地域個体群が挙げられ、このうち 18 種・亜種が絶滅危惧カテゴリー（VU 以上）、9 種が NT、1 種が DD とされた。

このように、レッドデータブックに挙げられた爬虫類の数は改訂に伴って大幅に増え、とくに絶滅危惧種とされる種・亜種の数が 3 から 18 と 6 倍に増えている。対照的に R・NT の種数は 2000 年版では 1991 年版よりやや減少しているが、これは表 15-1 からも明らかなように、1991 年版で R とされていたものの多くが 2000 年版では VU 以上の絶滅危惧カテゴリーに移されたことが主要因になっており、けっして喜べない。

さらに注目に値するのが、2000 年版レッドデータブック掲載の種・亜種のうち、アカウミガメ（*Caretta caretta*）を除くすべての種・亜種（全体の 94 %）が、国内では琉球列島のみに分布（海生種では上陸・産卵）するものであった点である。これはその時点で認識されていた日本全体の在来の爬虫類の種・亜種のうち、琉球列島のものが 68 % を占めていた（Ota 2000a）点を差し引いても、きわめて顕著な地理的傾向といえる。おもな理由として、琉球列島が長く複雑な地史をもつ比較的小さな大陸島の集まりであり、そのためそこに分布する多くの種のそもそもの分布範囲が、列島内でもきわめて限られていること（Ota 1998）、遺存種が集中する奄美諸島や沖縄諸島などで、主要なハビタットである自然林の伐採や、商取引を目的とした大規模な採集、イタチやマングース、ノネコなどをはじめとする外来性捕食者の定着など、種の存続を脅かす要因が増加していること（当山 1997；Ota 2000b）、が考えられる。

15-2-3　1991 年版レッドデータブックの内容は 2000 年版でなぜ変わったか

このように 2000 年版レッドデータブックの内容は、1991 年版のものと大きく異なっている。まず掲載されている種・亜種の総数が大幅に増え、さらに、十分な分類学的検討がなされていないものの、生物多様性保全の観点から、その現状がとくに憂慮される個体群を対象とするカテゴリー（LP）のものが加

15. 爬虫類の保全（太田英利・当山昌直）

わっている。また、両レッドデータブックでともに取り上げられている種・亜種については、2000年版では危急度がより高いと評価される傾向にある。それではなぜ、中身がこのように変わったのであろうか。

レッドデータブックの対象となる種や亜種の数が増加した理由としては、大きく次の三つを挙げることができるであろう。すなわち、(1) 近年、日本産爬虫類を対象とした分類学的な研究が進展した結果、種や亜種の数が増加し、かつ新たに加わったものの多くが、すでにその時点で絶滅が危惧される状態にあったこと；(2) 危急度を定量的にとらえる新基準により、1991年の時点では過小に評価されていた小集団の危急度が適正に評価されたこと；(3) ここ数年の間に、明らかに個体数が減少した種・亜種・個体群がいたこと、である。

(1) の例としては、クロイワトカゲモドキ（*Goniurosaurus kuroiwae*）の亜種の記載や、ミヤコヒバァ（*Hebius concelarus*）の独立種としての再認識（ただし、当時適用されていた学名は *Amphiesma concelarum*）などが挙げられる。クロイワトカゲモドキについては、1994年に包括的な亜種分類の再検討が行われ、その結果、沖縄島近くの小島である伊平屋島の個体群が新亜種イヘヤトカゲモドキ（*G. k. toyamai*）として記載され、さらに久米島の個体群は独立の亜種クメトカゲモドキ（*G. k. yamashinae*）として再記載された（Grismer et al. 1994）。この研究の結果認識された2亜種はいずれも単一の小島に固有であり、分布面積は 15 km^2 以下と見積もられたことから、存続に当たっての危急度が高いと評価された（イヘヤトカゲモドキは CR、クメトカゲモドキは EN）。またこうした再分類の結果、それまで伊平屋島や久米島の個体群を含むとされていたマダラトカゲモドキ（*G. k. orientalis*）も、実際の分布が沖縄島近くの4つの島嶼に限られることとなり、EN とされた。

一方、ミヤコヒバァは、長らく分類学的独立性の不明確な、広域分布種ガラスヒバァ（*H. pryeri*；当時 *A. pryeri*）の宮古諸島産個体群と位置づけられてきたが（たとえば中村・上野 1963）、当該レッドリスト改訂の直前になって外部形態や染色体の形に独自の特徴をもつ宮古諸島の固有種であることが明らかにされた（Ota & Iwanaga 1997）。そして、種として見た場合、分布面積が限られ生息密度も比較的低いと判断されることから、VU として 2000 年版レッドデータブックに加えられたのである。

(2) の例としては、ヨナグニシュウダ（*Elaphe carinata yonaguniensis*）やミヤラヒメヘビ（*Calamaria pavimentata miyarai*）などのレッドデータブックへ

の追加・掲載が挙げられる。これらの亜種は、与那国島という単一の小島に分布が限られているものの、とくにヨナグニシュウダは島内で比較的普通に見られるため、1991年版レッドデータブックでは取り上げられていなかった。しかし、2000年版が採用した定量的な新基準を当てはめると、まず生息面積が限られ（30 km^2 未満）、さらに少なくとも1980年代以降、森林伐採や農地造成事業によって生息環境の悪化や生息面積の縮小が進んでいると推定されることから、今後わずかな環境の人為的改変などでも短期間で存続の危機が生じることが懸念される。おもにこのような理由から2000年版レッドデータブックでは、両種はともにVUと評価された。

（3）の例としては、オキナワキノボリトカゲ（*Japalura polygonata polygonata*；ただし当時の使用和名はキノボリトカゲ）やアカウミガメが挙げられる。オキナワキノボリトカゲは1980年代の半ばころまでは、沖縄諸島や奄美諸島の多くの島嶼でごく普通に見られた。当時このトカゲがレッドデータブックの対象になろうとは、誰も思わなかったであろう。しかしその後、そのエキゾチックな容姿が災いしてペットとしての人気が上昇し、その結果生じた商業ベースでの乱獲により、個体数が激減してしまった。たとえば久米島では、1980年代半ばから1990年代末までの十数年の間に、見かけ上これといった変化のない林における生息密度が、約1/8にまで低下してしまい（環境庁 2000）、沖縄島でも（定量的な資料はないものの）、とくに中・南部での生息密度の急激な低下は誰の目にも明らかで、こうした理由から2000年版レッドデータブックではVUと評価された。

一方、日本の海岸が西太平洋で唯一の産卵場となっているアカウミガメも、上陸・産卵個体数の減少が強く懸念される状況となり（詳しくは第**16**章参照）、たとえばSato *et al.*（1997）は、本種の産卵場として有名な和歌山県の千里浜で、繁殖期における一晩あたりの産卵雌数の平均値が、1990年から1995年にかけて毎年降下し、6年で当初の1/3にまで落ち込んだことを報告している。そのため1991年版レッドデータブックではRとされていたアカウミガメが、2000年版ではVUとして絶滅危惧種の仲間入りをしてしまった。なおSato *et al.*（1997）は、こうした産卵個体数の落ち込みが、沿岸漁業での混獲に伴うアカウミガメの減少を反映しているのではないかと懸念している。このほか沖縄島やその周辺島嶼における調査結果からは、産卵浜周辺における人間の活動が、さまざまな形でアカウミガメの上陸・産卵に好ましくない影響を及ぼしている

ことが示唆されている（Kikukawa *et al.* 1998, 1999）。

15-3　最新版（2014年版）のレッドデータブックの内容と今後の課題

　環境省（2001年より環境庁改め）は1997年と2000年のレッドデータブック改訂の後もそれぞれの改訂を重ね、2012年にレッドリスト、2014年にはレッドデータブックの最新版が公表されている（表 **15-1** 参照）。この最新版レッドデータブックでは、36種・亜種（この時点での日本に分布する爬虫類の全種・亜種の37%）がCR（4種）、EN（9種）、VU（23種）のいずれかと評価され、上で扱った2000年版レッドデータブックに比べ、絶滅危惧種と判定される種（すなわちVU以上の種）の数も、また評価・判定の時点で認識されている日本産全種・亜種数に占める割合も、さらに増加してしまっている（松井 2014）。その理由としては、やはり上述の（1）、（2）、（3）が当てはまる。特筆すべきは1997年のレッドリスト、2000年のレッドデータブックの時点ではNTとしてさえ掲載対象でなかったミヤコカナヘビ（*Takydromus toyamai*）のCRとしての掲載で、これなどは近年の外来性捕食者（イタチ、クジャク）の影響や生息に適した草地の縮小の影響と考えられる。

　ここからは、上で述べてきたようなこれまでのレッドデータブックの改訂が示唆する問題点を中心に、今後、日本の爬虫類相の保全を進めるにあたって必要となる調査研究の課題について検討してみよう。主要な課題としては、大きく3種類が考えられる。すなわち（i）各分類群の分類学的、系統地理学的な解析に基づく保全の対象となるべき分類群、個体群の検出、（ii）個体数や分布範囲とその経時変化の定量的な把握、（iii）さまざまな人為操作が爬虫類の個体群に及ぼす影響の把握、である。

　（i）の必要性は、ここ20年ほどの分類学的研究の進歩が、レッドデータブックの改訂に与えた影響を見れば明らかである（Ota 2000b；環境省 2008, 2014）。日本産爬虫類の分類には、依然多くの問題が残されており、多くの種や亜種、遺伝的に特化した個体群が適正に認識されないままになっていると憂慮される。たとえば、ミトコンドリアDNAの塩基配列の変異を手掛かりとした個体群分類学的な研究からは、中琉球の固有種クロイワトカゲモドキの現行の亜種分類が、遺伝的に分化した集団をとらえきれていない大ざっぱなものであり、基亜種（クロイワトカゲモドキ）や別亜種（マダラトカゲモドキ）を分

割、再定義する必要性のあることが強く示唆された（Ota *et al*. 1999；Honda *et al*. 2014）。また、明確に生殖的に隔離され、遺伝的分化の進んでいる種の間でさえ形態的な分化に乏しいトカゲ属（*Plestiodon*）では、これまで存在の知られていなかった隠蔽種の発見や、個体群の種同定の誤りの発覚がごく最近でも続いている（Kurita & Hikida 2014a, 2014b；Okamoto & Hikida 2012）。今後、とくに生化学的、分子遺伝学的手法を適切に取り入れた日本産爬虫類の分類学的な研究がさらに進むとともに、保全の対象となるべき進化に重要な単位（evolutionary significant unit；Moritz 1994, 1995）がより詳細に検出され、明示されることが強く望まれる。

　（ii）は、上でも述べたように種や亜種、地域個体群の危急度を評価する際に必要不可欠である。しかしながらたとえば、現在の個体数ないし近年の個体数の変動について多少なりとも推定値が示されているのは、2000年版、最新版のレッドデータブックに掲載されている種・亜種・個体群のうちでもキクザトサワヘビ（*Opisthotropis kikuzatoi*）、アオウミガメ（*Chelonia mydas*）、アカウミガメ、キノボリトカゲ各亜種の一部の個体群、およびオカダトカゲ（*Plestiodon laticscutatus*）の三宅島個体群（LP）のみである。一方、分布範囲やその経時変化に関しても、多くの種や亜種で定量的な資料が欠落している（環境庁 2000；環境省 2014）。このような現在の状況では、いかに理論的な優れた手法が危急度の評価、絶滅確率の推定に取り入れられても、"定量的、客観的な評価"という理想と、"基準の曖昧な、研究者個々人の判断への依存"という現実のギャップが拡がるだけである。今後、とくに最新版のレッドデータブック中で高い危急度（CRやEN）に位置づけられた種を中心に、標識再捕獲法やセンサス法などによる個体群サイズや分布範囲の推定、こうした調査を一定間隔で反復することによるこれらのパラメータの経時変化の把握、さらには得られた結果を総合することによる、個々の種・亜種・個体群に対する危急度の再評価が、強く望まれる。

　（iii）で問題となる、爬虫類の個体群の存続に影響を及ぼす人為操作としては、物理的なハビタットの破壊、商取引を目的とした野生個体の大量捕獲、外部からの生物の人為的な移入などが考えられる。このうち物理的なハビタット、たとえば林床の湿潤な自然度の高い森林や低湿地などの破壊は、レッドデータブック掲載種・亜種の多くが生息する琉球列島でとくに顕著であり（Ota 2000b）、保全対策の土台となる具体的な因果関係の解明・評価が急がれる。

15. 爬虫類の保全（太田英利・当山昌直）

商取引については、種・亜種・個体群ごとの年間取引頭数や大規模な捕獲にさらされた個体群の回復状況に関する調査が、是非とも必要である。また、これは純粋な保全生物学の領域の問題ではないものも含まれるかも知れないが、国や県による文化財（天然記念物）保護法や条例、種の保存法の指定種、ワシントン条約の附属書掲載種など（たとえば、ヤエヤマセマルハコガメ *Cuora flavomarginata evelynae*、リュウキュウヤマガメ *Geoemyda japonica*、ニホンイシガメ *Mauremys japonica*、クロイワトカゲモドキ各亜種 *Goniurosaurus kuroiwae* subspp.、オビトカゲモドキ *G. splendens* ［ここで従来のクロイワトカゲモドキの亜種から、独立種へと扱いを変更；Honda *et al.* 2014］、キクザトサワヘビなど）や、市町村の環境保護、野生生物の保全を目的とした条例による、取扱いに事前の許可取得が必要な種（たとえば、沖縄県宮古島市のミヤコトカゲ *Emoia atrocostata*、ミヤコカナヘビ、ミヤコヒメヘビ *Calamaria pfefferi* などや、鹿児島県十島村の在来の爬虫類全種）の違法な捕獲、商取引の実態（捕獲個体数、流通経路など）の十分な解明と取り締まりも急務である。

爬虫類の保全における外来生物の問題は、影響の性質に基づいて、大きく（a）外部から捕食者や競争相手が人為的に持ち込まれた結果、在来の爬虫類の個体群が生態的圧力にさらされて減少・消滅する場合、および（b）外部から近縁種や、分類学的には同種とされているものの、遺伝的に多少なりとも違いのある他地域の個体群の個体が人為的に持ち込まれた結果、在来個体群に生じていた遺伝的独自性が、外来種や外来個体群からの遺伝浸透を通して失われる場合、とに分けられる（当山 1997）。このうち（a）の例としては、本来生息していなかったイタチの人為的導入に伴う、琉球列島や伊豆諸島のいくつかの島嶼における、トカゲ類、ヘビ類個体群の縮小・消滅（太田 1996；太田ら 2004；Hasegawa 1999；Nakamura *et al.* 2013）、さらには分布の限られていた分類群の絶滅（Nakamura *et al.* 2014；中村 2016）が報じられ、あるいは強く示唆されている。競争力の強いグリーンアノール（*Anolis carolinensis*）の侵入・増加に伴う、小笠原諸島におけるオガサワラトカゲ（*Cryptoblepharus nigropunctatus*）個体群の縮小（Suzuki & Nagoshi 1999）も、このような例の一つといえよう。こうした事例のいくつかについては、ある程度経時変化についての情報・データが集積されており（上掲の文献参照）、今後、保全生物学的な観点から社会や行政に対し警鐘を鳴らす土台となることが期待される。

これに対し（b）の関係としては現実に、日本本土や周辺離島で、ニホンイ

シガメ（日本固有種）とクサガメ（*M. reevesii*：江戸期ないしそれ以前の古い外来種。疋田・鈴木 2010；Suzuki *et al.* 2011）、ヤクヤモリ（*Gekko yakuensis*：日本固有種）とミナミヤモリ（*G. hokouensis*：少なくとも南九州、大隅の個体群には外来のものが含まれると思われる。Toda & Hikida 2011）、タワヤモリ（*G. tawaensis*：日本固有種）とニホンヤモリ（*G. japonicus*：古い外来種の可能性あり。太田 未公表資料）それぞれの組みあわせでの雑種第一代やそれ以上の戻し交雑個体の出現が報告されており、とくにヤクヤモリとミナミヤモリの組みあわせでは、遺伝浸透が進行してハイブリッドスウォームの状態となった個体群まで報告されている（Suzuki *et al.* 2014；Toda *et al.* 2001a, 2005；太田 2015）。琉球列島でも、たとえば沖縄島でのハブ（*Protobothrops flavoviridis*：在来種）とサキシマハブ（*P. elegans*：外来種）やタイワンハブ（*P. mucrosquamatus*：外来種）、リュウキュウヤマガメ（在来種）とセマルハコガメ（外来種）やミナミイシガメ（*M. mutica*：外来種）の雑種第一代と思われる個体（口絵 i 頁参照）の出現が報じられている（大谷 1995；勝連ら 1996；太田 2015）。

　なお、関連して爬虫類の保全対策、とくに希少種の意図的導入・再導入、あるいは域外繁殖などの方策を実施するに当たっては、個体群の遺伝的分化が、必ずしも形態的分化を伴わない場合のあることを十分念頭に置く必要がある。たとえば、形態のみに基づく分類では同一亜種とされてきた沖縄島北部と南部のクロイワトカゲモドキ個体群は、DNA の塩基配列においては明瞭に分化している（Ota *et al.* 1999；Honda *et al.* 2014）。同様に長い間、単一種として扱われてきたミナミヤモリやアオカナヘビ（*T. smaragdinus*）個体群を、近年、生化学的、分子系統学的手法で再検討したところ、隠蔽種（それぞれオキナワヤモリ *Gekko* sp.、ミヤコカナヘビ）が含まれ、しかもそれらは実際には遺伝的にとくに近縁ですらなかった（Toda *et al.* 2001b；Ota *et al.* 2005）。さらに、台湾や中国大陸南東部のスッポン個体群と日本本土のスッポン個体群との間には、酵素タンパク質支配遺伝子座の遺伝子型に、比較的明瞭な差異のあることが明らかにされている（Sato & Ota 1999）。こうした事例は今後、希少種、絶滅危惧種の保全に取り組む際には、形態学的手法だけでなく遺伝学的手法も併用して、扱う対象の変異や分類学的地位をより詳細に把握し、検討を進める必要があることを示している。

　外来種の問題、そして同種とされる地域個体群間での遺伝的分化の問題は、爬虫類を含む在来の生物多様性の保全を進める上で避けて通れない、今日的な

15. 爬虫類の保全（太田英利・当山昌直）

要対応課題といえる。今後この問題に取組む研究者は、単に個々の事例を掘り下げるだけでなく、一般社会への知識の普及をはじめとした啓蒙活動の展開においても、重責を担わなければなるまい。研究で得られた知見の社会への還元は、保全生物学に関わる研究者に課せられた責務なのである。

16. ウミガメ類の研究の現状と保全

亀崎直樹

16-1 はじめに

　ウミガメ類とは海に生息するカメ目の総称であり、現在では 2 科 6 属 7 種に分類されている（Spotila 2004）。ウミガメ類は海洋に生息する動物であるにもかかわらず、繁殖の際には雌が砂浜に上陸したり、大洋を広く回遊するという特性も手伝って、古くから人々の興味を引きつけ、その研究も活発である。

　ウミガメが生物学者の手によって研究対象になったのは、分類学の父と言われ、かの二名法を生んだリンネに遡る。種名の変遷はあるものの、現生のアカウミガメ（*Caretta caretta* ［Linnaeus 1758］）、アオウミガメ（*Chelonia mydas* ［Linnaeus 1758］）、タイマイ（*Eretmochelys imbricata* ［Linnaeus 1766］）の 3 種を記載したのは、そのリンネである。ウミガメの生息地の中心とはいえないヨーロッパでさえも、大航海時代に南方から持ち帰られたり、海岸に漂着した個体に起因するのか、ウミガメはとくに興味を引く動物であったことが窺われる。その後、世界各地でウミガメ類の形態学的、あるいは分類学的な記載が行われるが、生態の研究が始まるのは 1960 年代に入ってからになる。その中でも傑出しているのは、フロリダ半島や中米で行われたカーによる調査（Carr & Carr 1970）、オーストラリアで行われたバスタードによる調査（Bustard 1972）である。これらの生態調査は、砂浜に産卵に上陸する雌ガメ、産下された卵やその胚、さらには孵化してくる幼体に対しても行われた。その手法は標識をつけて、とにかく観察するものであり、雌の繁殖生態や胚発生などの知見が 1990 年代までに蓄積された。ところが、砂浜での調査は、繁殖に来る雌と胚、さらには孵化直後の幼体に限られており、それ以外の生活段階や雄の成体については、飼育個体での研究を除いて、着手することが難しかった。その中で、海で生活するウミガメについての調査・研究が、漁業活動における混獲個体を用いたり、ダイビングで捕獲することによって 1990 年代より、プエルトリコ（Diez & van Dam 2003）などいくつかの場所で行われるようになった。

このような経過を経て、1990年代に入ると、最先端技術がウミガメの生態研究に応用されるようになる。代表的な技術の一つは人工衛星による個体の追跡技術であり、もう一つはDNA解析である。この二つの技術が2000年以降急速に発達して、個体の移動や系統関係への議論に及んでいる。ここではウミガメ類研究の現状を分野別に紹介し、とくに日本に関係する話題に関して併記し、今後のウミガメ研究について展望したい。

16-2　分類・系統

主要な文献によれば、現生のウミガメ類は2科6属7種に分類される。しかし、現在でもいくつかの問題が解決されないまま残されている。その最大の理由は、ウミガメ類の比較形態学的研究が遅れていることにある。形態を研究するには標本が必要となるが、ウミガメの場合はその個体サイズが大きく、標本の保存が難しい。さらに、ワシントン条約によって標本の二国間の移動が制限されており、多くの地域の標本を集め比較することが困難なことも研究遅滞の一因となっている。

この分野の未解決な問題として、アオウミガメ属（*Chelonia*）の東太平洋の中央アメリカからガラパゴス諸島に生息する個体群を独立種とみなすかどうかの議論がある（Zug 1996）。この海域に生息するアオウミガメは、背甲の形がややハート形に近く、腹面の色彩が普通のアオウミガメよりも黒いことなどから、*C. agassizzi*（クロウミガメ）という独立種とする研究者も存在する。クロウミガメは1868年にグアテマラ産の標本を基に記載された種である（Bocourt 1868）。しかし、その後、本種の形態などの独自性を記載した論文は存在せず、分類学的手続き上の理由から独立種とするのには問題が多い。ただし、近年になってこの問題に関する形態学、分子系統学的研究が行われているので紹介したい。

東太平洋のアオウミガメが独特な形態をもつことは多くの研究者が認めるところであるが、形態の定量的比較は行われてこなかった。そのような状況の中、Kamezaki & Matsui（1995）は各地の博物館に比較的多く保管されているアオウミガメの頭骨に注目し、東太平洋のガラパゴスを含む世界6か所産の計量形質を多変量解析法を用いて比較した。その結果、確かにガラパゴス産、すなわちクロウミガメとされている集団は、他の集団とは異なっていることが

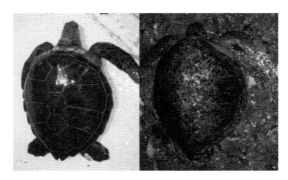

図16-1　分類学的関係が議論されているアオウミガメ(左)とクロウミガメ(右)

明らかになった。さらに、日本産アオウミガメの全身の計量形質を分析したOkamoto & Kamezaki（2014）は、形態で明らかに分かれる2つのタイプがあるとし、腹甲が黒く、背甲の形がハート形のタイプが *Chelonia agassizii* ではないかとしている（図 **16-1**）。これは、クロウミガメを形態学的に独立種とする考え方を鮮明にするとともに、東太平洋に産するクロウミガメが西太平洋に来遊することを示唆したものである。

　一方、ガラパゴスを含む世界15産地のアオウミガメのmtDNA（Bowen *et al.* 1992）とnDNA（Karl *et al.* 1992）を解析した結果は、クロウミガメとされる個体群は他のアオウミガメの集団から独自に分化したものではなく、太平洋のアオウミガメの一群を形成するに過ぎないことを示唆している。このように、分子生物学的にはクロウミガメの独自性が支持されない状況において、前述したように形態はその独自性を示していることから、クロウミガメはアオウミガメの太平洋の集団の中で、相対的に新しい年代になって急速に形態を分化させたグループとみなすことができる。

　ウミガメ類は世界の大洋に分布を拡げている動物群であることから、クロウミガメのように顕著な差はないものの、遺伝的な隔離が起こりその形態に地理的変異を生じていても不思議ではない。とくに、ウミガメ類のうちの5種はインド－太平洋と大西洋の両方の大洋に分布を拡げているが、その間には不完全ではあるが地理的隔離がある。しかし、前述の理由から形態学的な比較はほとんど行われていない。今後、分子系統に形態を加えた議論が展開されると、ウミガメ科の系統分類は大きく書き直される可能性も残っている。ただし、近年

の系統分類学における分子生物学の寄与は目覚ましいが、分子では支持されないが形態は独自性を示すタクサ、あるいはその逆のタクサの扱いは、ウミガメ類だけではなく、すべての生物の系統分類学上の問題である。この問題は、今後の分類学の大きなテーマであろう。

16-3　発生、とくに温度依存性決定について

　ウミガメ類は砂浜に100個以上の卵を同時に産み、かつ、その卵も大きく扱いやすいことから、かつては胚発生の研究に利用されてきた。それらの研究は、環境要因が発生に与える影響の解析と、胚発生のしくみの解明の2分野に大別できる。

　環境要因が発生や孵化に与える影響については、保護の見地から実施された研究が多く、温度、酸素濃度、砂質などについての研究が進んでいる（Ackerman 1997）。なかでも、温度は温度依存性決定（TSD：Thermal dependance of Sex Determination。第2章も参照）との関係もあり、詳細に研究されている。TSDは1980年ころにワニ類やウミガメ類で初めて確認された後、その不安定な性決定システムが自然界のウミガメの性比に及ぼす影響に興味がもたれ、各地で孵化幼体の性比が調べられた（Wibbels 2003）。また、索餌海域に生息するウミガメを捕獲してその性を調べる研究も行われている（Limpus & Reed 1985）。孵化幼体や索餌海域に生息する個体の性比は、多くの場所で雌に偏っているが、これがウミガメ類の種族維持に何らかの適応的な意義をもつのかは未だに明らかにされていない。また、気候変動によって性比が変化する可能性もあることから、その影響を推定する試みもなされるようになった（Santidrian et al. 2015）。

　一方、ウミガメ類の卵は古くから脊椎動物の胚発生の研究に用いられ、その発生段階図もMiller（1985）によって完成された。また、日本でも脊椎動物の眼窩領域の発生に関する研究の材料としてアカウミガメの胚が用いられている（Kuratani 1987）。また、カメの体制はその甲羅に代表されるように特徴的であり、ウミガメ類の胚を用いた分子レベルの個体発生の研究も今後行われることが予想される。

16-4　行動・生態

　ウミガメの行動・生態の研究は、砂浜に上陸して産卵する雌を対象に始まった（Carr & Caldwell 1956）。しかし、産卵行動を正確に分析する研究は意外と少なく、Hailman & Elowson（1992）によってエソグラムが作成されたに過ぎない。また、その産卵行動について、産卵場所や産卵痕跡の形態が種によって異なるといわれているが、定量・定性的な比較がとくに行われたわけではない。

　一方、産卵する砂浜の環境特性を明らかにしようとする研究は古くから行われてきた（Mortimer 1990）。日本でも沖縄島での研究例があり、砂浜の硬さなどが産卵場所選択の重要な要因になるとされている（Kikukawa *et al.* 1999）。しかし、雌が何を認識して上陸する砂浜を決めているかを明らかにした研究はない。また、雌は産まれた砂浜に回帰（母浜回帰）して産卵するという考えもある。北太平洋のアカウミガメの産卵場所は南日本にしかないことを考慮すると、南日本に回帰するといった広義の母浜回帰は存在するとは思われるが、回帰がどの程度厳密に行われるかは今後の研究に委ねられている。

　ウミガメの移動は、標識再捕獲法と人工衛星による追跡によって研究されているが、多くの個体に装着できることや予算的な理由で前者はよく行われる方法である。日本でも産卵したアカウミガメやアオウミガメに標識が装着されている。その結果、日本で産卵したアカウミガメは、水温が低下する秋までは日本の沿岸にとどまるが、冬季には東シナ海に回遊する個体や、中にはフィリピンやベトナムに回遊する個体がいることが明らかになっている（亀崎ら 1997）。また、小笠原諸島で産卵したアオウミガメは日本本土の沿岸で再捕獲されることから、日本沿岸が索餌海域となっていることがわかった（立川・佐々木 1990）。

　しかし、人工衛星で追跡すると日本で産卵したアカウミガメは必ずしも東シナ海に回遊するわけでなく、日本の南方の太平洋を回遊する個体も存在しており（Hatase *et al.* 2002；図 **16-2**）、発見場所に偏りがあるという標識再捕獲法の弱点を表出させた。一方、人工衛星追跡は発信機の電池に寿命があり、現段階では長期の追跡ができない。今後、移動に関しての研究は両者の手法に、ときには安定同位体なども併用しながら行われていくであろう。

　孵化後の幼体の行動や分散についても古くから研究対象になっている。幼体の光走性によって海に向かうことや（Witherington & Bjorndal 1991）、海に入

16. ウミガメ類の研究の現状と保全 (亀崎直樹)

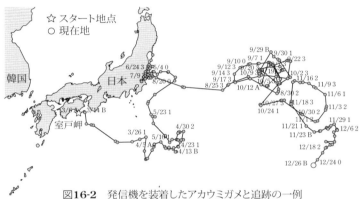

図16-2　発信機を装着したアカウミガメと追跡の一例

ってからは波と地磁気をうまく利用して泳ぐ方向を決めていることも実験から明らかにされた (Lohmann & Lohmann 2003)。これらの研究は、海洋に分散するしくみを明らかにし、さらに海岸に設置する灯火の波長をコントロールすることで孵化幼体の自然な分散を確保するなど、保全対策にも応用されている。

幼体の成長過程に関する研究はまだ十分ではない。日本のアカウミガメにおいても同様で、孵化幼体は北太平洋やメキシコの沖合 (Ramirez et al. 1991) で成長すると考えられ、それを mtDNA の解析が支持している (Bowen et al. 1995) ものの詳細は定かではない。逆に、メキシコで放流した成体に近い個体が四国で発見された例 (Resendiz et al. 1998) や、メキシコから日本までの回遊経路を人工衛星で追跡した例 (Nichols et al. 2000) があり、さらに Ishihara et al. (2011) は四国沿岸を来遊するアカウミガメの甲長を分析し、この種が未成熟の段階で日本沿岸に回帰することを明らかにした。これらの知見は、北

太平洋のアカウミガメの壮大な生活史を想起させ、実際にその移動に関してもモデルがつくられているが（Abecassis *et al.* 2013）、今後はさらに、その間の生態を明らかにする研究が期待される。

　一方、さまざまな計測記録機器（ロガー）が開発され、ウミガメの行動の詳細が解明されるようになった。深度記録計により、長い間興味の対象であったウミガメ類の潜水深度や潜水時間も明らかになってきた（Lutcavage & Lutz 1997）。日本でもロガーを装着し、潜水様式を明らかにした研究も多い（Narazaki *et al.* 2006）。このように計器を個体に装着することによって個体の行動を解析する技術は、今後の計測機器の開発に依存しているといえ、将来はさらに詳細な行動や生理状態を明らかにするであろう。

　遺伝子を用いてウミガメ類の行動・生態を明らかにする研究も2000年以降、多く行われるようになった（Bowen & Karl 2007）。とくに、mtDNAのハプロタイプを利用して、出生地を特定しようとする研究が行われている。しかし、これを可能にするには、ウミガメは生まれた場所で産卵するとする母浜回帰仮説を認めた上で、すべての産卵地の遺伝子型を明らかにし、その違いを認識する必要があるが、現段階ではそれが不十分なまま出生地を議論する傾向がある。また、種内の系統関係を議論するのにmtDNAを用いることが多いが、母系遺伝するmtDNAで推定された系統関係はウミガメの場合、母浜回帰する雌集団の系統関係に過ぎない可能性が高いことを認識する必要がある。回遊能力の高いウミガメ類の雄は、広範な海域で交尾行動を行い、広範に核の遺伝子を交流させている可能性が高い。すると、個体群間に遺伝的な分化が起こりにくい。それが、同一の形態をもった種が世界的に分布していることに関係すると思われる。今後、DNAがウミガメ類の生態や系統に大きく寄与することは間違いないが、ウミガメの場合、mtDNAとnDNAは異なった系譜を示すことを十分理解した上で議論を行う必要がある。

　また、意外にも研究されていないのがウミガメの摂餌生態である。胃内容物などの断片的な報告があるが、体系的な研究は少ない。その中で、アオウミガメとタイマイについては、前者は草食性、後者はカイメン食性であることがわかり、その栄養学的研究も行われている（Bjorndal 1997）。ウミガメ類は生活史において漂流生活期から定着期にその生活を変化させるが、それとともに摂餌生態も変化すると考えられる。また、筆者はタイマイやアカウミガメの成長速度や個体群の減少が、その餌生物の資源量の影響を受けているとの仮説の下

にデータを集めつつあるが、ウミガメ類の摂餌生態の研究は、その保護とも密接に関係しており、今後の重要な課題である。

16-5 日本近海のウミガメ類の現状

関東以南の南日本の砂浜にはアカウミガメの産卵が行われ、南西諸島ではさらにアオウミガメ、タイマイが産卵する。また、南日本沿岸から南西諸島にかけての浅海は草食性のアオウミガメの若齢期の索餌海域となっており、南西諸島のサンゴ礁海域はカイメンを専食するタイマイの索餌海域となっている。アカウミガメはさほど浅海に近づかないが、季節によって移動しながら沿岸を索餌回遊している。ヒメウミガメとオサガメは偶発的に日本の沿岸に接近し発見されることがある。

以下、種別に日本での現況を紹介するとともに、日本にとって今後必要となる研究についても私見を述べたい。

16-5-1 アカウミガメ

アカウミガメは関東から八重山諸島にかけての南日本の砂浜に産卵する。産卵回数がもっとも多く産卵地の中心を形成しているのは、屋久島から宮崎にかけての南九州であり、日本の総産卵回数の60〜70％を占める。産卵期は南の地域で早い傾向があるが、一般に5月中旬から下旬にかけて開始され、6〜7月にピークを迎え、8月には産卵回数も減少し、南の産卵地から繁殖期は終わりに向かう。1シーズン中に1〜5回の産卵を行い、1回に平均112.5 ± 23.8個の卵を産む。このように産卵に関するパラメーターは随分と明らかにはなっているが、前述したように、北太平洋を広く利用した生活史は今後さらなる研究が必要であろう。

アカウミガメの個体群サイズの歴史的な変化は、日本各地の市民による調査活動で残されてきた上陸や産卵回数の変動記録から窺うことができる (Kamezaki et al. 2003)。日本のデータは、北太平洋の本種の産卵の大部分を長期にわたり網羅したものであり、また産卵地間で変動傾向が似ていることから、北太平洋のアカウミガメの個体群サイズの変化をある程度示しているものと考えられる。その中で、現在と1970年代（1971〜1980年）の産卵回数が比較できる徳島県日和佐の記録によると、1971〜1980年の10年間の産卵回

数は1037回であったが、1998〜2007年の10年間では180回に減少した。このように1981年以降、日本で産卵するアカウミガメは減少したといえる。一方、1990年以降は各地の産卵地で市民によるモニタリングが実施されるようになり、産卵回数の変動が追跡されている（亀崎2012）。それによると、1990年から1997年にかけて日本全体の産卵回数は急激に減少するが、それ以降、屋久島や宮崎の産卵は急速に増加し、2010年には1990年ころよりもさらに多くの産卵が確認されるようになった。

　ここで再考すべきことは、ウミガメの産卵回数の変化はウミガメの個体群サイズの変化を反映しているか、ということである。研究例はないが、ウミガメは寿命が長い動物であり、繁殖を続ける期間も短くはない。そのような動物の個体群サイズが毎年変化するとは考えにくく、何か別の要因で産卵するシーズンと、しないシーズンがあると考えられる。すなわち、産卵回数は、個体群サイズに産卵を左右する何らかの要因が加味されたものであり、そこにウミガメ類の繁殖戦略に関する面白いテーマが存在するかもしれない。

16-5-2　アオウミガメ

　アオウミガメは屋久島以南の南西諸島と小笠原諸島で産卵する。小笠原諸島は古くからアオウミガメの産卵する場所として知られており、また、ヒトはそれを食糧資源として利用してきた歴史がある。その漁獲統計が1880年以来残されており（菅沼1994）、世界的にみても長期にわたる個体群変動の記録として特筆される。それによると、統計を取り始めた1880年には1852個体の漁獲があったが、1910年ころには数百個体にまで落ち込んだ。しかし、1980年以降は産卵巣数が増加しており、個体群サイズの増大を窺わせている。このように、古くからの記録が蓄積されている小笠原諸島での保護と利用の実態は、今後のアオウミガメの個体数管理に重要な知見をもたらすものである。

　アオウミガメの産卵地は南西諸島や小笠原諸島だけでなく、太平洋の熱帯海域のおもな島嶼にも拡がっている。それらの産卵地と日本の産卵地の個体群間の系統関係や、本州、四国、九州の沿岸で索餌している未成熟個体の出生地に関しては、mtDNAを用いた研究が行われるようになっており（Hamabata *et al.* 2015）、南西諸島と小笠原諸島で生まれた個体の区別が可能となっている。今後は太平洋全域における産卵地と索餌海域の解明が期待される。

　日本では、アカウミガメの生活史の解明に関する研究が盛んに行われている

が、アオウミガメの生活史に関する研究は少ない。すなわち、孵化後の生育場所やその移動について、まったく明らかにされていない。これはアカウミガメの産卵地が特定の場所に限られているのに対して、アオウミガメの産卵地は熱帯海域に数多く分布しており、個体とその出生地との関係を特定できないことに起因する。アオウミガメの産卵地は黒潮流軸の南東側に存在していることから、孵化幼体の分散様式はアカウミガメとは異なっていることが予想される。今後のアオウミガメの生活史の解明も重要で興味深いテーマである。

16-5-3 タイマイ

赤道に近いサンゴ礁海域を生息地とするタイマイは、宮脇（1981）によって初めて八重山諸島黒島で産卵が記録されて以来、西表島、石垣島、黒島、多良間島、宮古島、座間味島、沖縄島、加計呂間島でも産卵が確認されている。ただし、その数は南西諸島全域でも年10回以下で、アカウミガメやアオウミガメに比較すると少ない。ただし、奄美大島以南のサンゴ礁海域には本種の未成熟個体が多く生息しているが、それらはより南の別の産卵地で生まれたものと考えられる。しかし、それがどこであり、どのようにして南西諸島にやってきて、その後、どこで繁殖するのかは、まったく明らかにされていない。

また、タイマイの餌はカイメンの特定の種であり（図16-3）、八重山諸島でも *Chondrilla* 属など数種のカイメンを食べていることが確認されている。しかし、餌となるカイメンは岩陰にわずかに生息する種であることから、タイマイは餌条件の良くない環境で生育していると考えられる。タイマイとこれらのカイメンとの関係の今後の研究は、保全生態学的な視点からも興味深い。

図16-3 サンゴ礁で餌のカイメンを探すタイマイ
（モルジブにて）

16-5-4　そ の 他

オサガメとヒメウミガメは日本に産卵場をもたないが、漁業でまれに混獲され、また、海岸で漂着死体が打ちあがることがある。日本での記録と遺伝子試料を残すことは、これらの種の研究にとって重要となるであろう。また、偶発的であるとは考えられるが、オサガメが奄美大島で産卵したことがあり（Kamezaki *et al.* 2002）、今後もこの2種が日本で産卵しないとも限らない。

16-6　ウミガメ類の保護

ウミガメ類は情報不足とされているヒラタウミガメを除く6種すべてがIUCN（国際自然保護連合）のレッドリスト（IUCN 2012）に絶滅寸前（CR）あるいは絶滅危機（EN）として掲載されている。また、環境省のレッドリストでもアカウミガメとタイマイは絶滅危惧ⅠB類、アオウミガメは絶滅危惧Ⅱ類にされており、その保護の必要性は高い（第15章参照）。保護に関する議論は活発に行われてきたが、現段階では、砂浜に産み落とされた卵と胚の保護、産卵場となる砂浜およびその周辺環境の保全、そして漁業活動による偶発的な事故死の防止の三つが重要とされている。

　卵あるいは発生途中の胚は、ヒトによる採取が減少した現在、イノシシなど増加した野生動物による食害を被っているが、その実態は明らかにされていない。また、産卵場から砂が減少することで、発生途中の胚が波の影響を受けやすくなり、冠水死することも多くなっているが、その実態について科学的な研究は行われていない。また、日本の産卵場は次々と破壊されている。とくに問題なのは、護岸、砂浜周辺の港湾や離岸堤などの建設である。護岸はウミガメが産卵する植生帯を破壊してなされることが多いが、植生帯の消失は砂浜からの砂の飛散を招き、産卵環境を悪化させる。また、港湾や離岸堤などは、沿岸の潮流を変化させ、その結果、砂浜の砂を流失させる（亀崎 2003）。この問題を解決するために、動的な環境である砂浜を維持するしくみを解明する必要がある。九州、四国、本州で荒廃しつつある産卵場は、その環境を復元するための研究が必要である。

　また、漁業による事故死（混獲死）に関しては、米国政府がその対策に乗り出していたが、ようやく日本でも、定置網での混獲死を減らすための研究が始

まった（Tamura *et al.* 2014）。

　日本の海岸線には毎年多くのウミガメ類の死体が打ち上がる。たぶん、混獲死と考えられるこれらの個体から、その原因を探ることも必要であるし、また、それらを用いた生態研究を行うことも重要であろう。

　これからのウミガメ類の研究は、保全を念頭におきながら、さまざまな手法で実施されていくだろう。ただ、大学などで育つ研究者は、ウミガメと接する前に論文などからテーマを設定する。一方、産卵場でウミガメの産卵を観察したり、海中で個体を観察したりしている市民は、観察の中からさまざまな疑問を抱いている。広範囲に分布するウミガメ類の実態を明らかにするには、そのような、生活の中でウミガメと接している市民研究者から得られる情報の統合が不可欠である。そのためには、日本各地で活動している市民研究者が永続的にウミガメを観察する体制を維持することがもっとも重要だと考えている。そこに大学生など若い人材が一時的に加わり、ウミガメに関わるテーマを醸成し、将来の本格的な研究につなげていく体制が重要である。このように地域に根差してモニタリングを続ける人には、研究の調整から行政の対応までさまざまな問題が降りかかっており、その労力は多大である。研究者や行政は、地域でウミガメのモニタリングを支えている人をサポートしていくことが重要であるし、あるいはまた、社会科学的にその維持システムを研究することも重要であろう。

17. 爬虫類の飼育と繁殖

千石正一

17-1 はじめに

17-1-1 飼育とはどういうことか

　生け花を花器に活けておいてもしばらくは枯れない。しかし、それを植物の栽培とはいわない。ところが、動物の飼育の場合には、生け花のような行為を「飼育」と呼ぶらしい。とりわけ爬虫類は、生かしておくこと、単に個体の生命を維持させることが容易であるために、環境から切り離された単体の生残を飼育と呼んでいることが多い（図 17-1）。もちろん、個体の維持管理は飼育の第一歩ではあるが、爬虫類は耐久力と適応力（可変性）が高いために、そのこと自体はそう困難でない種類が少なくない。しかし、それは緩やかな死を迎えているだけであって、たとえ10年生きたところで、それは単に10年間死ななかったために過ぎなかったりする。

　下降する生でなく上昇する生を与えてやらねばいけないのだが、そういう正しい飼育は爬虫類の場合、容易とはいい難い。サボテンを枯らさせずにおくのは簡単だが、サボテンの花を咲かせ、さらに種子でも採ろうとしたら、かなりのハードタスクを課せられるのと同様である。

　飼育とは管理下におけるその動物の自然の再現なのだが（図 17-2）、野生

図17-1　ヘビの個別飼育ケース群

図17-2　ヘビの屋外養殖場

17. 爬虫類の飼育と繁殖（千石正一）

動物たる爬虫類は、その自然での暮らしがそうは解明されていないのが現状なのである。種の生物学を知ることと飼育は本来が一体であって、飼育を学として追求していけば、その種の実態の解明にもつながる。しかし残念ながら、現実には、飼育が、対象となった種の生物学的側面の解明に直結した例はあまりない。

健康に、正常に飼育がなされていれば、当然の如く繁殖が行われる。世代交代がなされてはじめて、その種の生活が飼育下で全うされたともいえよう。飼育管理下における繁殖（reproduction）を養殖（breeding）と呼ぶ。単に生かしておくレベルでは繁殖に至らないので、飼育の当面の目標は養殖におかねばならない。

17-1-2　なぜ飼うのか

日常生活において「なぜ食べるのか」と問う人は少ないだろう。空腹になるから無意識に食べるのだ。筆者は食について思いを巡らすことが平均的な人よりずっと多いが、それは4か月の間、まったく飲食できなかった経験と無関係ではない。しかし、そんなことがなくとも、「食」は生理学、医学、栄養学、調理学、経済学等々で分析され、学問的に捉えられ、関連の書物も多い。なぜ食べ、どう食べるべきかも、しばしば論じられる。ところが、"飼うこと"については正面からあまり論じられない。「飼育の本」というのはある。それらのほとんどが飼い方と飼育動物の紹介であり、飼育そのものを論じてはいない。飼育に携わる人々は、飼育を自明のものとみなしており、飼育そのものについて振り返ることはない。しかし、なぜ飼うのか、目的と意義を明らかにし、どのように飼うべきかの指針を示すことは、「食」についてと同様に、問い直されねばならない問題だろう。

世界最古のミイラ文明は南米先住民のものだが、筆者はコンゴウインコのミイラが副葬されているのを見たことがある。コンゴウインコにペット以外の役割は考えがたい。エジプトでは、ネコのミイラが多量に発見されており、後にヨーロッパ人が輸入して肥料に使ったりした。ネコは家畜であり、ネズミを駆除するといった実用上の目的もあったであろうが、現代のエジプト人のネコに対する態度をみても、愛玩の意味は大きかったろう。また、強い思い入れがなければ、ミイラにしたりはしないであろう。このように、経済的実用とは別の目的でペットを飼育するという文化はかなり古い。

また、ペットは生活に余裕があるからといって飼われるものではない。ガンジス川の川原で最底辺の生活をしている人々がペットのインコを飼っていた。それは、食事をするのと同様に必要なことだったのかもしれない。アメリカ合衆国がアフガニスタンに侵攻し、ただでさえ貧しい住民の生活が逼迫していったとき、売上げが急激に伸びた商売がある。ペットショップだ。「金魚1尾でいいから売って欲しい」と、新たにペットを望む客が増えたという。生活不安の中で、人は飼養動物に救いを求めるものらしい。

こういう心理と動機が深層にあるのでは、改めて「なぜ飼うのか」は問われず、自明のこととして処理されるのも理解できるが、かといって飼育が無限定に容認されるべきでもない。飼育それ自体は良いことでも悪いことでもないから、目的と、どう飼うべきか、正しい飼育の有り様について、もう少し追求されねばならない。

17-2　爬虫類の飼育をめぐる問題

17-2-1　飼育の目的と展開

飼育の目的を、ペット、経済的実利、研究、教育、保全に大別して、爬虫類の飼育を分析してみる。

野生動物たる爬虫類は、食用・薬用としてのダイヤモンドガメ（*Malaclemys terrapin*）やスッポン類、おもに皮革用のワニなどを除けば、普通の経済動物としての養殖は行われていない。

家庭で飼われるのは観賞用・愛玩用が主目的ということになるが、それならば他の分類群の生物で代用できるかというと、そうでもない。コンパニオン・アニマルとして爬虫類でなければならない例もある。カメにしか心を開かない自閉症があったりするのだ。完全にペット依存症に陥っている飼い主は、筆者もしばしば見聞きするほどだ。とりわけカメに感情移入しているケースが多い。感覚と精神世界が違いすぎるためか（ヒトは視覚、多くのヘビは嗅覚が主知覚である。ただし、最近、ヘビの一部がとくに餌認識においてほとんど嗅覚に頼らず、もっぱら視覚のみを使っている事例もいくつか報じられている）、ヘビには客観的に接する飼い主が多く見受けられる。聴覚があって話しかけたりすると反応のあるカメなどの方が親しく感じるのは当然だろうが、カメにはそれ以上に自閉症者を惹きつける何かがあるようである。

17. 爬虫類の飼育と繁殖（千石正一）

　動物園や水族館などの園館での飼育展示は、教育的な意味をもつべきだが、娯楽・見せ物的な要素が強く出ている園館も少なからず見受けられる。展示動物の種の選択からして、基本方針が疑われることがある。一般家庭での飼育には、飼育が技術的に困難、大型になったりしてスペースが必要、危険で扱いが難しい、稀少種である、といった種類は向かないし、飼うべきでもないが、その同じ理由で公共の園館では、一般家庭用にすべきでない種を飼うべきだろう。ところが現実には、見栄えがよい種の場合はともかくとして、飼うべき種が避けられ、家庭のペットとしての普通種が選ばれていることが少なくない。実際、現在の日本では、公共の園館で多く飼われているよりも遙かに多くの珍しい種類が、個人のコレクションに存在するであろう。望ましいことではないが。

　とりわけ日本の園館の展示種として不足していると思われるのは毒ヘビである。一般人の偏見を解き、正しい理解をしてもらうためにも、家庭飼育が制限されている毒ヘビを教育展示すべきなのだが、毒ヘビの展示はむしろ減るばかりだ。マムシやハブは身近でないだろうか。知ってもらわなくて構わない存在だろうか。

17-2-2　研究者と飼育者

　日常的に爬虫類との関わりが深い立場に、調査研究する爬虫類学者と、爬虫類飼育者とがいる。両者は情報を共有すべき部分も多く、提携するのが望ましかろうが、少なくとも現在ではむしろ対立面の方が目立つ。

　昆虫の場合には、マニアと呼ばれる一般の愛好家が学問に寄与する面が大きい。分布などのデータは、専門研究者よりもよほど多く提供しているであろう。愛好家の情報から研究が大きく進展することも少なくない。しかし、近年に至って別のタイプのマニアも出現している。「生き虫屋」とか呼ばれる、クワガタムシを中心とする飼育愛好者である。かつては国外産の生きた虫の輸入が禁じられていたため、「生き虫屋」もほとんどいなかったが、国外産のクワガタムシやカブトムシの生体が輸入されるようになって、問題も生じている。爬虫類飼育者も、この「生き虫屋」と似た構図を研究者との間に呈している。

　爬虫（両棲）類飼養（herpetocuture）は、環境の総体としての野外科学である爬虫（両棲）類学（herpetology）の応用例であり、その一部を成すであろうから、サポートもするはずである。繁殖生物学や行動学などへのデータの提供もあるはずである。しかし、現代の日本では、飼育者で爬虫類関係の学会

（たとえば日本爬虫両棲類学会）に関与する者はきわめて少数であり、交流がないどころか、敵対しているのではなかろうか、と見えるほどである。欧米では、キーパー（飼育愛好家）が学会で発表することも少なくないのに。

　飼育者が研究者に不満をもち無視する根拠は、うるさいことを言う割に、自分たちが必要とする情報を提供してくれない（少なくとも教えてくれない）と感じていることにある。これは、飼育者の興味対象と研究者の研究対象のずれによる。飼育者としてはニホンカナヘビよりもオーストラリア原産のフトアゴヒゲトカゲ（*Pogona vitticeps*）の方が身近なのだが、最先端のことを操作可能な材料で行わなければならない研究者としては、国外産の種など普通は眼中にない。教養的知識では論文は書けないからだ。そもそも研究者には対象動物そのものが好きなわけではない場合があり、手間がかかる割にわかることの少ない（論文生産効率が悪い）飼育を偏愛する者を変人視する傾向すらありうる。

　研究者は、研究対象がいなくなっては研究が続行できないから、種の絶滅を防ぐことは、そのためだけでも当然の務めである。ところが、飼育者の行為によって種が絶滅に向かわせられていることもあるのだから、批判的な目を向けるのは、これも仕方がない。飼育愛好者とて、絶滅したら入手できなくなるおそれがあるのだから、本来、利害は一致しているはずなのだが、視野の差によって共闘できなくなっている。

17-2-3　希少種に強い圧力

　飼育が自然破壊につながる負の側面は、おもに採集圧と、外来種が生じるリスクの増加にある。飼育者の心理と、それを煽る商業活動が問題を起こしている。日本人は限定販売とブランドに弱く、盲目的にそういうものを購入したがる傾向があるが、その心理を野生生物たる爬虫類の所有に向けたのがいけない。珍しいモノを欲しがる心が、個体数の少ない、分布域の限定された種類、つまり絶滅危惧種を流通させ、絶滅へと追い込んでいく。CITES（Convention on International Trade in Endangered Species of Wild Fauna and Flora ＝絶滅のおそれのある野生動植物種の国際取引に関する条約、いわゆるワシントン条約。以下、サイテスと略記）をはじめとする保護するための法的規制はあるが、巧妙に法の目をかいくぐっていく。そもそもサイテスは国際条約であって、水際でもれると、とくに指定カテゴリーの高くないもの（サイテスの附属書Ⅰ掲載種以外）は、国内での流通がほとんど取り締まれなかったりする。そのために、

17. 爬虫類の飼育と繁殖（千石正一）

すべての原産国で保護しており、日本に合法的に輸入されるはずのないインドホシガメ（*Geochelone elegans*）の密輸個体が、堂々と、数多く売られてしまうのだ。ただし、以前と違って、附属書Ⅰ掲載種のとくに生体については、「種の保存法」(絶滅のおそれのある野生動植物の種の保存に関する法律)を適用し、警察各ユニットがかなり積極的に取り締まってはいるが。

　サイテスの附属書Ⅰに記された種（サイテスⅠ類の種）は、国内法に連動するようになり、近年では取り締まりも強化されてきているが、以前はよく例外規定を使う詐欺が行われたりした。本来は流通されない種類であれば、御墨付きがあれば一層の箔が付く。限定品をありがたがる神経につけ込むのだ。珍しいモノはエキゾチックであることが多いから、外国産の種類がよく扱われるが、国内産でもレッドデータブックに載るような種類は狙われる。保護対策がとられていても、その実効が不充分だと逆効果であり、また"抜け穴"が標的化しやすい。たとえば、琉球列島産で、沖縄県で県指定の天然記念物であっても、鹿児島県側で保護されていなければ、そこの個体群が集中的に、合法的に狙われる。以前、沖縄県指定の天然記念物であるクロイワトカゲモドキ（*Goniurosaurus kuroiwae*）の亜種とされていた徳之島産のオビトカゲモドキ（*G. k. splendens*；ちなみに現在は独立種 *G. splendens* とされている）はその例であったが、現在は鹿児島県でも天然記念物に指定されるとともに保護対策が講じられ、その面での危惧がなくなった。

　違法であっても流通させる者はいるが、取り締まりの実効性が薄いのならば、法規制をする方がかえって違反者は増す。価値が高められた感を抱くからである。関係者の倫理が強く望まれるのだが、野生動物の違法取引なんぞには罪悪感が希薄である。暴力団の資金源として野生動物の闇取引額は、少なくともごく最近まで銃の取引額をしのいでいたという。銃の流通は売買の双方に緊張感があるが、野生動物の場合、たとえ非合法ではあっても購入者の方はごく一般の市民で、そのため危険が少ないからだという。固定店舗での売買へのチェックが厳しくなりつつある最近では、インターネットを通じた不法取引も多い。匿名性が悪用されるのである。

　趣味の本というのは分野を限らず型録（カタログ）性をもつものではあるが、業界誌が"レア物"を煽る傾向があるのも見過ごせない。良い飼育というのは、飼育動物と人間との関係性にあるのだから、業界誌は普通種を扱って正しく導くべきものと思うが、現実には商業主義に流れているのは残念である。

17-2-4　日本の爬虫類輸入の実態

合法的な流通だろうと、野生動物に採集圧をかけることには変わりはない。日本はどのくらいの爬虫類を輸入しているのだろうか。

生きた爬虫類の世界全体での流通状況は明らかでない。しかし、サイテス絡みの種類に限定してみると、少なくとも2000年代初めの時点では、登録された量で日本はアメリカ合衆国に次いで世界第2位の輸入国、つまり"野生の消費国"となっている。リクガメ科（Testudinidae）は全種がサイテスに登載されているので、取引量が記録される。その統計を調べると、日本は同じく2000年代の初めの時点で世界の取引量の55％を占め、圧倒的に世界一のリクガメ輸入国であった。これはこの時点で第2位のアメリカ合衆国の約3倍という多さであり、世界のリクガメの種の存続の鍵を握っているのは日本であると言っても過言ではない状況であった。サイテスⅠ類の種を含め、取引されるはずのない種が日本マーケットに流れている。中には"合法的な密輸"としか呼べないようなケースもあり、絶滅に瀕した種を販売店で見かけることも、少なくとも行政のチェックが厳しくなるごく最近までは、けっして珍しくなかった。

分布域が狭く、流通による採集圧がかかったらひとたまりもないであろう種を、日本が輸入を半ば放置することで絶滅寸前に追い込み、サイテスⅠ類にランクを変えさせてしまった例がある。エジプトリクガメ（*Testudo kleinmanni*）やクモノスガメ（*Pyxis arachnoides*；図 **17-3**）、ヒラオリクガメ（*P. planicauda*）などがそれである。今後、リクガメを絶滅させたとしたら、その

図**17-3**　ペットトレードでサイテスⅠ類になったクモノスガメ

17. 爬虫類の飼育と繁殖（千石正一）

責をもっとも問われる国家の一つが日本であろう。また、この数値が統計に現れたもの、つまり一応は合法的な輸入だけであるのも気になる。かなり以前からサイテスのⅠ類（つまり販売の絶対的禁止）だったホウシャガメ（*Geochelone radiata*）やヘサキリクガメ（*G. yniphora*）などの密輸は絶えないし、サイテスⅡ類で取引量が記載されているインドホシガメ（*G. elegans*）は、輸入総量がわずかなはずなのに、販売店の店頭に並べられている個体数がかなり多いのである。サルの仲間での保護種の密輸で、代謝の低いスローロリス類（*Nycticebus* spp.）がよく扱われている例でわかるように、代謝が低く、動きが静かな爬虫類は密輸がしやすい。単価が高ければ、なおさら標的にされやすい。

次に、サイテス種以外の種も含めた生体取引量全体を眺めてみよう。最大級の輸入国であるアメリカ合衆国の 2010 年代はじめの時点での統計から日本への輸出量を調べると、日本は中国、香港、韓国に次いで第 4 位の輸入頭数を示す。かつては、中国の代わりにフランスやイタリアが日本の上位にいたが、日本の順位はずっと 4 位のままである。

アメリカの輸入元のトップはコロンビア、エルサルバドルといった国であり、日本は中南米やアフリカなどを原産とする種類をアメリカ経由でも輸入している。アメリカ側としては再輸出であり、アメリカの輸入量が多いのは、そういう再輸出量を含んでいるからである。再輸出時の価格は輸入時の 10 倍前後である。一方、アジア産の種類の多くは、インドネシアや中国を筆頭とする原産国からの、直接の輸入となっている。

少し古いが 1997 年度のアメリカの統計から日本の爬虫類輸入の実態を分析すると、総種数が 285 種で、他のどんな国をもしのいでいる。中国は 10 種、韓国は 21 種である。輸入される種数の 23 ％に当たる 66 種はカメ類である。種数から見ればカメ類は爬虫類全体の 4 〜 5 ％にすぎないことを考えれば、カメにかなりのバイアスがかかっていることがわかる。全体の種数が少ないグループだとそうなりやすくはあるが、ワニ類は 3 種（輸入される種数の 10 ％程度）だから、やはり日本はカメ類の生体を好んで輸入しているといえる。中国でも、上記統計に現れるくらいの個体数が輸入されるのは、メガネカイマン（*Caiman crocodilus*）とグリーンイグアナ（*Iguana iguana*）以外はすべてカメ類だが、それらの主要用途は、少なくともごく最近までは食用であったと思われる。韓国で輸入されるのは一時的なペット種ばかりだが、その中ではカメ類が 6 種で 29 ％を占める。つまり用途はともあれ、これらの国々の爬虫類生体取引の主

体はカメ類である。際立っているのが、ミシシッピアカミミガメ（*Trachemys scripta elegans*）で、どの国もアメリカからの輸入のトップを占める。日本の輸入量は2005年頃の時点で91万頭にも上った。

17-2-5　外来化の要因

輸入された個体が逃げたり放たれたりすると外来化し、ついには帰化して生態系に影響を及ぼすようになる。このような国外外来の供給源がペットにあるようなイメージが拡がっているが、分析してみると必ずしもそうではない。ニホンスッポン（*Pelodiscus sinensis*）のホンドスッポン（*P. s. japonicus*）以外の亜種、タイワンハブ（*Protobothrops mucrosquamatus*）、タイワンスジオ（*Elaphe taeniura friesi*）などの場合は、薬用・食用として産業的に大量に流通している中での逸脱が外来化の原因であり、元となった業者ないし、少なくとも業種が特定できるほどである。グリーンイグアナもペットが捨てられる例はあるにせよ、現在、沖縄県の石垣島の東北部に見られる帰化個体群の由来はペットではないらしい。小笠原のグリーンアノール（*Anolis carolinensis*）は、アメリカ合衆国でAmerican chameleonと呼ばれる安価なペット（dime store pet）であり、小笠原に駐留していたアメリカ人のペットに由来すると考えられるが、他所にある米軍基地からの物資の流通にまぎれて来たものかもしれない。

カメ類の場合には、帰化の原因がペット由来と断定できる例がある。ミシシッピアカミミガメは明らかにその例で、莫大な数量が輸入されること、安易に安価に売られていること、どのくらい大きくなるかや、成長に伴いヒトを含む脅威に対し、どれくらい攻撃的になるのかについての知識が普及していないこと（あるいは情報が流通段階で伏せられていたこと）、サルモネラ事件が起きたことなどが、飼育個体の放棄につながっている。サルモネラ事件とは、ペットの緑亀（みどりがめ；ミシシッピアカミミガメの幼体・亜成体の商品名）から食中毒の原因たるサルモネラ菌が検出されたと報じられたことにより、放棄が相次いだという出来事である。サルモネラ菌は常在菌であり、同一の理由で金魚や犬、山羊、鳥などが捨てられないのは不思議である。

カミツキガメ（*Chelydra serpentina*）の外来化もペット由来である。特定外来種に指定されたこのカメでは、大量に飼育個体が遺棄された背景が、「動物の愛護及び管理に関する法律」（動物愛護管理法）にある。もともとカミツキガメは、恐ろしげな名と外見から、モンスター好みの子どもに人気があった。

実際には、とくに幼体は実害がなく、容易に扱えるために、アメリカから輸入され、安価に大量に販売されていた。名前に強く反応した（としか思えぬ）行政により、1999年に危険な特定動物に指定され、未成年者は飼育できないことになった。また、飼育者が成人であっても、自治体への届け出・登録や、飼育施設の検査への対応、そのための費用の負担などが伴うことになったため、それらを嫌がった飼い主が、一斉に遺棄したのが帰化の大きな要因になったと考えられる。

　カメ類では他にも、かなり多くの種類が野外で発見されているが、明確に帰化したと判断される種類はそう多くはない。同じ時期、同一地点に、同一種が大量に放たれることが、帰化の要件だからである。

　国内外来種が帰化する場合には、とくにペットが要因とは限らず、物資の流通に伴う偶発的な移動も大きな要因となる。通常、わざわざ帰化させることに意味はないから、実際に起こっている外来種の人為的移動や放逐のほとんどは、非意図的と考えられる。ただ、たとえば沖縄島南部のサキシマハブ（*P. elegans*）などの例では、大量の輸送そのものが意図的であった。

17-3　保全のための飼育

17-3-1　域外保全

　少し古い話であるが2000年代のはじめごろの時点で、世界中のおよそ1150の園館において7万4000個体の爬虫類が飼育されていた。そのうち34種は絶滅危惧種で、当時、絶滅危惧に指定されていた種全体の約20％に及ぶ。園館の大きな役割として、飼育下での遺伝子の保存がある。実際、野生では絶滅したが、飼育下では生存しているという野生絶滅種が、哺乳類や両棲類、魚類などで知られている。科学的にコントロールして持続的に繁殖させ、長期にわたる種の維持を飼育下で行うことを、生息域外種保全（*ex-situ* conservation；以下、域外保全）という。

　飼育繁殖、つまり養殖のメリットとして、効率よく増殖させうるということがある。野生下では、餌資源の不足などによってなかなか繁殖できない種類を、飼育下では問題なく殖やせる。繁殖が天敵によって抑制されている場合も、飼育下では問題を解消できる。個体数の減少している種を、短期間に個体増加させるのは、域外保全の大きな利点とされる。また、野生下では個体群が分断さ

図**17-4**　飼育法のひずみで肥満になったヘビ

れたりしている場合に、遺伝子の交流が妨げられることがあるが、飼育下では遺伝的な管理ができる。そのためには個体の血統の登録と、関与する園館どうしの連携・協力が必要とされる。

　一方で、域外保全ではデメリットも多大である。餌資源の不足による個体数の減少は、何も飼育下におかずとも解消できることがある。餌付けするだけで多大な効果のある例が、いわゆる野猿公園などで知られる。天敵による減少は、それが外来種であるケースが多く、駆除することで解消するのが、何も特定の絶滅危惧種の保全だけでなく、該当地域の生態系全体の保全にとって重要となる。天敵が在来種の場合は、バランスを補正する方策が取られるべきだ。

　飼育下では遺伝的劣化が生じやすい。遺伝病が拡がったり、近交弱勢によって生残率が減少した例が知られる。遺伝的管理によって改善されうるが、そもそも遺伝的な多様性を維持していくためには創始個体数が多くなくてはならない。域外保全が本質的に抱えている問題として、飼育されることに慣れ、管理者たる人間に慣れてもらわないと、飼育そのものが困難になることがある（図**17-4**）。多くのケースでは直ぐにそうなっていき、累代飼育が続けられる。しかし、飼育されることに慣れて人間を警戒しなくなった動物が、野生復帰できるであろうか。

　域外保全のための飼育繁殖計画では「90％の遺伝的多様性を100年間維持する」という目標をおくことが多い。目標を満足させるための有効集団サイズ（Ne）は世代時間（L：年単位）の逆数に比例し、$Ne = 475 / L$で示される。爬虫類は1年で成熟する種も多く、それらでは475個体が飼育されていなけれ

ばならないことになる。1種類の爬虫類を、それだけの個体数飼育している園館が普通だろうか。あるいは連携してその数以上をキープしているだろうか。家畜の場合と違って実用性のない動物を、絶滅から救うという、そのことのためだけに多大なエネルギーと資金が使われ続けるだろうか。保全に要するスペースの問題も大きい。現在の園館にそういう余力があり、一般的な理解と協力が得られるだろうか。絶滅危惧種の大集団のみが存在する広大な空間が確保され続けるだろうか。自然そのものに任せる方が効率的なのではなかろうか。

　域外保全した種は、最終的には、本来の生息域内に再導入するわけだが、その時点で対象となる個体が、放たれるために最低限必要となる条件を備えているかどうかも問題である。遺伝病をもっていないか、遺伝的に劣化していないか、野生下での生存能力が維持されているか、本来そこになかった病気を罹患あるいは潜伏させていないか、などの諸条件を吟味しておかなければならない。とりわけ病気に関しては、野生下で生存していた個体に影響を与え、かえって絶滅させてしまう危険さえある。飼育時に治療のための抗生剤が使われたりすると、薬剤耐性菌を撒いてしまう恐れもある。養殖個体が発症しない保菌動物になってしまい、それを野生復帰させた場合、免疫抵抗力のない野生個体を殺してしまうかもしれない。

　域外保全は、それがなされることによって、本来なされるべき生息環境の保全をおろそかにさせることがありうる。錦の御旗が立てられて安心し、それで誤魔化されてしまうのだ。域外保全はあくまで補助手段であり、最後の方策であり、緊急避難であって、最初からそれを目標としてはならないのである。

17-3-2　ワニの保全と利用

　ワニ類は国際的に減少しつつあり、全種がサイテスに登載されている。人間による過剰利用や無意味な殺戮、生息地の水辺環境の悪化などによって、絶滅に瀕している。それを防ぎながら良質の皮革や肉の資源を入手するうまいシステムが、オーストラリアで実行されている。

　ワニの個体数などは常にモニタリングされている。フロートの装置されたヘリコプターで低空飛行しながら営巣を確認する。地点をプロットし、目印のテープを営巣地に落下させる。レンジャーは近くに降下し、親ワニに気をつけながら巣にたどりつき、卵を掘り出して持ち出す。管理施設（図 **17-5**）に運び込まれた卵は人工的に孵化させる。条件が調節されているので、孵化率は高い。

第Ⅳ編　爬虫類の保全・飼育・防除

図17-5　オーストラリアにあるワニの管理養殖施設

　自然下での孵化率はあらかじめ調査されており、それに該当するだけの幼体は、孵化後、卵を採集したのとまったく同じ地点に放たれる。要は自然孵化と同じことを保証するのである。人工孵化によって自然下より多く孵化した分の個体は、人間の取り分である。これを飼育下で成長させ利用する。皮革や肉の販売で得られた利益の一部は、ふたたびワニ保護のために使われる。

　この方法では、飼育による遺伝的劣化などは生じない。また、孵化温度を調整できるので、温度依存性決定性の動物であるワニの孵化幼体の性比を自由に操作できる。自然状態で育ったワニの皮膚は傷ついたりしていることもあるが、飼育下で品質も管理して一定に揃えられ、良質の皮革が供給できる。

17-4　爬虫類飼育の未来

　今後、飼育はどこに向かい、意義を高めていくべきか。筆者は、公共レベルと私的レベルの二極化が進められるべきと思う。

17-4-1　公共的な飼育

　まずは公共レベルでの域外保全を見てみよう。

　自然保護の目標が生態系の保全にあることを鑑みれば、域外保全が自己目的化するのがナンセンスなのはわかりきっている。飼育による保全は生物多様性保全の一つの手法に過ぎず、他の方法と組合せることが必要である。そもそも、破壊されたものを復旧するより、最初から破壊せず自然を保つ方がコストもか

からず理想的である。種の保全が、他の生物に対する人類の最低限の礼儀であるべきことを考えても、環境が壊れることを前提に、当初から飼育下での保全を考えるべきではなかろう。

域外保全は亜種や地域個体群の単位で行われることになる。野外個体群への補強や、最悪の場合に野生絶滅種の再導入に用いるためには、よほどよく計画し管理していなければならない。そのためには莫大な予算が必要となろう。国家や地球レベルでの公共機関が働かなければ、あるべき域外保全は望めない。

域外保全に使われる空間そのものは、むしろ一般人の立ち入りは制限されていて、動物が人に馴れぬ方がよいだろうが、それとは別に展示教育も必要である。公共の園館がその任にあたることになろうが、そこでは絶滅危惧種と表裏一体のものとして外来種の展示も必要である。日本では特定外来種が展示されることになろう。公共の園館はそれらの引き取り場所としても機能すべきである。

17-4-2　私的飼育の姿勢

野生状態にいるものを飼育下におくというのは、エネルギーをそれだけ余計に消費することである。飼育というのは、地球環境に余力の少ない時代には贅沢の一種だろう。動物福祉の観点からしても、野生動物が飼われて幸福だろうか、という問題もある。爬虫類を好きである、愛している、と発言する人々には「飼わない」という愛し方もあることを認識してもらいたい。

一度飼育下におかれた個体は野生に戻さないのが原則だから、野生個体群とは別に、「人間界」に属する種個体群がやがてできてくる。飼われれば、観察されていても摂食することに始まり、馴れて家畜化していく。家畜化した方がペットにも向く。養殖していくと突然変異が生じることがあり、それを固定して品種をつくり出すのも容易である。爬虫類でも飼育に向いた分類群であるヘビ類を中心として、すでにいくつもの品種が存在する。家畜の一般的特性であるアルビノも、鑑賞価値が高い故に、もっとも普通に見られる品種となっている。

飼育しやすい種類というのは、可変性と耐久性の高さがその要因であることが多く、野外に放たれた場合に外来化もしやすい。アルビノは色彩の遺伝的劣化であり、野外では外敵に発見されやすく、生存が困難である。アメリカ・カリフォルニア州では野外個体群に悪影響を与えうるとして、野生色型のカリフ

オルニアキングヘビ（*Lampropeltis getula californiae*）の飼育が禁じられているが、アルビノは除外されている。この例にならい、特定外来種などでも、アルビノは飼養が許可されてよいのではなかろうか。

　ペット用の動物の売買は自然保護と対立することが多いが、野生からの収奪がその大きな要因である。しかし、経済活動として増大させながら野生動物の消費を防げる手段がある。それは養殖個体のみを流通させることだ。飼育動物としての需要はあるし、それを禁止することもできないのなら、養殖個体を流通させれば良い。それは野生個体群の採集を抑制し、消極的ながら保全につながる。絶滅危惧種の流通については、養殖個体であろうと厳格に管理されなくてはならないが、大量に養殖することが単価を下げ、採集を防ぐといった効果も期待しうる。しかし、絶滅危惧種を散発的に繁殖させたところで、そもそも個人レベルでは保護にはつながらないことが多い。保護・保全を採集の言い訳に使わせるべきではなく、新たな創始個体群の野生下からの採集には慎重であるべきだ。ここでもまた、アルビノなどの品種について、流通の制限を緩くする考え方を適用すべきであろう。野生色型のみが魅力的だというのなら、飼育などせずに野生個体群の維持のみに努力してもらおう。

　ペット用爬虫類の養殖はすでに現在、比較的大きな産業となっている。経済実利動物であることから、食用のスッポンを上回る単価と総金額で取引されている。しかし、養殖される爬虫類の用途は他にもあるはずである。生物学・医学の分野では実験動物が使われており、両棲類も哺乳類も実験動物化されているというのに、爬虫類が使われないというのはむしろ奇異である。とりわけ進化的な観点から分析しようとするのならば。

編者注：この章の著者である千石正一氏は、本文の入稿を前に他界された。本
　　文は、太田英利氏および編者によって、その後の知見を追加、訂正したものである。

18. ハブの生態と防除

西村昌彦

18-1 はじめに

　東南アジアを中心に分布するハブ属のなかで、奄美・沖縄諸島に生息するハブ（*Protobothrops flavoviridis*；図 **18-1**）は最大全長が 2 m 以上に達する最大級の体をもち、かつ攻撃性が高い種である。山野にとどまらず農地や市街地にも生息し、庭や屋内にまで侵入する。密度が高く、1960 年代には人口あたりの咬症率が世界最高と試算された。本土のニホンマムシと比べて、ハブの脅威は格段に大きい。

　世界の大部分の地域には毒ヘビが分布し、その被害は多種の危険なヘビが生息する熱帯・亜熱帯地域で多い。ただし、これらの地域の大部分においては、食料不足や感染症の蔓延など重要な健康問題が山積する。それゆえ、毒ヘビについては被害の実態が不明で、治療体制も未整備という状況であり、まして防除のための研究まで手が回らない。日本は、ある程度の近代化を達成し、亜熱帯域を国土に含む珍しい国である。日本のハブ以外で防除研究の対象となったヘビは、グアム島に侵入し島内の固有の動物の多くを食べつくしたミナミオオ

図**18-1**　ハブ

ガシラ（*Boioga irregularis*；Rodda *et al.* 1999）くらいである。これらの背景から、ハブの防除研究にとって、参考にできるものはわずかであった。

1960年ころにはハブ咬症の疫学的な分析がいくつか行われ、生物学的な研究・総論も大部のものが発表された（三島 1961；木場 1962；高良 1962）。そして、対策をめざした基礎・応用研究も、沖縄・鹿児島県のそれぞれにおいて1970年代から多数行われている。受傷後の対策も含めた研究は多方面にわたるが、この章ではハブの生態研究と防除対策の特徴、ならびにそれらの進展のための課題について、おもに沖縄諸島のハブを対象として筆者が携わったものを中心に紹介する。なお、原典の多くは省略し、沖縄・鹿児島両県発行の研究報告書は挙げない。これらの報告書を含めた1992年までの研究の多くは、Rodda *et al.*（1999）に紹介されている。

18-2　ハブの概説と被害

ハブはクサリヘビ科のマムシ亜科ハブ属に属し、その祖先は琉球列島が大陸と地続きであった時代に、当時の陸地の北端（渡瀬線）まで分布を拡げたとされている。嫌われもののハブも、奄美・沖縄諸島にだけ分布する貴重な種の一つである。同諸島に分布し、太短い体をもつヒメハブ（*Ovophis okinavensis*）は、近年は別属とされる。

八重山諸島が原産で咬症件数が多いサキシマハブ（*P. elegans*）は、ハブとは分布過程を異にする。困ったことに、近年沖縄島にサキシマハブとタイワンハブ（*P. mucrosquamatus*）が定着し、被害が増加しつつある。

ハブの体は細長く、目撃・捕獲される個体は、全長が1〜1.5 mのものが多い。毒腺を有する頭は、顎が張った形になっている。管状の毒牙は通常1 cmあまりの長さで、年に数回生えかわる。他のヘビ同様嗅覚は敏感で、鼻腔に加え口内のヤコブソン器官を用い、舌で集めた空気中や地表の臭いを感じる。夜行性のハブは、直射日光下では10分前後で死亡するため、日中は穴などに隠れている。樹上性のヘビではないが頻繁に木に登り、まれに日中でも木の枝上で発見される。赤外線を感知するピット器官をもち、おもな餌である小哺乳類を暗がりでも正確に攻撃できる。飢えに強く、餌なしで約3年間も生きた例がある。数日間隠れ場所から出ないこともあるが、冬眠はしない。春に交尾をした雌は、7月に産卵する。産卵から1か月半後の8〜9月に孵化し、全長約40 cmの孵

18. ハブの生態と防除（西村昌彦）

化個体は、すでに毒をもっている。

ハブは、S字型に縮めた上体を最大で全長の3分の2の距離まですばやく延ばして、人を攻撃する。ハブに近づきやすく受傷が多い部位は、人では手首から先と膝から下で全体の9割以上に達し、イヌやネコでは頭と前脚である。タンパク質分解酵素である毒が体内に入ると、数分の内に激痛と牙の痕からの出血が始まり、半時間内には内出血のために腫れが拡がりだし、数日間にわたって痛みと腫れが続く。応急の対処法は、安静にしつつ素早く治療機関へ運ぶことだが、時間がかかる場合は緩く縛る。医師により血清注射などの治療を受ければ、少しずつ腫れが治まっていく。

1960年代の沖縄県においては、ハブのみの咬症でも年間500件以上に達した。咬症件数はその後減少し、琉球列島での2006～2015年において、年間平均件数はハブで105件、サキシマハブで26件、ハブ類の総計で140件、死亡は総数で1人であった。ハブ咬症が少ない季節は冬、時刻は夜半から早朝である。夜行性のハブの咬症が日中に多いのは、休息中のハブに作業中の人が近づいて咬まれることが多いためで、約半数の咬症が農作業や草刈り中に生じる。ただし、咬症のなかの3割以上が屋内や庭などで、さらに約2％が就寝中に生じていることは、もっとも安全であるべき場面においても危険性が高いことを示す。

ハブの目撃頻度は咬症件数のおよそ200倍と推定され、年間の咬症件数を100とすると、2万件となる（図**18-2**）。目撃は、脱皮殻の発見とともに、恐怖という精神的被害をもたらし、農作業や野外活動の萎縮にもつながる。さらに、日中に隠れているハブのみならず、夜に活動中のハブも人に気づくと静止するため、発見率はきわめて低い。つまり、屋敷や施設、畑への侵入件数は、目撃の50倍の100万件以上であると推定される。そうすると、5年に1回の

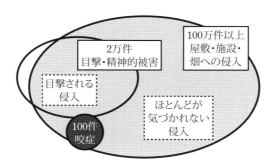

図**18-2**　咬症件数の背景にあるハブの目撃と侵入の件数

目撃がある屋敷には、少なくとも年 10 回はハブが侵入していることになる。

18-3　ハブ対策とその研究の現状

18-3-1　ハブ対策の道具

　ハブが出没したときに用いる専用の道具としては、ヘビを殺すスプレーや捕獲棒があるが、普及率は低い。よく用いられる方法は、棒でたたき殺すか、パトカーを要請するというものであり、屋敷内で逃がすという最悪の事態に至ることも多い。なお、売却をめざして生け捕る際には、咬まれる危険性が高い。屋内でハブが行方不明になった時は、リング状に裏返したガムテープを、床や棚上に固定する方法もある。ハブの牙を通さない防具もあったが、山歩きなどでの活用にとどまった。

　ハブの密度を低下させるために行政などが行う手法として、トラップの設置やハブの買い上げなどがある。かなりの数のハブが捕獲されているが、これらによって密度が低下しているかどうかは未確認である。一方、石積みの穴埋めや、草刈り、廃棄物の処理、さらに外灯や侵入防止用のフェンスの設置などの環境の整備は、ハブの隠れ場所や産卵場所を減らし、出没したハブの発見を容易にし、侵入数を減らすなどの効果がある。とくに、フェンスの一種であるブロック塀が、屋敷へのハブの侵入頻度を減らしているという鹿児島県の研究結果は、現場における危険性の軽減を量的に示した唯一の例である。なお、住民によるハブの捕獲を容易にする刺し網（図 **18-3**：Nishimura 2011）や誘導ト

図**18-3**　畜舎横で小型の刺し網に捕獲されたハブの死体（矢印）

ラップが近年に開発された。古くから廃棄漁網を用いて一部で使われていた刺し網は、材料と設置法の工夫を経て、手軽かつ長寿命、ならびに10円あまりでハブ1個体を捕獲できるという効率性をもつ。

18-3-2 研究段階の道具

重点的に行われた研究に、生きたマウスやラットの代わりとしてトラップに入れる餌様の臭いの開発があった。これが実用化されれば、現行のトラップの運用が楽になる。また、塩化カリウム1gを食べたハブが死亡することから、それを仕込む人工の餌が研究されたが、これにも餌の臭いを付ける必要があった。餌臭の開発においては、餌動物の排泄物や体臭などの臭い物質の採取と同定、さらにそれらの物質を用いた屋内や野外でのハブの反応の調査など多くの研究がなされたが、実用化に近い成果は得られなかった。

じつは、餌の臭いに対するヘビの反応を調べた研究は米国で盛んに行われてきた。ヘビが好む餌の臭いについては、ガーターヘビ（*Thamnophis*）などを材料に、臭いの抽出から舌振りの回数などによる評価までの方法を定型化した多くの実験がなされている（Burghardt 1967など）。ただし、ハブにおける舌振り回数を用いた臭い検索実験は、野外での捕獲には結びつかなかった。また、ガラガラヘビ（*Crotalus*）などでは、餌に咬みついて放した後に舌振りの頻度が増加し、移動した餌の臭いを辿る過程が研究されている（Chiszar *et al.* 1992など）。ハブでも舌振り頻度に同様な増加が認められたが、攻撃前のハブの誘引を目指す研究には役立たなかった。しかし、マウス、ラット、ヒヨコなどを材料に、その体を引きずるか、体表からの抽出物を撒くことによって地面に記した臭いの軌跡を、攻撃後ではないハブが辿ることが、繰り返し確認されている（図**18-4**）。有効な臭い物質の特定は困難であるが、ニワトリの羽根や尾脂腺、家畜の体表を擦ったものなど、安価な実物臭を利用してハブを捕獲できる可能性は残る。

その他の動物由来の臭いとしては、雄の誘引をねらったフェロモン（Mason 1992）がある。このフェロモンは揮発性でない可能性があり、ハブにおいても地表につけた雌の軌跡を雄が辿ることが確認されているが、ガーターヘビにおけるメチルケトンのようなフェロモン物質の特定には至っていない。

一方、ハブを遠ざける臭いの研究では、ハブが重油などの油類を嫌うことがわかったが、フェンスの代わりとして侵入防止の効果をもつ臭いは見つかっ

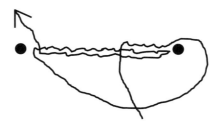

図18-4　マウスの背を引きずった地表（黒丸の間）をゆっくり辿ったハブの軌跡

ていない。したがって、ハブを含めたヘビの防除に有効な効果をもつ臭いは、2016年時点では未発見である。

　沖縄県ではこれら以外に、ハブを探し出す犬の訓練やハブを殺す細菌の研究なども行われた。これらは、実用化には至らなかったが、前記の臭いに関する研究も含め、実験方法などを工夫すると、新たな成果をもたらす可能性を残す。

18-4　研究面でのハブゆえの利点

　ハブは危険かつ高価で売買されることがあるため、捕獲または捕殺される数が多い。そのため、動物体自体の収集は容易で、それらをもとにした研究は多い。たとえば、サイズや性構成については、1年間で数千個体分の資料が収集できる場合もある。餌内容や繁殖などについても、他種のヘビでは収集に多くの年数を要する資料が、比較的容易に得られる。また、咬症の資料は、信頼性が高いものが1960年代から収集されており、世界の毒ヘビのなかで、ハブは咬症の発生様式がもっともよくわかっている種である。さらに、咬症よりも高頻度で生じる住民によるハブの目撃資料は、短期間で多数を集めることができる。ただし、以下に示すように、ハブの生態を解明するためには、これらの資料を単純に集計するだけでは不十分である。

18-4-1　ハブ自体の資料

　ハブは防除のために行政機関などが設置したトラップで捕獲されており、市町村の地域ごとに捕獲結果が得られている。沖縄島内での各地域で捕獲効率に大差がないことは（西村 1992）、ハブの密度に地域差が小さいことを示す。

野外のハブの集団から、偏りなくサンプルが収集されることはまずありえず、得られたサンプルから、性やサイズの構成などを推定するには、異なる採集方法の間で結果を比較してみる必要がある。たとえば、奄美諸島では保健所と観光業者との間で買い上げたハブのサイズ組成が異なり（水上ら 1980 など）、沖縄島ではハブ採集人と比べて、一般の住民は小型個体を多めに、トラップは大型個体を少なめに捕獲した（Nishimura & Kamura 1994）。沖縄島におけるいずれの採集方法においても、また奄美諸島における膨大な資料においても、採集個体の性比は雄に偏り、とくに大型のハブの大部分は雄である。また、採集方法にかかわらず、交尾期の春に雄が多く、産卵期前の初夏には雌が多かったことから、雌雄の間で活動様式の季節変化が異なると推測された。

　ハブのサイズ構成を、採集個体の資料から直接に推定することは困難であるが、一般の住民とハブ採集人により捕獲された大型個体については、サイズ分布の偏りが少ないと推測された。これらのサイズ分布を用いた、ハブの集団の年齢構成や生存率などの推定方法を示す。他の爬虫類同様ハブは成長し続けるが、加齢とともに成長率は低下する。サイズから年齢を推定することは、およそ 1 歳以降は無理である。そこで骨の年輪から年齢を推定し、体長のランクごとの年齢構成を求めておくと、捕獲個体の体長構成から齢構成が推定できる（西村 1993）。この年齢構成を用いて算出した成体の年生存率は、雄で約 0.8、雌で 0.7 と、クサリヘビ科のヘビの標準に近かった（Nishimura & Kamura 1994）。この推定結果から、ハブの集団が安定であるとすると、0～1 歳の生存率は約 0.5 となり、平均値である 7 個の卵から生まれたハブの生存個体数は、1 年後に 3.5、3 年後に 1.7、5 年後に 1.0 と減っていく。

　体長と体重から計算される肥満度の値は、栄養状態、とくに下腹部にためる予備の脂肪体の重量に大きく依存し（Nishimura 1998）、将来の生存率や成長量に影響すると予想される。ハブは捕獲から計測までに、数日から 1 か月程度の間トラップの中や保管場所に置かれることがある。この間、蒸散などによる水分損失量が大きいため、体重の計測前に水を与える必要がある。給水後に測った体重をもとに計算した肥満度は、変異が小さい。

　ハブの繁殖様式に関する研究は多い。雌よりも小さめの体長で成熟する雄は、秋に形成した精子を翌春の交尾期まで保持する。採集個体の中の妊娠雌の割合から推定すると、成熟した雌は平均で 2 年に 1 回産卵する。妊娠雌の捕獲率は非妊娠雌と異なる可能性があるが、この産卵頻度は、卵のもとである発達した

第Ⅳ編　爬虫類の保全・飼育・防除

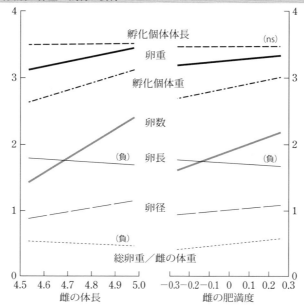

図18-5　雌ハブ（母）の体長ならびに肥満度の変異に対する、卵と孵化個体などの形質
直線は、負：負の相関、ns：相関無し、その他は正の相関。
横軸および「総卵重／雌の体重」以外の縦軸は対数表示。

卵胞の保有頻度を用いて推定しても同様である。卵についての資料は多く、雌は体長に比例して 2〜15 個の卵を産み、その合計重量は体重の約 1/3 である。楕円形の卵は、およそ 6×3 cm、30 g で、卵の形は雌の腹腔の広さに影響され、細長くなったり尖ったりする。他種のヘビでは例がないが、雌が産んだ卵を個別に孵化させることで、雌（体長と肥満度）、卵（重量と形）、孵化個体（体長と肥満度）の三者の関係を分析できる（Nishimura 2004）。雌の体長または肥満度のいずれもの増加に伴い、卵数・卵径・卵重・孵化個体重が大きくなる（図 18-5）。一方、総卵重／雌の体重（繁殖への投資率）は、体長に対しては負、肥満度に対しては正と、相反する相関を示す。

採集したハブの消化管内容物や糞の分析から、ハブのおもな餌は齧歯類（ドブネズミやハツカネズミ）や食虫類（ジャコウネズミやジネズミ）という小哺乳類であることはわかっている（三島 1966 など）。ただし、山奥などこれまで資料が少ない地域における餌内容は、ほとんど不明である。いくつかの島で、

哺乳類相に応じて餌内容が異なることから、餌内容は資料の採集地域ごとに異なる可能性がある。したがって、得られた餌の頻度のみから、餌動物の選択性を推定することはできない。

18-4-2 咬症と目撃の資料

咬症と目撃の資料は、疫学的な研究のみならず、ハブの密度や活動性の研究にも使える。ただし、咬症、目撃とも、住民がハブと出合った結果生じるため、その発生様式は人の密度や活動の影響を受ける。したがって、これらの資料の分析には、すべてを一括するのではなく、特定部分のみを対象としたほうがよい。たとえば、件数を屋敷や農地面積あたりの密度に換算することでハブの相対密度の推定に用いることができる（西村・新城 1999）。また、就寝時の咬症件数に限定すると、人の側の密度と活動には季節変化がないことから、件数の季節変化はハブの活動の季節変化を表す（図18-6）。咬症と目撃の資料は、被害を伴った住民によるハブのセンサスであり、長年にわたり広い地域から収集された資料から推定されたハブの活動様式や相対密度は、ヘビ自体を扱った研究結果よりも、はるかに妥当性が高い。ただし、これらの資料は、前記の餌内容の場合以上に人が活動する環境における例に限定されるため、山林におけるハブの密度や活動様式についての推定に用いることはできない。また、人が活動する環境のなかでも、たとえば屋敷と農地という異なった場所間でのハブ密度の比較には用いることができない。

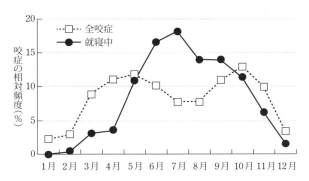

図18-6 人が就寝中の咬症の季節変化
　ハブの活動様式を表す。1964〜1986年中の19年分の資料。

18-5　研究面での困難さや課題

　ハブは夜行性で視覚もよく、赤外線感知器官ももつため、夜間に照明を用いて直接観察することが困難である。攻撃的であり、また死にやすいため、取り扱いもむずかしい。体が大きいことは、飼育下の実験において飼育や実験装置が大がかりになるために、サンプルサイズが小さくなる。さらに、行動の個体差も大きいと予想されることから、実験結果の信頼性を高めることが困難である。また、神経質であるため、実験装置への慣らしの期間が必要であり、つがい行動や採餌行動などの能動的な行動を対象とした実験が困難である。以上のように、ハブを用いた実験結果は量的に扱いにくい。その欠陥を補助するものとして、行動観察などから得られる質的な知見がある。たとえば、対策用フェンスの必要高を調べる実験では、フェンスの乗り越し頻度に加え、ハブが乗り越そうとした行動を目撃することが、結果の信頼性を高める。なお、行動の記録には、低照度カメラとタイムラプスデッキからなるビデオシステムが、大きい力を発揮する。

　ハブに限らず野外におけるヘビ個体間の社会的な関係は、ほとんど不明である。これまでに記録されたハブの社会行動はわずかで、つがい行動、ならびに雄どうしの儀式化されたコンバットダンスは、他種のヘビのものと類似する。ハブも含めヘビ類は、尾の基部にある臭腺から強い臭いの分泌物を噴射し、外敵から身を守ると推測されている。しかし、この物質が実際に防御効果をもつかどうかは不明で、ハブが他個体の臭腺分泌物を避けるような行動の観察例はない。

　餌臭の研究の部分で記した地表の餌やメスの臭いを辿る行動は、ハブを含むヘビ類が捕食、ならびに繁殖相手を探索する際に、これらの臭いが重要であることを示す。這行時にハブは、首を左右に動かしながら、振った舌先を数 cm の間隔で地表などに当てる。1 分間に 1 m という遅い這行速度は、ハブが固着臭の情報を丁寧に得ようとしていることを伺わせる。さらに、ガラガラヘビでは、冬眠地点へ向かった個体の這い跡を、同種他個体が辿るという報告もある。一方、餌の個体臭を識別した研究結果もあることから、ヘビは行動範囲内に分布する同種他個体の個体臭を識別している可能性がある。もっとも身近である自らの這い跡臭の探知は、帰巣や定住のみならず、探索行動の効率化につながる。さらに、繁殖または競争相手である同種他個体の分布や動きも個体識別を

伴って把握し、餌動物や捕食者の情報も臭いから得ている可能性がある。残念ながら、ヘビ類における臭い刺激への反応については、行動学的な実験か一例観察で得られた知見しかない。臭いに敏感な他の動物にもあてはまるが、野外における臭いの分布や、動物によるそれらの利用については、将来の研究が待たれる。

　動物の野外調査においては、捕らえた個体にマークをして放したあと再捕することにより、成長や生存率、ならびに密度の推定が可能である。また、電波発信器や糸巻きを装着して、活動様式や行動範囲の調査を行うにも、捕らえた動物を放す必要がある。しかし、危険なハブを放せる状況が限られるため、これらの調査は限定的にしか行えない。ちなみに、電波発信機を用いた調査では、放した直後を除いて、ハブの動きは大きくなかった（Tanaka *et al*. 1999）。このことは、ハブの移動速度が遅いこと、トラップによる捕獲地点（Shiroma & Akamine 1999）や住民による目撃地点が、ハブのおもな生息環境である林や草地の近くに集中することからもうかがえる。しかし、この小さい動きでも、トラップへの方向づけが可能であれば、捕獲率を上げることができる。たとえば、フェンスに併置した誘導トラップによる捕獲実績がある。

　これまでに沖縄・奄美諸島において、集落などを単位として、トラップやフェンスを用いた総合的な駆除実験がいくつか行われた。沖縄諸島でトラップの運用量が多かったのは、水納島（Katsuren *et al*. 1999）と沖縄島の1集落（Shiroma & Akamine 1999）で、それぞれ50 m四方に1台と、10 m四方に最高で2台が設置された。いずれの実験においても、ハブの捕獲数は減少したが、終了後に復元した。高密度のトラップを用いてもハブが簡単に捕まらないのも、動きが小さいことによる。たとえば、ハブがネズミと同じくらい動き回る動物なら、トラップのみで駆除できるだろう。ハブの集団が那覇市内の孤立した狭い緑地でも存続していることも、ハブ駆除の困難さを示す。架空の話だが、ハブがガラガラヘビなどのように決まった穴に集団で冬眠する種であったら、人の活動地域の大部分で駆除されていただろう。

　近年沖縄島においては、道路や市街地、空港などにより、ハブの生息地が分断されている。たとえば、那覇市から与那原町に至る市街地と道路は、その南と北に棲むハブの交流を遮断している。隔離状態に近い地域個体群は、森林地域以外の大部分の地域に多数が存在すると予想される。前記の、成長、繁殖、餌内容、死亡などの様式は、沖縄島やその中南部などの広い地域における平均

的なもので、個々の地域個体群では大きく異なる可能性がある。たとえば、水納島のハブは成長が遅い。本来なら地域個体群ごとに種々のパラメーターを推定する必要があるが、それは困難で、当面は分断状態を無視した広い地域における平均値を用いるしかない。

18-6　ハブ対策の進展のために

　沖縄県民の多くはヘビの区別ができず、どのヘビや脱皮殻を見つけてもハブと思う場合が多い。ハブの被害のなかには精神的な恐怖も含まれるが、これらはヘビの識別ができればかなり減るはずである。さらに、ハブが冬眠するなどの迷信を信じている人や、危険な地域でも自分の周囲にはいないと判断している人も多い。ハブの知識とその対策法を、学校や役場などによる教育・啓発活動で普及させる必要がある。

　ヘビではなく害虫の場合は、大小の規模での駆除成功例がある。ハブについては、前記のように小さい地域においても駆除は不可能である。次善策としての密度低減のためには、永続的な捕獲が必要である。効果的な捕獲数の推定は困難であるが、奄美諸島では毎年2万個体以上のハブ買い上げが継続していることから、沖縄諸島においても、万単位の捕獲が必要であろう。これを現行のトラップのみで達成するには、毎年数億円の経費を要する。別の手法である刺し網や誘導トラップなどの住民が手軽に使える道具の活用が必要で、これらが汎用された場合には、集落や畑におけるハブ密度の低下が期待できる。

　その他の対策として、ハブの危険性がある地域において、屋敷・施設・畑などを新設、または改造するさいの設計プランにハブ対策を取り入れることがある。たとえば、石積みの穴埋めや管理しやすいハブ用フェンスなどがある。また、ハブの資源化の促進も、低密度化を促す可能性がある。

　これらのさまざまな対策は、行政と民間の双方において有効的に実施されることが望ましい。ただし、ハブ自体やその対策について普及している情報は、不十分かつ不正確である場合が多い。一方では、対策用の道具を自作する住民もまれにいる。危険な地域ごとに、ハブ対策に詳しい人がいるようになれば、大きい経費を伴わなくても刺し網などを利用して、長年にわたり効果的な対策を実現できる可能性がある。その他の案も含め、また新たな手法への関心も継続しながら、現実的かつ永続的なハブ防除対策の発展を期待する。

第Ⅴ編
爬虫類学の未来

19章　爬虫類学の現状と将来に向けて

19. 爬虫類学の現状と将来に向けて

松井正文

19-1 日本の爬虫類研究の現状

19-1-1 日本における爬虫類研究の現状

　前章までに、実際に爬虫類学に携わっている研究者による最新の知見の一端を披露してきた。爬虫類学の広範な内容のすべてを網羅することは到底できないが、本書で扱った題目は現今のこの分野の主要な部分をカバーしていると思う。ここでは、近年の日本の爬虫類学研究において、本書で紹介されているものも含め、どんな問題が扱われているのかを概観しよう。

　世界各国でも事情は同じだが、爬虫類だけを対象とする単独の学会がないため、現在の日本における爬虫類研究者の人口を正確につかむことは難しい。しかし、両棲類も含めた研究者の多くが所属している日本爬虫両棲類学会（Herpetological Society of Japan）の最近（2015年）の会員数は573名で、そのうち日本人個人会員は542名である。これらの会員の中には爬虫類と両棲類を二股かけて研究している者も多いから、大まかに見て半数の270名程度をおもに爬虫類を扱う研究者とみなすことができよう。なお、両棲類の場合は日本両棲類研究会という会も存在するが、爬虫類ではそれに匹敵する組織はない。

　日本爬虫両棲類学会は、現在機関誌として、国内向け和文の『爬虫両棲類学会報』と英文の国際誌"Current Herpetology"を発行している。日本の爬虫類学研究の現状の一端を知るために、これらの雑誌の最近10年間（2006～2015年）に掲載された報文について、研究分野と対象分類群の傾向を調べてみよう。

19-1-2 日本爬虫両棲類学会和文誌

　『爬虫両棲類学会報』に掲載された2006～2015年の総計257題目中、102編（39.7％）が爬虫類に関わるものである。そのうち、爬虫類全般を扱ったものは11編（10.8％）で、これらを除く報告91編の分野別内容は、生態学42編（46.2％）、形態学15編（16.5％）、分布12編（13.2％）、分類学8編（8.8％）、

行動学 5 編（5.5％）、寄生虫学と古文書が各 3 編（3.3％）、化石、保全学、生理学が各 1 編（1.1％）である。

　各分類群ではヘビ類がもっとも多く 43 編（47.3％）で、カメ類の 34 編（37.4％）がそれに続いたが、トカゲ類はこれらより遥かに少なく、14 編（15.4％）にすぎなかった。分類群ごとの対象種を見ると、ヘビ類では全般に関わるものが 7 編（16.3％）、シロマダラが 8 編（18.6％）、ハブが 5 編（11.6％）、シマヘビが 4 編（9.3％）であった。分布記録が貧弱なため、新産地が見つかりやすく、すぐに新知見となるシロマダラ、衛生動物として特別の研究機関の備わっているハブ（第 18 章参照）に関する報告が多い。カメ類では一般が 11 編（32.4％）、クサガメが 7 編（20.6％）、ミシシッピアカミミガメとニホンイシガメが各 4 編（11.8％）で、トカゲ類では一般が 2 編（14.3％）、ニホントカゲが 4 編（28.6％）であった。

　これらの記事のなかには、啓蒙的なものや、アマチュア研究者を含む多くの投稿者による一例報告も多数含まれ、後者は蓄積されることによって分布や生態の知見を大きく増加させることが期待される。

19-1-3　日本爬虫両棲類学会英文誌

　"Current Herpetology" に 2006 年から 2015 年に掲載された 160 論文中、爬虫類のみは 68 編（42.5％）で、両棲類に比べるとその数はずっと少ないが、その割合は和文誌とほとんど変わらず、むしろ若干高い。研究分野別に見ると、生態学が 1/3 近くを占め、それに続く形態学と行動学を合わせると全体の半数を越える（表 **19-1**）。

　対象となった分類群はトカゲ類が 31 編（45.6％）と多く、ヘビ類とカメ類が各 18 編（26.5％）、爬虫類一般が 1 編（1.5％）である。また、種別の頻度から見ると、ニホンイシガメ、グリーンアノール、シマヘビが各 3 編（4.4％）、クサガメ、アカウミガメ、アオウミガメ、ホオグロヤモリ、オキナワキノボリトカゲ、ヒロオヒルヤモリ（*Phelsuma laticauda*）が各 2 編（2.9％）で、残りは各 1 編（1.4％）にすぎない。しかし、次に紹介する "Zoological Science" の場合と同様に多岐にわたる種が扱われており、外来種として大きな問題を引き起こしているグリーンアノールについての保全学的観点からの研究も注目される。

表 19-1　最近（2006〜2015年）の爬虫両棲類学会英文誌 "Current Herpetology" の研究分野の統計

年	生態	形態	行動	保全	生理	分類	分子系統	化石	発生	蛇毒
2006	2	1	0	1	1	1	0	0	0	0
2007	2	2	0	0	0	2	0	1	0	0
2008	3	0	1	0	0	1	1	0	0	1
2009	0	1	0	0	0	0	0	0	0	0
2010	0	2	1	0	0	0	0	0	1	0
2011	3	0	2	1	1	0	0	0	2	0
2012	2	2	3	0	0	0	0	0	0	0
2013	3	1	0	2	1	0	2	0	0	0
2014	2	2	1	1	2		1	2	0	1
2015	3	0	1	1	0	0	0	1	0	0
合計	20	11	9	6	5	4	4	4	3	2
%	29.4	16.2	13.2	8.8	7.4	5.9	5.9	5.9	4.4	2.9

19-1-4　日本動物学会機関誌

上記の爬虫両棲類学専門誌に発表される研究は、分子系統学の場合を除き、分類学や生態学、行動学といった個体レヴェル以上を対象とした、比較的容易に行える研究で、大がかりな設備を必要とする実験的研究は少ない。そこで、より一般的な動物学ないし、生物学の材料としての爬虫類研究の動向を知るために、日本の動物学の代表的学会である日本動物学会発行の英文国際誌 "Zoological Science" に掲載された論文を見ることにする。

この雑誌の最近10年間（2006〜2015年）の掲載論文には、爬虫類を扱ったものが60編ある。また、掲載論文は多様性・進化学、内分泌学、生殖生物学などの分野に分類されているが、あえて従来の分類を用いると、その内容は形態学が1/3を占め、それに次ぐ生理学と合わせて全体の半数を超え、生態学も加えるとそれらで全体の3/4を占めている（表 19-2）。

ここで形態学としたものも、その内容は、計量形質としての骨格、性的二型、孵化サイズ、種間比較から、側頭部の形態、四肢形成など発生関連、機能形態、行動関連といったマクロ的なものに加え、集団の形態分化と遺伝構造との関連も調べられている。一方、ミクロ的な内容として、消化器官の組織形態、鱗の微細構造、卵殻の微細構造、皮膚のケラチン分布、色素構造、刺激受容器も報告され、その数はマクロ的なものに迫っている。

表 19-2 最近（2006 〜 2015 年）の動物学国際誌 "Zoological Science" の研究分野と対象群の統計

分類群	形態	生理	生態	分子系統	寄生虫	分類	発生	保全	染色体	合計
カメ	6	7	2	1	1	0	0	0	0	17
トカゲ	10	4	6	5	1	1	0	0	1	28
ヘビ	4	2	2	2	0	0	1	1	0	12
ムカシトカゲ	1	0	0	0	0	0	0	0	0	1
ワニ	1	1	0	0	0	0	0	0	0	2
合計	22	14	10	8	2	1	1	1	1	60
%	36.7	23.3	16.7	13.3	3.3	1.7	1.7	1.7	1.7	100

　生態学分野では産卵場所の位置、卵数といった繁殖生態、温度と生活史の関連、海上分散による分布拡大など、本書でも取りあげた問題（第 2 章、第 7 章、第 14 章参照）に加え、高地分布のための適応、ハビタット選択とハビタットモデリングなど保全とも関連した研究が見られる。生理学では、胚に対する温度効果、孵化温度のような生態にからむものよりも、嗅覚遺伝子と嗅覚受容タンパク質・酵素特性、繁殖ホルモンやフェロモン、神経内分泌など、内分泌学や免疫学にからむ研究が主流である。時代を反映しているのは分子系統学的研究だが、それに基づく分類学や保全遺伝学の研究が少ないのは、数ある他の雑誌との関わりの結果であろう（下記参照）。

　全体として、いわゆるミクロ生物学の分野 23 編は全体の 40 ％に達しないが、これは両棲類の場合（72 ％：松井 2005）よりはるかに少なく、以下に述べるモデル動物の欠如が関係していると思われる。また、一般的な生物学的知見を見出そうとする場合に、爬虫類は両棲類より扱いにくいのかも知れない。

　"Zoological Science" 誌上で研究対象にされている分類群は、トカゲ類が 46.7 ％と多く、カメ類 28.3 ％とヘビ類 20.0 ％がそれに続く。日本国内に自然分布しないワニ類（3.3 ％）とムカシトカゲ（1.7 ％）の論文が含まれるのも国際誌の特徴である（表 19-2）。そして、この雑誌のもう一つの特徴は、両棲類の場合と異なり、登場する爬虫類が特定の種に偏らず、いくつかの種が少数例ずつ研究されていることである。今やペット動物として飼育繁殖されているヒョウモントカゲモドキも 2 例にすぎない。これはイモリ、アフリカツメガエル、ウシガエルが大半を占めている両棲類の場合と大きく異なり、爬虫類では

モデル生物・実験生物として確立されたものが少ないことを示している。

なお、以上に紹介した専門誌の他にも、後述する『AKAMATA』や『うみがめニュースレター』のような出版物があり、さらにアマチュア研究者やペットマニアの方々を対象とした種々の雑誌（『クリーパー』など）もあることを付記しておきたい。これらには、専門的な記事が掲載されることもあり、爬虫類研究上大きな意義をもつものであることは間違いない。

19-2　世界における爬虫類研究の現状と将来

上に述べた日本の現状の位置づけのために、世界各国における爬虫類研究の模様を、出版物の面から眺めるのが妥当であろう。しかし、昨今の爬虫類研究の成果は、従来、爬虫両棲類学の国際誌とされてきた"Amphibia-Reptilia" "Herpetological Journal" "Copeia" "Herpetologica" "Journal of Herpetology" のみならず、中国、南米、アフリカなど世界各地で発行されはじめた新たな専門誌に投稿されるようになり、かつての主要誌も国内誌的になる傾向さえ認められる。また、たとえば"Molecular Phylogenetics and Evolution"など数種の分子系統学専門誌、"Zootaxa"などの分類学専門誌、"Conservation Biology"などの保全学専門誌への投稿が増加し、何よりも、費用はかかるが素早く発表できる open access の雑誌に投稿される例が急増している。このような理由から、爬虫類研究の世界的な現状を、出版物の面から総括することは難しい。

そこで、別の面から世界の情勢を見ることにする。

爬虫類と両棲類を扱う研究者の国際会議として、世界爬虫両棲類学会議（World Congress of Herpetology）がある。1989年に始まり、世界各地を廻っておよそ4年に一度開催されているが、最新の第8回会議は2016年8月に中国杭州市で行われた。世界各国から集まった研究者（55か国、約700名）により口述およびポスターを含めた発表があったが、そのうち爬虫類がからむものは、講演要旨集によれば318題であり、その内訳は表 **19-3** に示されるようである。

分野別に見ると、全分類群を通じて生態学関係がもっとも多く（17.9％）、系統学と行動学（ともに12.2％）がこれに次いでいたが、これらの分野の多くで分子的手法が用いられ、モデルに基づく解析が行われているのも現今の特徴である。注目すべきは保全関係の発表が多いことで、生理学や遺伝学をしの

表 19-3　第 8 回世界爬虫両棲類学会（2016）での発表の分野別件数

	爬虫両棲類	爬虫類	カメ	ムカシトカゲ	有鱗類	トカゲ	ヘビ	ミミズトカゲ	ワニ	合計（％）
生態	2	2	16	0	0	26	8	0	3	57 (17.9)
系統	2	2	17	0	0	27	6	0	3	39 (12.2)
行動	1	2	8	0	1	15	8	1	3	39 (12.2)
保全	1	1	4	1	0	23	7	0	2	32 (10.0)
生理	4	4	11	1	0	5	3	0	4	27 (8.5)
遺伝	0	4	4	1	0	14	3	0	1	19 (6.0)
形態	0	3	5	0	3	3	4	0	1	19 (6.0)
進化	1	1	0	0	2	5	10	0	0	19 (6.0)
生物地理	1	3	0	0	2	9	4	0	0	12 (3.8)
毒	3	1	0	0	0	5	3	0	0	12 (3.8)
発生	0	1	0	0	0	0	11	0	0	10 (3.1)
地球温暖化	0	3	2	0	0	2	2	0	1	8 (2.5)
分類	2	1	0	1	0	4	0	0	0	8 (2.5)
寄生虫	0	0	1	0	0	6	1	0	0	4 (1.3)
病理	0	0	0	0	0	1	1	0	2	4 (1.3)
化石	2	0	1	0	0	1	0	0	0	3 (0.9)
飼育	0	0	0	0	0	0	2	0	1	3 (0.9)
文化	1	0	1	0	0	0	0	0	1	2 (0.6)
獣医	1	0	0	0	0	0	0	0	1	1 (0.3)
合計	19	26	54	4	8	120	65	1	21	318 (100)
(%)	6.0	8.2	17.0	1.3	2.5	37.7	20.4	0.3	6.6	

ぎ、系統学・行動学に近い割合であった。地球温暖化にからむ爬虫類個体群の将来を予測する課題も多かった。こうした演題に見られた分野の頻度は、世界の研究傾向を示していると思う。

　一方、分類群ごとに見るともっとも発表数の多かったのはトカゲ類で全体の 37.7％を占め、次いでヘビ類が 20.4％、カメ類が 17.0％ で、それらの合計は全発表数の 3/4 に及んでいた。これらの数字は種の多様性を反映していることが確かで、ムカシトカゲは 1.3％にすぎない（表 19-3）。しかし、それよりも種数の多いミミズトカゲを演題に選んだ研究者は 1％に満たなかったから、やはり研究対象となりやすい分類群、なりにくい分類群があるのは確かで、世界の研究者が選ぶ研究対象は、まず研究拠点の近傍で入手・観察しやすいものとなるのだろう。しかし、多様性が高い地域を訪れたり、長期滞在して研究をし

ようとする研究者の数も増加しているようだ。

　興味深い話題として、クロコダイル科（Crocodylidae）のワニが周囲の明るさによって皮膚の色を変えることが可能というものがあった。体色の薄い個体の眼を覆うと暗くなるので、視覚により、光刺激を受容していることがわかり、関連するホルモンの動きも調べられた。なお、同じワニでもアリゲーター科（Alligatoridae）では、こうした能力は限られているという。周囲の環境に応じての体色変化は隠蔽効果をもたらし、外敵からの逃避と捕食の効率化に役立つと結論されたが、温度適応の観点からの議論はなかった。

　カメ類では、単為発生（第9章参照）の存在が初めて報告された。中国産クサガメの種内変異か亜種とされてきた、頭がより大きい種 *Mauremys megalocephala* は、これまで雌しか知られていなかった。数年間隔離飼育されたこの種の雌が産んだ卵から孵化した子ガメをマイクロサテライト解析したところ、雌親と同じ遺伝構成であった。このことから、*M. megalocephala* は単為生殖すると判断された。

　カメ類では分布域の解明のために環境DNA（水中に遊離しているDNA）を用いるという報告もあったが、これは日本国内でも今後多用されていくであろう。また、すでに日本国内でも開発されはじめている、標本の三次元（3D）データ化の紹介もあった。多様性の情報に関して、遺伝子の塩基配列など、遺伝データにはウェブ上で容易にアクセスできるが、形態データを知ろうとすれば昔ながらの液浸保存標本に頼るしかない。そこで三次元データを集積し、それを利用して3Dプリンターでモデルを造形すれば、世界各地の博物館に収蔵されているタイプ標本のデータさえ容易に得られる。また、内部構造についても標本を破壊せず、コンピュータ断層撮影（Computed Tomography：CT）を用いてデータ化できる。こうした手法は、国内でもすでに両棲類の一部の研究で利用され、爬虫類でも適用されはじめているようだ。もちろん、実物に如くものは無いが、今後、該当分野で大いに活用されていくだろう。

19-3　爬虫類学の研究課題と将来の問題

　上述のように、きわめて多方面からの爬虫類研究が世界中で行われているが、近年の世界的な研究成果の中には、カメ類の分類学的位置の無弓類から双弓類への変更、ヘビ類とトカゲ類の一部との共通祖先段階での毒の獲得と、その後

の多くの系統における二次的喪失、白亜紀初期段階での四肢をもつヘビの存在、ヤモリ類の接着装置における分子間力の利用、ワニとオオトカゲの肺の空気の流れが、鳥と同じような一方通行であることの発見、雄カメレオンの体色変化が黒色素の収縮と拡散ではなく、粒状のグアニン結晶の接近・離散によることの発見など、生物学全般に大きな影響を及ぼすものがあり、今後も爬虫類は研究対象として十分に価値あるものであることを示唆している。

しかし、華々しい研究成果も、その根底にあるのは身近な材料を用いての詳細な調査と観察である。本書で紹介された日本産の爬虫類についての研究内容は、今後の研究課題を考えるに当たって、きわめて示唆的なものと言えるが、それに加えていくつかの研究課題を記しておきたい。

たとえば、いま大問題となっている地球温暖化が、爬虫類を含む生物の分布に大きな影響を及ぼすことは容易に予測される。身近な種の詳しい分布を記録することは、長期にわたる分布域変遷を知るために必須である。また、気候変動は繁殖活動にも影響を及ぼすと考えられるから、生活史の詳細な記録はきわめて有用であろう。

爬虫類の発生学は最新の研究が進む一方で、古典的な領域はむしろ忘れ去られている。最近発表されたニホンイシガメの発生段階図表（Okada *et al*. 2011）は、記載に過ぎないにも関わらず、大きな反響を呼び、重宝されている。今後は、日本産爬虫類のすべての種について、発生段階図表が作成され、比較が可能となることが望まれる。

形態学的研究では、日本産の爬虫類の骨格形態について、成長や性差に関わる種内変異がほとんど押さえられていないのが問題である。分子系統学的研究の発展に伴う隠蔽種の発見が相次いだり、化石爬虫類の出土もけっして珍しくなくなりつつあるなかで、隠蔽種間の鑑別点を明らかにしたり、化石の完全な同定をするためには、比較のための形態計量研究が必要で、とくに化石の場合は骨格が重要である。さらに、有鱗類であれば半陰茎の変異の解明も望まれる。

形態学的な眼を馴らすのには十分な時間と訓練が必要であるが、そうした訓練はほとんどされていない。形態学的研究の基礎は解剖実習にあるが、動物愛護の観点からこれに反対する意見が多い。しかし、たとえばカメ類では外来種のミシシッピアカミミガメのような駆除すべき対象があるのだから、それを利用して構造を理解することは有用であろう。

いま流行の分子系統学的研究でも、形態比較に基づく十分な分類の確認がさ

れていない可能性がある。とくに、得られた系統学的関係から、分類学的再検討をするような場合には、上述のように形態に基づく裏付けが必須である。

このように、爬虫類学にはまだまだ多くの課題が残されており、どの課題も完全な解明には長大な時間を要する。しかし、その一方で、爬虫類の急激な減少は進んでいる。したがって、さらなる研究が進展する前に爬虫類が消滅しないよう保護・保全活動を進展させることは必須である。そうした活動は個人レヴェルでは進めがたく、多くの人々の協力が必要である（第 15 章参照）。日本産爬虫類については、ウミガメ類や淡水カメ類について、共同体制が固まりつつあるのは喜ばしいことであるが（下記参照）、今後、ヘビ類やトカゲ類についても類似の運動が盛り上がることに期待したい。

19-4　爬虫類学を始める人のために

本書をきっかけにこれから爬虫類学を始める人のための、必要な情報を簡単に紹介しておきたい。

日本語で書かれた爬虫類の教科書としては、疋田 努著『**爬虫類の進化**』（東京大学出版会、2002）があり、専門参考書としては中村健児ほか著『**動物系統分類学 9 巻下 B1**』（中山書店、1988）と松井正文著『**動物系統分類学 9 巻下 B2**』（中山書店、1992）がある。図鑑類は、最新の関 慎太郎著『**野外観察のための日本産爬虫類図鑑**』（緑書房、2016）をはじめ各種が刊行されている。

学会としては、上述のように「日本爬虫両棲類学会」がある。この学会は爬虫類だけではなく、両棲類も対象としており、年にそれぞれ 2 回ずつ、英文誌 "Current Herpetology" と、和文誌『爬虫両棲類学会報』を発行している。年次大会は年に一度、秋季に国内の各地持ち回りで開催される。現在の事務局は株式会社 土倉事務所（〒 603-8148　京都市北区小山西花池町 1-8）内にある。ホームページが作成されているので参照されたい（http://herpetology.sakura.ne.jp/index_j.php）。

「沖縄両生爬虫類研究会」は、琉球列島を中心に活動し、会誌『AKAMATA』を発行している（連絡先は、〒 903-0213　沖縄県西原町千原 1 番地　琉球大学教育学部自然環境学科　教育コース内　沖縄両生爬虫類研究会事務局　富永篤 宛）。その他にも地域の爬虫両棲類の研究会が北海道、九州にある。また、ウミガメ類の研究と保護の促進を目指す「NPO法人 日本ウミガメ協議会」は、年に 1 度日

本ウミガメ会議を開き、会誌『うみがめニュースレター』を年4回発行している（事務局の連絡先は、〒573-0163　大阪府枚方市長尾元町5-17-18　マルタビル302）。国外の学会については、上述の世界の研究の実態を参照の上、ウェブ検索されたい。（以上の連絡先はいずれも2016年11月現在）

　両棲類に関しては広島大学両生類研究施設、鳥類に関しては山階鳥類研究所があるのに対し、爬虫類を銘打っている研究機関は、一部の民間施設を除き皆無で、実質的に爬虫類の研究機関はないといえる。爬虫類専門の研究者は、本書の著者たちの所属に紹介されているように、それぞれが大学その他に現在所属しているか、かつて所属していた者たちで、けっして数が多いとは言えない。しかし、生物多様性の問題が叫ばれ、生物の保護・保全が重用視されるようになっている昨今、多くの大学の理系各学部の研究室で爬虫類は両棲類とともに研究されるようになっているので、これについてもウェブ検索されたい。

19-5　本書刊行の経緯についての断り書き

　最後になってしまったが、本書刊行の経緯について述べておきたい。

　本書は、姉妹書である『これからの両棲類学』（松井正文 編、2005）と同時刊行を予定しながら、作業が進められていた。当初の編者は本書の第7章を担当しておられる、まさに爬虫類の専門家、疋田 努氏で、その構成内容は本書とほぼ同じであった。ほとんどの原稿は2000年頃には集まったが、その後、編者が公私ともに多忙で編集作業がまったく進まない状態が続いた。そこで、新たに松井が編集の補助に加わって2008年にはいったん原稿の更新などを各著者にお願いし、提出されたものを検討して、さらに書き直しをお願いした。しかし、多くの著者の反応は遅く、結局うやむやなまま8年が経ってしまった。これでは、"これからの"どころか"これまでの"爬虫類学になってしまう。しかも、この長いブランクの間に、お二人の著者、千石正一氏と鳥羽通久氏は、若くして他界されてしまった。

　新進気鋭だった各著者も年齢を重ね、本業もますます忙しくなって、このままでは発行の企画は完全に闇に葬られるしかなかった。松井は、当時最新の知見を一般読者のためにまとめられ、わかりやすい原稿を用意してくださった各著者に対し、申し訳ないと思う一方で、すでに停年を迎えてしまった自己の今後の活動可能性を考えざるを得なかった。もう今しか無い、そう考えて2016

年春になって、まず出版社に企画が棄却されていないかを確認した。さすがに名門の学術出版社である裳華房は、このせちがらい世の中で、未だに企画を長い目で見る、という余裕をもっておられた。まことに有難いことであった。

そこで、松井の独断で編集を行うことにし、かなり強引に各著者に最新の知見を追加して新たな原稿として提出するようお願いし、引き受けていただき、その後は催促を重ねたのである。その結果、すべての著者に多大の負担をおかけすることになったのだが、とりわけこの間に進展の目覚ましかった分子系統学分野第 13 章の著者、本多正尚氏にはきわめて大きな負担をお願いすることになった。しかし、分子系統学のみならず、最近の研究では、分子遺伝学とまったく関わりのない分野はほぼ皆無であるから、生態学から保全の分野まで、改訂をお願いせねばならぬ項目は多かった。

こうした経緯から、本書にはウェブ上で一瞬話題になるような、一見最新の、しかし定説にもなっていないような内容はほとんど含まれていない。"これからの"と銘打ちながら、本書を一読すればすぐにとか、これに飛びつけば新知見を、というような一攫千金型の書き方もされているわけではない。そもそも現今の教育に見られる、要点だけをあまりにもすばやく理解させようという効率重視型の傾向は長い目で見たとき、けっして思考というものを育てることには繋がらないだろう。

以上の経緯をご理解いただいた上で、本書を読んでいただき、日本の爬虫類研究への理解を深めてくださることを希望するものである。

参考文献・引用文献一覧

第 I 編　爬虫類学の現状

1 章　爬虫類学と日本における研究史

Boie, H.（1826）*Isis von Oken*, **18**：203-216.
Fukada, H.（1992）"*Snake Life History in Kyoto*". Impact Shuppankai, Tokyo.
Hallowell, E.（1861）*Proc. Acad. Nat. Sci. Philadelphia*, **1860**：480-510.
半澤正四郎（1935）日本生物地理学会会報, **5**：173-198.
疋田　努・鈴木　大（2010）爬虫両棲類学会報, **2010**：41-46
Inukai, T.（1927）*J. Coll. Agr., Hokkaido Imp. Univ.*, **14**：125-201.
黒田長禮（1931）動物学雑誌, **43**：172-175.
Linnaeus, C.（1758）"*Systema Naturae per Regna tria Naturae secundum Classes, Ordines, Genera, Species, cum Charaterius, Differentiis, Locis. 10th ed. Vol. 1*". Laurentius Salvius, Stockholm.
Maki, M.（1930）*Annot. Zool. Japon.*, **13**：9-11.
Maki, M.（1931）"*A Monograph of the Snakes of Japan*". Dai-ichi Shobo, Tokyo.
松井正文（1996）『両生類の進化』. 東京大学出版会.
松井正文 編（2005）『これからの両棲類学』. 裳華房.
松井正文 編（2006）『バイオディバーシティ・シリーズ7　脊椎動物の多様性と系統』. 裳華房.
Matsui, T. & Okada, Y.（1968）*Acta Herpetol. Japon.*, **3**：1-4.
Mitsukuri, K.（1890）*J. Coll. Sci., Tokyo Imp. Univ.*, **6**：1-54.
Nakamura, K.（1927）*Proc. Imp. Acad. Japan, III*, **5**：296-298.
Nakamura, K. & Uéno, S.（1959）*Mem. Coll. Sci. Univ. Kyoto (B)*, **26**：45-52.
中村健児・上野俊一（1963）『原色日本両生爬虫類図鑑』. 保育社.
中村健児ら（1988）『動物系統分類学 9（B1）脊椎動物（IIb1）爬虫類 I』. 中山書店.
波江元吉（1912）動物学雑誌, **24**：442-445.
Noguchi, H.（1909）*Carnegie Inst. Washington Publ.*, **111**：1-315.
Oguma, K.（1934）*Arch. Biol.*, **14**：27-46.
Okada, Y.（1933）*Sci. Rep. Tokyo Univ. Liter. & Sci. (B)*, **1**：145-153.
Okada, Y.（1936）*Sci. Rep. Tokyo Bunrika Daigaku (B)*, **2**：233-289.
岡田彌一郎・高良鉄夫（1958）日本生物地理学会会報, **20(3)**：1-3.
Stejneger, L.（1907）*Bull. U. S. Nat. Mus.*, **58**：1-577.
高橋精一（1922）『大日本毒蛇圖集』. 田淵石版印刷所, 台北.
高橋精一（1930）『日本蛇類大観』. 春陽堂.
高島春雄（1932）台湾博物学会会報, **22**：152-163.
高島春雄（1935）学芸, **(12)**：117-133.
Temminck, C. J. & Schlegel, H.（1838）in "*Fauna Japonica*"（de Siebold, P. F. ed.）, pp. 85-144. J. Muller.
Thompson, J. C.（1912）*Herpetol. Notices*, **2**：1-4.
Toriba, M.（1986）*Jpn. J. Herpetol.*, **11**：124-136.
Toyama, M.（1983）*Jpn. J. Herpetol.*, **10**：33-38.
Van Denburgh, J.（1912）Privately printed. San Francisco.

第 II 編　爬虫類の生態と行動

2 章　爬虫類の生態学の最前線

Aragon, P. *et al.*（2001）*J. Herpetol.*, **35**：346-350.
Birchard, G. F.（2004）in "*Reptilian Incubation*"（Deeming, D. C. ed.）, pp. 103-123.

参考文献・引用文献一覧

Nottingham Univ. Publ., Nottingham.
Boersma, P. D. (1982) in *"Iguanas of the World"* (Burghardt, G. M. *et al.* eds.), pp. 292-299. Noyes Publ., Park Ridge.
Bronikowski, A. M. & Arnold, S. J. (1999) *Ecology*, **80**：2314-2325.
Bull, J. J. (1980) *Quart. Rev. Biol.*, **55**：3-12.
Cooper, W. E. Jr. (1990) *Copeia*, **1990**：237-242.
Cooper, W. E. Jr. (1994) in *"Lizard Ecology"* (Vitt, L. J. *et al.* eds.), pp. 95-116. Princeton Univ. Press, Princeton.
Cooper, W. E. Jr. (2007) in *"Lizard Ecology"* (Reilly, S. M. *et al.* eds.). pp. 237-270. Cambridge Univ. Press, New York.
Covacevich, J. & Limpus, C. (1972) *Herpetologica*, **28**：208-210.
Davis, A. R. *et al.* (2011) *Proc. Royal Soc. B.*, **278**：1507-1514.
Dial, B. E. (1986) *Amer. Natur.*, **127**：103-111.
Dial, R. & Roughgarden, J. (1995) *Ecology*, **76**：1821-1834.
Diller, L. V. & Wallace, R. L. (2002) *Herpetol. Monogr.*, **16**：26-45.
Downes, S. (2001) *Ecology*, **82**：2870-2881.
Gregory, P. T. (1982) in *"Biology of the Reptilia, Vol.13, Physiology D"* (Gans, C. *et al.* eds.), pp. 53-154. Academic Press, London.
Hasegawa, M. (1984) *Herpetologica*, **40**：194-199.
Hasegawa, M. (1994) *Copeia*, **1994**：732-747.
Hasegawa, M. (2003) in *"Lizard Social Behavior"* (Fox, S. F. *et al.* eds.), pp. 172-189. The Johns Hopkins Univ. Press, Baltimore and London.
Janzen, F. J. & Paukstis, J. L. (1991) *Quart. Rev. Biol.*, **66**：149-179.
門脇正史 (1992) 日本生態学会誌, **42**：1-7.
Kearney, M. *et al.* (2001) *Herpetologica*, **57**：411-422.
Krause, M. A. & Burghardt, G. M. (2001) *Herpetol. Monogr.*, **15**：100-123.
Laloi, D. *et al.* (2004) *Mol. Ecol.*, **13**：719-723.
Lawton, J. H. (1995) *Trends Ecol. Evol.*, **10**：392-393.
Madsen, T. & Shine, R. (2001) *Herpetologica*, **57**：147-156.
Martins, E. P. (1994) in *"Lizard Ecology"* (Vitt, L. J. *et al.* eds.), pp.117-144. Princeton Univ. Press, Princeton.
Miles, D. B. *et al.* (2007) in *"Lizard Ecology"* (Reilly, S. M. *et al.* eds.), pp.49-93. Cambridge Univ. Press, New York.
Paterson, A. V. (2002) *Herpetologica*, **58**：382-393.
Perry, G. (2007) in *"Lizard Ecology"* (Reilly, S. M. *et al.* eds.), pp.13-48. Cambridge Univ. Press, New York.
Rassmann, *et al.* (1997) *J. Zool. London*, **242**：729-739.
Salvador, A. & Veiga, J. P. (2001) *Herpetologica*, **57**：77-86.
Schmidt-Nielsen, K. (1984) *"Scaling"*. Cambridge Univ. Press, London.
Schoener, T. W. (1977) in *"Biology of the Reptilia, Vol. 7, Ecology and Behaviour A"* (Gans, C. *et al.* eds.), pp. 35-136. Academic Press, London.
Schwenk, K. (1995) *Trends Ecol. Evol.*, **10**：7-12.
Shine, R. (1988) in *"Biology of the Reptilia, Vol. 16, Ecology B"* (Gans, C. *et al.* eds.), pp. 275-329. A. R. Liss, New York.
Stamps, J. A. (1977) in *"Biology of the Reptilia, Vol. 7, Ecology and Behaviour A"* (Gans, C. *et al.* eds.), pp. 265-334. Academic Press, London.
Stoehr, A. M. & McGraw, K. J. (2001) *J. Herpetol.*, **35**：168-171.
Tanaka, K. & Ota, H. (2002) *Amphibia-Reptilia*, **23**：323-331.
Tinkle, D. W. (1969) *Amer. Natl.*, **103**：501-516.
Tinkle, D. W. *et al.* (1970) *Evolution*, **24**：55-74.
Tokarz, R. R. (2002) *Herpetologica*, **58**：87-94.
Valenzuela, N. (2001) *J. Herpetol.*, **35**：368-378.
Verwaijen, D. & Van Damme, R. (2008) *J. Herpetol.*, **42**：124-133.
Vitt, L. J. (2013) *Herpetologica*, **69**：105-117.

Vitt, L. J. & Congdon, J. D.（1978）*Amer. Natl.*，**112**：595-608.
Webb, J. K. *et al.*（2001）*Funct. Ecol.*，**15**：561-568.
Weiss, S. L.（2001）*Herpetologica*，**57**：138-146.

3章　キノボリトカゲの生態・行動

Andersson, M.（1994）"*Sexual Selection*". Princeton Univ. Press, New Jersey.
Andrews, R. M.（1982）in "*Biology of the Reptilia. Vol. 13, Physiology D. Physiological Ecology*" (Gans, C. & Harvey Pough, F. eds.), pp. 273-320. Academic Press, London.
Crews, D.（1973）*Physiol. Behav.*，**11**：463-468.
El Mouden, E. *et al.*（1999）*J. Zool. London*，**249**：455-461.
Fitch, H. S.（1981）*Misc. Publ. Univ. Kansas Mus. Nat. Hist.*，**70**：1-72.
Hedrick, A.V. & Temeles, E. J.（1989）*Trends Ecol. Evol.*，**4**：136-138.
Howard, R. D.（1981）*Ecology*，**62**：303-310.
Pough, F. H. *et al.*（1998）"*Herpetology*". Prentice Hall, New Jersey.
Shine, R.（1989）*Quart. Rev. Biol.*，**64**：419-461.
Stamps, J. A.（1977）*Ecology*，**58**：349-358.
Stamps, J. A.（1983）in "*Lizard Ecology：Studies of a Model Organism*"（Huey, R. B. *et al.* eds.), pp.169-204. Harvard Univ. Press, Massachusetts and London.
Stamps, J. A.（1995）*Herpetol. Monogr.*，**9**：75-87.
Wiklund, C. & Karlsson, B.（1988）*Amer. Natl.*，**131**：132-138.

4章　カナヘビ類の繁殖生態

Arnold, E. N.（1997）*Zool. J. Linn. Soc.*，**119**：267-296.
Ballinger, R. E.（1979）*Ecology*，**60**：901-909.
Barbault, R.（1988）*Evol. Biol.*，**22**：261-286.
Bosch, H. A. *et al.*（1998）*J. Herpetol.*，**32**：410-417.
Cheng, H-Y.（1987）*Proc. Natl. Sci. Counc. Pt. B：Life Sci.*，**11**：313-321.
Du, W-G.（2006）*Oikos*，**112**：363-369.
Du, W-G. *et al.*（2005）*J. Thermal Biol.*，**30**：153-161.
Dunham, A. E.（1982）*Herpetologica*，**38**：208-221.
Dunham, A. E. *et al.*（1988）in "*Biology of the Reptilia Vol.16, Ecology B, Defence and Life History*"（Gans, C. *et al.* eds.), pp. 441-522. A. R. Liss, New York.
Ferguson, G. W. & Talent, L. G.（1993）*Oecologia*，**93**：88-94.
Fitch, H. S.（1970）*Univ. Kansas Mus. Nat. Hist. Misc. Publ.*，**52**：1-247.
Huang, W-S.（1998）*Copeia*，**1998**：866-873.
Huang, W-S.（2006）*J. Herpetol.*，**40**：267-273.
Huey, R. B. *et al.*（1983）in "*Lizard ecology, Studies of a Model Organism*"（Huey, R. B. *et al.* eds.), pp. 1-6. Harvard Univ. Press, Cambridge.
石原重厚（1964）京都学芸大学紀要 B，**25**：79-85.
季　達明ら 編（1987）『遼寧動物誌（両棲類・爬虫類）』. 遼寧科学技術出版社，瀋陽.
Kopstein, F.（1938）*Bull. Raffles Mus.*，**14**：81-167.
Liang, Y. & Wang, C. S.（1975）*Quart. J. Taiwan Mus.*，**28**：431-481.
Lin, J. & Cheng, H.（1981）*Bull. Inst. Zool. Acad. Sinica*，**20**：43-47.
MacArthur, R. H. & Wilson, E. O.（1967）"*Theory of Island Biogeography*". Princeton Univ. Press, Princeton.
Niewiarowski, P. H.（1994）in "*Lizard Ecology, Historical and Experimental Perspectives*"（Vitt, L. J. *et al.* eds.), pp. 31-49. Princeton Univ. Press, Princeton.
Niewiarowski, P. H. & Roosenburg, W. M.（1993）*Ecology*，**74**：1992-2002.
Pianka, E. R.（1970）*Amer. Natl.*，**104**：592-597.
Pope, C. H.（1929）*Bull. Amer. Mus. Nat. Hist.*，**58**：335-487.
添田晴日ら（2013）爬虫両棲類学会報，**2013**：56.
Sterns, S. C.（1992）"*The Evolution of Life Histories*". Oxford Univ. Press, New York.

参考文献・引用文献一覧

Sun, B-J. *et al.*（2013）*Oecologia*，**172**：645-652.
Szczerbak, N. N.（2003）"*Guide to the Reptiles of the Eastern Palearctic*"．Krieger Pub. Co. Malabar, Florida.
Takeda, N. & Ota, H.（1996）*Herpetologica*，**52**：77-88.
Takenaka, S.（1980）*Herpetologica*，**36**：305-310.
Takenaka, S.（1981）"*Intraspecific Variation in Reproduction of the Lizard, Takydromus tachydromoides, with its Inerspecific Comparison with T. smaragdinus*"．筑波大学博士学位論文．
竹中 践（1982）個体群生態学会報，**36**：1-10.
Takenaka, S.（1989）in "*Current Herpetology in East Asia*"（Matsui, M. *et al.* eds.），pp. 364-369．The Herpetological Society of Japan, Kyoto.
竹中 践・森口 一（2013）東海大学紀要（生物学部），**1**：9-12.
竹中 践ら（2008）爬虫両棲類学会報，**2008**：64.
Taylor, E. H.（1963）*Univ. Kansas Sci. Bull.*，**44**：687-1077.
Telford, S. R. Jr.（1969）*Copeia*，**1969**：548-567.
Telford, S. R. Jr.（1997）"*The Ecology of a Symbiotic Community 1*"．Krieger Publ., Malabar.
Terent'ev, P. V. & Chernov, S. A.（1949）"*Key to Amphibians and Reptiles 3rd ed.*"．Nauka, Moscow.
Tinkle, D. W.（1969）*Amer. Natl.*，**103**：501-516.
Tinkle, D. W. & Dunham, A. E.（1986）*Copeia*，**1986**：1-18.
Tinkle, D. W. *et al.*（1970）*Evolution*，**24**：55-74.
Vitt, L. J. & Congdon, J. D.（1978）*Amer. Natl.*，**112**：595-608.
Wang, B.（1966）*Acta Zool. Sinica*，**8**：170-185.

5章 日本産イシガメ科カメ類の生態

Chen, T.-S. & Lue, K.-Y.（1999）*J. Herpetol.*，**33**：463-471.
Ernst, C. H. *et al.*（2000）"*Turtles of the World*（CD-ROM：Macintosh version 1.2）"．Expertise Centre for Taxonomic Identification, University of Amsterdam, Amsterdam.
Fukada, H.（1965）*Bull. Kyoto Gakugei Univ. Ser. B*，**27**：65-82.
疋田 努・鈴木 大（2010）爬虫両棲類学会報，**2010**：41-46.
小菅康弘ら（2003）千葉中央博自然史研究報告特別号，**(6)**：55-58.
黒澤是之・太田英利（2003）『リュウキュウヤマガメ・セマルハコガメ生息実態調査報告書』（太田英利・浜口寿夫 編），pp. 32-48．沖縄県教育委員会.
喜屋武優子（2003）『リュウキュウヤマガメ・セマルハコガメ生息実態調査報告書』（太田英利・浜口寿夫 編），pp. 16-27．沖縄県教育委員会.
森 哲（1986）両生爬虫類研究会誌，**33**：5-9.
中島みどりら（2000）関西自然保護機構会誌，**22**：91-103.
中村健児・上野俊一（1963）『原色日本両生爬虫類図鑑』．保育社.
日本生態学会 編（2002）『外来種ハンドブック』．地人書館.
野田英樹・鎌田直人（2004）爬虫両棲類学会報，**2004**：102-113.
大谷 勉（2003a）あやみや：沖縄市立郷土博物館紀要，**(11)**：1-9.
大谷 勉（2003b）『リュウキュウヤマガメ・セマルハコガメ生息実態調査報告書』（太田英利・浜口寿夫 編），pp. 10-15．沖縄県教育委員会.
大谷 勉（2003c）『リュウキュウヤマガメ・セマルハコガメ生息実態調査報告書』（太田英利・浜口寿夫 編），pp. 27-32．沖縄県教育委員会.
大谷 勉・喜屋武優子（2005）あやみや：沖縄市立郷土博物館紀要，**(13)**：1-11.
大谷 勉ら（2008）爬虫両棲類学会報，**2008**：61.
Parmenter, R. R.（1980）*Copeia*，**1980**：503-514.
Parmenter, R. R. & Avery, H. W.（1990）in "*Life History and Ecology of the Slider Turtle*"（Gibbons, J. W. ed.），pp. 257-266．Smithsonian Institution Press, Washington, D. C.
Saka, M. *et al.*（2011）*Curr. Herpetol.*，**30**：103-110.
千石正一 編（1979）『原色／両生・爬虫類』．家の光協会.
Suzuki, D. *et al.*（2011）*Chelonian Conserv. Biol.*，**10**：237-249.

Takenaka, T. & Hasegawa, M.（2001）*Curr. Herpetol.*, **20**：11-17.
寺田考紀（2003）『リュウキュウヤマガメ・セマルハコガメ生息実態調査報告書』（太田英利・浜口寿夫 編），pp. 8-10. 沖縄県教育委員会.
van Dijk, P. P. *et al*. eds.（2000）"*Asian Turtle Trade：Proceedings of a Workshop on Conservation and Trade of Freshwater Turtles and Tortoises in Asia*". Chelonian Reserch Foundation, Lunenburg, Massachusetts.
van Dijk, P. P. *et al.*（2014）*Chelonian Res. Monogr.*, **5**：329-479.
Yabe, T.（1989）*Jpn. J. Herpetol.*, **13**：7-9.
Yabe, T.（1992）*Jpn. J. Herpetol.*, **14**：191-197.
Yabe, T.（1994）*Jpn. J. Herpetol.*, **15**：131-137.
矢部　隆（2002）『里山の生態学 ―その成り立ちと保全のあり方―』（広木詔三 編），pp. 176-184. 名古屋大学出版会.
安川雄一郎（1996）『日本動物大百科 第5巻　両生類・爬虫類・軟骨魚』（千石正一ら 編），pp. 59-63. 平凡社.

6章　ヘビ類の行動

Blashears, J. A. & DeNardo, D. F.（2013）*J. Herpetol.*, **47**：440-444.
Brodie, E. D., III.（1992）*Evolution*, **46**：1284-1298.
Carpenter, C. C. *et al*.（1976）*Copeia*, **1976**：764-780.
Chiszar, D. *et al*.（1992）in "*Biology of the Pitviper*"（Campbell, J. & Brodie, E. D. Jr. eds.），pp. 369-382. Selva, Tyler, Texas.
Cundall, D.（2002）in "*Biology of the Vipers*"（Schuett, G. *et al*. eds.），pp. 149-161. Eagle Mountain Publishing, LC. Utah.
Dorcas, M. E. & Peterson, C. R.（1998）*Herpetologica*, **54**：88-103.
Huang, W. *et al*.（2011）*Proc. Natl. Acad. Sci. U.S.A.*, **108**：7455-7459.
Kadota, Y. *et al*.（2011）*Herpetol. Rev.*, **42**：26-29.
Madsen, T. *et al*.（1993）*Anim. Behav.*, **45**：491-499.
Mizuno, T. & Kojima, Y.（2015）*J. Zool. London*, **297**：220-224.
Mori, A. *et al*.（1999）in "*Tropical Island Herpetofauna：Origin, Current Diversity, and Conservation*"（Ota, H. ed.），pp. 99-128. Elsevier, Amsterdam.
Mori, A. *et al*.（2002）in "*Biology of the Vipers*"（Schuett, G. *et al*. eds.），pp. 329-344. Eagle Mountain Publishing, LC. Utah.
森　哲（2012）『生き物たちのつづれ織り・下』（阿形清和・森　哲 監修），pp. 27-39. 京都大学学術出版会.
森　哲ら（2005）爬虫両棲類学会報，**2005**：22-38.
Peterson, C. R.（1987）*Ecology*, **68**：160-169.
Schuett, G.（1997）*Anim. Behav.*, **54**：213-224.
Schuett, G. *et al*.（1996）*Horm. Behav.*, **30**：60-68.
Shine, R. & Madsen, T.（1996）*Physiol. Zool.*, **69**：252-269.
Tanaka, K.（2007）*Biol. J. Linn. Soc.*, **92**：309-322.
Webb, J. K. & Shine, R.（1998）*Physiol. Zool.*, **71**：680-692.
Webb, J. K. *et al*.（2000）*J. Zool. London*, **250**：321-327.
Webb, J. K. *et al*.（2015）*Behav. Ecol. Sociobiol.*, **69**：1657-1661.

7章　島嶼の爬虫類

Brandley, M. C. *et al*.（2011）*Sys. Biol.*, **60**：3-15.
Brandley, M. C. *et al*.（2014）*PLoS One*, **9**：e92233.
ゴリス, R. C.・寺田　博（1977）爬虫両棲類学雑誌，**7**：44-45.
Goris, R. C.（1967）*Acta Herpetol. Japon.*, **2**：25-30.
波部忠重（1977）国立科学博物館専報，**10**：77-82.
原　幸治（1976）爬虫両棲類学雑誌，**6**：95-98.
Hasegawa, M.（1984）*Herpetologica*, **40**：194-199.

Hasegawa, M.（1990）*Jpn. J. Herpetol.*, **13**：65-69.
Hasegawa, M.（1994）*Copeia*, **1994**：732-747.
Hasegawa, M.（1999）in "*Tropical Island Herpetofauna：Origin, Current Diversity, and Conservation*"（Ota, H. ed.）, pp. 129-154. Elsevier, Amsterdam.
長谷川雅美（2002）遺伝, **56(9)**：48-50.
Hasegawa, M. & Moriguchi, H.（1989）in "*Current Herpetology in East Asia*"（Matsui, M. et al. eds.）, pp. 414-432. Herpetological Society of Japan, Kyoto.
Hikida, T.（1981）*Zool. Mag.*, **90**：85-92.
Hikida, T.（1993）*Jpn. J. Herpetol.*, **15**：1-21.
疋田 努（2006）日本爬虫両棲類学会報, **2006**：139-145.
井口 豊（1985）月刊むし, **172**：27-29.
池田清彦（1984）月刊むし, **165**：2-10.
池谷仙之・北里 洋（2004）『地球生物学 −地球の生命と進化−』. 東京大学出版会.
貝塚爽平ら 編（2000）『日本の地形4 関東・伊豆小笠原』. 東京大学出版会.
Kurita, K. & Hikida, T.（2014a）*Zool. Sci.*, **31**：187-191.
Kurita, K. & Hikida, T.（2014b）*Zool. Sci.*, **31**：464-474.
黒沢良彦（1978）国立科学博物館専報, **11**：141-153.
町田 洋ら 編（2006）『日本の地形5 中部』. 東京大学出版会.
MacArther, R. H. & Wilson, E. O.（1967）"*The Theory of Island Biogeography*". Princeton Univ. Press, Princeton.
Motokawa, J. & Hikida, T.（2003）*Zool. Sci.*, **20**：97-106.
中村健児・上野俊一（1963）『原色日本両生爬虫類図鑑』. 保育社.
野村 鎮（1969）昆虫学評論, **21**：71-94.
岡田彌一郎（1921）動物学雑誌, **33**：30-34.
Okamoto, T. *et al.*（2006）*Zool. Sci.*, **23**：419-425.
Okamoto, T. & Hikida, T.（2009）*J. Zool. Sys. Evol. Res.*, **47**：181-188.
Okamoto, T. & Hikida, T.（2012）*Zootaxa*, **3436**：1-23.
Stejneger, L.（1907）*Bull. U. S. Nat. Mus.*, **58**：1-577.
高桑正敏（1979）月刊むし, **104**：35-40.
Taylor, E. H.（1936）*Univ. Kansas Sci. Bull.*, **23**：1-643.

8章　爬虫類の寄生虫学

Ainsworth, R.（1990）*J. Parasitol.*, **76**：812-822.
Anderson, R. C.（1988）*J. Parasitol.*, **74**：30-45.
Anderson, R. C.（2000）"*Nematode Parasites of Vertebrates. 2nd ed.*". CAB International, Wallingford, UK.
Anderson, R. C. *et al.*（1974 〜 1983）"*CIH keys to Nematode Parasites of Vertebrates 1-10*". Commonwealth Agricultural Bureau, Farnham Royal, UK.
Baker, M. R.（1982）*Can. J. Zool.*, **60**：3134-3142.
Baker, M. R.（1987）*Mem. Univ. Newfoundland Occ. Pap. Biol.*, **(11)**：1-325.
Bursey, C. R. *et al.*（2005）*Comp. Parasitol.*, **72**：234-240.
Bush, A. O. *et al.*（2001）"*Parasitism*". Cambridge Univ. Press, Cambridge, UK.
Cromptom, D. W. T. & Nickol, B. B.（1985）"*Biology of Acanthocephala*". Cambridge Univ. Press, Cambridge, UK.
福井玉夫（1963）横浜市大論叢, **14**：123-140.
Gibson, D. I. *et al.*（2001 〜 2008）"*Key to the Trematoda, I-III*". CABI Publishing, Wallingford, UK.
Gibbons, L. M.（2010）"*Keys to the Nematode Parasites of Vertebrates. Supplementary Volume*". CAB International, Wallingford, UK.
Goldberg, S. R. *et al.*（1998）*J. Parasitol.*, **84**：1295-1298.
Goldberg, S. R. *et al.*（2004）*Comp. Parasitol.*, **71**：49-60.
Hasegawa, H.（1984）*Zool. Sci.*, **1**：483-486.
Hasegawa, H.（1984）*Zool. Sci.*, **1**：677-680.

長谷川英男（1985）沖縄生物学会誌，**23**：1-11.
Hasegawa, H.（1987）*Proc. Helminthol. Soc. Wash.*, **54**：237-241.
Hasegawa, H.（1989）*Proc. Helminthol. Soc. Wash.*, **56**：145-150.
Hasegawa, H.（1990）*Mem. Natn. Sci. Mus. Tokyo*, **(23)**：83-92.
長谷川英男（1992a）沖縄生物学会誌，**30**：7-13.
長谷川英男（1992b）沖縄島嶼研究，**10**：1-24.
Hasegawa, H. & Asakawa, M.（2004）*Curr. Herpetol.*, **23**：27-35.
Hasegawa, H. & Otsuru, M.（1979）*Jpn. J. Parasitol.*, **28**：89-97.
Hasegawa, H. *et al.*（2009）*Parasitol. Res.*, **104**：869-874.
Hasegawa, H. *et al.*（2010）*Parasitol. Int.*, **59**：407-413.
Jiang, M. H. & Lin, J. Y.（1980）*Dept. Biol. Coll. Sci. Tunghai Univ. Biol. Bull.*, **(53)**：1-30.
Kagei, N.（1972）*Snake*, **4**：114-117.
影井 昇（1973）*Snake*, **5**：141-150.
Kagei, N. & Kifune, T.（1978）*Snake*, **9**：87-90.
Khalil, L. F. *et al.*（1994）"*Keys to the Cestode Parasites of Vertebrates*". CAB International, Wallingford, UK.
Kifune, T. *et al.*（1977）*Med. Bull. Fukuoka Univ.*, **4**：245-249.
菊池茉莉花（2012）日本大学生物資源科学部卒業論文．
Kuzmin, Y. I.（1999）*Fol. Parasitol.*, **46**：59-66.
Kuzmin, Y. I.（2003）*Acta Parasitol.*, **48**：6-11.
Kuzmin, Y. I. & Sharpilo, V. P.（2002）*Vest. Zool.*, **36**：61-64.
宮田 彬（1979）『寄生原生動物』．長崎大学熱医研．
長澤和也（2004）『フィールドの寄生虫学』．東海大学出版会．
Nakachi, A. & Hasegawa, H.（1992）*Biol. Mag. Okinawa*, **(30)**：25-28.
Petter, A. J.（1968）*Ann. Parasitol. Hum. Comp.*, **43**：655-691.
Petter, A. J.（1971）*Ann. Parasitol. Hum. Comp.*, **46**：479-495.
Sata, N.（2015）*Comp. Parasitol.*, **82**：17-24.
Schmidt, G. D.（1986）"*Handbook of Tapeworm Identification*". CRC Press, Boca Raton, Florida.
Sharpilo, V. P.（1976）"*Patasitic Worms of the Reptilian Fauna of the USSR*". Izdat. Naukova Dumka, Kiev, USSR.
Smyth, J. D.（1994）"*Introduction to Animal Parasitology*". Cambridge Univ. Press, Cambridge, UK.
Sprent, J. F. A.（1978）*J. Helminthol.*, **52**：355-384.
Sprent, J. F. A.（1992）*Int. J. Parasitol.*, **22**：139-151.
高田伸弘（1990）『病原ダニ類図譜』．金芳堂，京都．
田向健一編（2007）特集：爬虫類の寄生虫．季刊 VEC（Veterinary Medicine in Exotic Companions），**5**：5-72.
Telford, S. R. Jr.（1992）*Syst. Parasitol.*, **23**：203-208.
Telford, S. R. Jr.（1993）*Syst. Parasitol.*, **25**：223-227.
Telford, S. R. Jr.（1997）"*The Ecology of a Symbiotic Community. Vols. 1 & 2*". Krieger Publ., Malabar, Florida.
Tran, B. T. *et al.*（2015）*Jpn. J. Vet. Parasitol.*, **14**：13-21.
Yamaguti, S.（1935）*Jpn. J. Zool.*, **6**：393-402.
Yamaguti, S.（1958～1963）"*Systema Helminthum I-V*". Interscience Publ., New York.
Yamaguti, S.（1971）"*Synopsis of Digenetic Trematodes of Vertebrates*". Keigaku Publ.
Yamaguti, S.（1975）"*A Synoptical Review of Life Histories of Digenetic Trematodes of Vertebrates*". Keigaku Publ.

第III編　爬虫類の遺伝と系統分類

9章　単為生殖の爬虫類

Bolger, D. T. & Case, T. J.（1994）*Oecologia*, **100**：397-405.

Booth, W. & Schuett, G. W.（2011）*Biol. J. Linn. Soc.*, **104**：934-942.
Booth, W. *et al.*（2011）*Biol. Letters*, **7**：253-256.
Booth, W. *et al.*（2012）*Biol. Letters*, **8**：983-985.
Brown, S. G. *et al.*（1995）*Proc. Roy. Soc. B.*, **260**：317-320.
Case, T. J. & Taper, M. L.（1986）*Evolution*, **40**：366-387.
Darevsky, I. S.（1992）in "*Herpetology：Current Research on the Biology of Amphibians and Reptiles*"（Adler, K. ed.）, pp. 21-39. SSAR, Oxford, Ohio.
Darevsky, I. S. *et al.*（1985）in "*Biology of the Reptilia. Vol. 15（Development B）*"（Gans, C. & Billett, F. eds.）, pp. 411-526. Wiley, New York.
Dawley, R. M. & Bogart, J. P. eds.（1989）"*Evolution and Ecology of Unisexual Vertebrates*". New York State Museum, Albany, New York.
Dessauer, C. H. & Cole, C. J.（1989）in "*Evolution and Ecology of Unisexual Vertebrates*"（Dawley, R. M. & Bogart, J. P. eds.）, pp. 49-71. New York State Museum, Albany, New York.
Groot, T. V. M. *et al.*（2003）*Heredity*, **90**：130-135.
Hanley, K. A. *et al.*（1994）*Evol. Ecol.*, **8**：438-454.
Hanley, K. A. *et al.*（1995）*Evolution*, **49**：418-426.
林　悦子・池　俊人（2016）鹿児島県立博物館研究報告, **35**：105-107.
Ineich, I.（1988）*Comp. Rend. Acad. Sci., Paris, Ser. 3*, **307**：271-277.
Ineich, I.（1999）in "*Tropical Island Herpetofauna：Origin, Current Diversity and Conservation*"（Ota, H. ed.）, pp. 199-228. Elsevier, Amsterdam.
Kamosawa, M. & Ota, H.（1996）*J. Herpetol.*, **30**：69-73.
Kearney *et al.*（2005）*Physiol. Biochem. Zool.*, **78**：316-324.
北大東村誌編集委員会 編（1986）『北大東村誌』. 北大東村.
Lampert, K. P.（2008）*Sexual Dev.*, **2**：290-301.
Lin, J.-T.（1994）*J. Taiwan Mus.*, **47**：69-73.
Lutes, *et al.*（2011）*Proc. Natl. Acad. Sci. U.S.A.*, **108**：9910-9915.
MacCulloch, R. D. *et al.*（1997）*Biochem. Syst. Ecol.*, **25**：33-37.
前之園唯史・戸田　守（2007）*Akamata*, **18**：28-46.
Maslin, T. P.（1971）*Amer. Zool.*, **11**：361-380.
Maynard Smith, J.（1978）"*The Evolution of Sex*". Cambridge Univ. Press, Cambridge.
南大東村史編集委員会 編（1984）『南大東村誌』. 南大東村.
Moritz, C. *et al.*（1993）*Biol. J. Linn. Soc.*, **48**：113-133.
Murakami, Y. *et al.*（2015）*Ecol. Res.*, **30**：471-478.
中間　弘（2007）鹿児島県立博物館研究報告, **26**：103-104.
Neiman, M. *et al.*（2009）*Ann. New York Acad. Sci.*, **1168**：185-200.
Nussbaum, R. A.（1980）*Herpetologica*, **36**：215-221.
Ota, H.（1989）in "*Current Herpetology in East Asia*"（Matsui, M. *et al.* eds.）, pp. 222-261. Herpetological Society of Japan, Kyoto.
Ota, H.（1990）*Jpn. J. Herpetol.*, **13**：87-90.
Ota, H.（1994）*Ecol. Res.*, **9**：121-130.
太田英利・樋上正美（1984）南紀生物, **26**：62-63.
Ota, H. & Ross, C. A.（1990）*J. Taiwan Mus.*, **43**：35-39.
Ota, H. *et al.*（1989）*Genetica*, **79**：183-189.
Ota, H. *et al.*（1991）*Amphibia-Reptilia*, **12**：181-193.
Ota, H. *et al.*（1993）*Trop. Zool.*, **6**：55-59.
Ota, H. *et al.*（1995）*Biol. Mag. Okinawa*, **33**：183-189.
Ota, H. *et al.*（1996）*Genetica*, **97**：81-85.
太田英利ら（2004）爬虫両棲類学会報, **2004**：128-137.
Patawang, I. *et al.*（2016）*Nucleuss*, **59**：61-66.
Radtkey, R. R. *et al.*（1995）*Proc. Roy. Soc. London*, **259**：145-152.
Roll, B. & Von During, M. U. G.（2008）*Zoology*, **111**：385-400.
Saint Girons, H. & Ineich, I.（1992）*J. Morphol.*, **212**：55-64.
Sakai, O.（2016）*Curr. Herpetol.*, **35**：59-63.
Schuett, G. W. *et al.*（1997）*Herpetol. Nat. Hist.*, **5**：1-10.

Sinclair, E. A. *et al.* (2009) Evolution, **64**：1346-1357.
Suomalainen, E. *et al.* (1987) "*Cytology and Evolution in Parthenogenesis*". CRC Press, Boca Raton, Florida.
Takeda, N. & Ota, H. (1992) *Island Stud.Okinawa*, **10**：59-64.
Trifonov, V. A. *et al.* (2015) *PLoS One*, **10**：e0132380.
Van der Kooi, C. J. & Schwander, T. (2015) *Curr. Biol.*, **25**：R659-661.
Vitt, L. J. & Caldwell, J. P. (2013) "*Herpetology：An introductory biology of amphibians and reptiles, 3rd ed.*". Academic Press, Amsterdam.
Watts, P. C. *et al* (2006) *Nature*, **444**：1021-1022.
Wright, J. W. & Lowe, C. H. (1968) *Copeia*, **1968**：128-138.
Wynn, A. H. *et al.* (1987) *Amer. Mus. Novit.*, **2868**：1-7.
Yamamoto, Y. & Ota, H. (2006) *Curr. Herpetol.*, **25**：39-40.
Yamashiro, S. & Ota, H. (1998) *Jpn. J. Herpetol.*, **17**：152-155.
Yamashiro, S. & Ota, H. (2005) *Curr. Herpetol.*, **24**：95-98.
Yamashiro, S. *et al.* (2000) *Zool. Sci.*, **17**：1013-1020.
Zug, G. R. (1991) *Bishop Mus. Bull. Zool.*, **2**：1-136.
Zug, G. R. (2010) *Smithsonian Contr. Zool.*, **631**：1-70.

10章　イシガメ科の系統分類

Barth, D. *et al.* (2004) *Zool. Scripta*, **33**：213-221.
Cervelli, M. *et al.* (2003) *J. Mol. Evol.*, **57**：73-84.
David, P. (1994) *Dumerilia*, **1**：7-127.
Ernst, C. H. & Barbour, R. W. (1989) "*Turtles of the World*". Smithsonian Inst. Press, Washington, D. C.
Ernst, C. H. *et al.* (2000) "*Turtles of the World*" (CD-ROM：Macintosh version 1.2). Expertise Centre for Taxonomic Identification, University of Amsterdam, Amsterdam.
Gaffney, E. S. & Meylan, P. A. (1988) in "*The Phylogeny and Classification of the Tetrapods, vol. 1, Amphibians, Reptiles, Birds*" (Benton, M. J. ed.), pp. 157-219. Clarendon Press, Oxford, UK.
Guillon, J.-M. *et al.* (2012) *Contrib. Zool.*, **81**：147-158.
疋田　努・鈴木　大（2010）爬虫両棲類学会報, **2010**：41-46.
Hirayama, R. (1984) *Stud. Geol. Salmanticensia. Spl.*, **1**：141-157.
Honda, M. *et al.* (2002) *J. Zool. Syst. Evol. Res.*, **40**：195-200.
Iverson, J. B. (1992) "*A Revised Checklist with Distribution Maps of the Turtles of the World*". Privately printed.
Krenz, J. G. *et al.* (2005) *Mol. Phyl. Evol.*, **37**：178-191.
Le, M. & McCord, W. P. (2008) *Zool. J. Linn. Soc.*, **153**：751-767.
McDowell, S. B. (1964) *Proc. Zool. Soc. London*, **143**：239-279.
Parham, J. F. *et al.* (2004) *Proc. Roy. Soc. Biol. (Suppl.)*, **271**：391-394.
Parham, J. F. *et al.* (2006) *BMC Evol. Biol.*, **6**：1-11.
Praschag, P. (2006) *Organ. Divers. Evol.*, **6**：151-162.
Pritchard, P. C. H. (1979) "*Encyclopedia of Turtles*". TFH Publication, New Jersey.
Sasaki, T. *et al.* (2006) *Syst. Biol.*, **55**：912-927.
Shaffer, H. B. *et al.* (1997) *Syst. Biol.*, **46**：235-268.
Sites, J. W. Jr. *et al.* (1984) *Syst. Zool.*, **33**：137-158.
Spinks, P. Q. *et al.* (2004) *Mol. Phyl. Evol.*, **32**：164-182.
Suzuki, D. *et al.* (2011) *Chelonian Conserv. Biol.*, **10**：237-249.
van Dijk, P. P. *et al.* (2014) *Chelonian Res. Monogr.*, **5**：329-479.
Wermuth, H. & Mertens, R. (1961) "*Schildkröten, Krocodile, Brüchenechsen*". G. Fischer, Jena.
Yasukawa, Y. *et al.* (2001) *Curr. Herpetol.*, **20**：105-133.

11章　カメ類などの化石爬虫類

Azuma, Y. & Currie, P. J.（2000）*Canad. J. Earth Sci.*, **37**：1735-1753.
Azuma, Y. *et al.*（2016）*Sci. Rep.*, **6**：1-13.
Evans, S. E. & Manabe, M.（1998）*Spec. Pap. Palaeontol.*, **60**：101-119.
Evans, S. E. & Manabe, M.（1999）*Geobios*, **32**：889-899.
Evans, S. E. & Matsumoto, R.（2015）*Palaeontol. Electr.*, **18.2.36A**：1-36.
Evans, S. E. *et al.*（2006）*Palaeontology*, **49**：1143-1165.
Godefroit, P. *et al.*（2015）*Science*, **345**：451-455.
Hirayama, R.（1998）*Nature*, **392**：705-708.
Hirayama, R.（2001）*J. Morphol.*, **248**：241.
平山　廉（2005）『桑島化石壁の動物化石調査報告書』（白山市教育委員会編），pp. 12-20. 白山市教育委員会.
Hirayama, R.（2006）*Paleobios*, **26**：1-6.
平山　廉（2006）化石，**80**：47-59.
平山　廉（2007）『カメのきた道 －甲羅に秘められた2億年の生命進化－』．NHKブックス.
Hirayama, R. *et al.*（2000）*Russ. J. Herpetol.*, **7**：181-198.
Hirayama, R. & Chitoku, T.（1996）*Trans. Proc. Palaeontol. Soc. Japan, New Ser.*, **184**：597-622.
Hirayama, R. *et al.*（2012）in "*Morphology and Evolution of Turtles：Origin and Early Diversification*"（Brinkman, D. B. *et al.* eds.），pp. 179-185. Springer, Dordrecht.
Hirayama, R. *et al.*（2007）*Paleontol. Res.*, **11**：1-19.
Hirayama, R. *et al.*（2001）*Russ. J. Herpetol.*, **8**：127-138.
Ikeda, T. *et al.*（2015）*J. Vertebr. Paleontol.*, **35**：e885032.
Ikegami, N. *et al.*（2000）*Paleontol. Res.*, **4**：165-170.
Kobayashi, Y. & Azuma, Y.（2003）*J. Vertebr. Paleontol.*, **23**：166-175.
Kobayashi, Y. *et al.*（2006）*Natn. Sci. Mus. Monogr.*, **35**：1-121.
Konishi, T. *et al.*（2016）*J. Syst. Paleontol.*, **14**：809-839.
Li, C. *et al.*（2008）*Nature*, **456**：497-501.
松井正文（1992）『動物系統分類学9（B2）脊椎動物（IIb2）爬虫類II』．中山書店.
松井正文（2006）『バイオディバーシティ・シリーズ7　脊椎動物の多様性と系統』．裳華房.
Matsumoto, R. *et al.*（2014）*Hist. Biol.*, **27**：583-594.
Matsuoka, H. *et al.*（2016）*J. Vertebr. Paleontol.*, **36**：e1112289.
Motani, R. *et al.*（1998）*Nature*, **393**：255-257.
Ohashi, T. & Barrett, P. M.（2009）*J. Vertebr. Paleontol.*, **29**：748-757.
奥田昌明ら（2006）．第四紀研究，**45**：217-234.
Rieppel, O. & Reisz, R. R.（1999）*Ann. Rev. Ecol. Syst.*, **30**：1-22.
Saegusa, H. & Ikeda, T.（2014）*Zootaxa*, **3848**：1-66.
Sato, T. *et al.*（2006）*Palaeontol.*, **49**：467-484.
Sato, T. *et al.*（2012）*Cret. Res.*, **37**：319-340.
Sato, T. & Tanabe, K.（1998）*Nature*, **394**：629-630.
Schoch, R. R. & Sues, H.-D.（2015）*Nature*, **523**：584-587.
Sonoda, T. *et al.*（2015）*Paleontol. Res.*, **19**：26-32.
Suzuki, D. *et al.*（2004）*J. Vertebr. Paleontol.*, **24**：145-164.
Takahashi, A. *et al.*（2003）*Paleontol. Res.*, **7**：195-217.
Takahashi, A. *et al*（2013）*Zootaxa*, **3647**：527-540.
梅津慶太ら（2013）日本地質学雑誌，**119**：82-95.
Xu, X. *et al.*（2003）*Nature*, **421**：335-340.

12章　日本産ヘビ類の分類

Alencar, L. R. V. *et al.*（2016）*Mol. Phyl. Evol.*, **105**：50-62.
Bannikov, A. G. *et al.*（1977）"*Key to Amphibians and Reptiles of the Fauna of USSR*". Prosveschchenie, Moscow.

Gloyd, H. K.（1972）*Proc. Biol. Soc. Washington*, **85**：557-577.
Golay, P. *et al.*（1993）"*Endoglyphs and Other Major Venomous Snakes of the World*：*A Checklist*". Azemiops, Aire-Geneva.
Goris, R. C.（1971）*Snake*, **3**：57-59.
Guinea, M. L. *et al.*（1983）*Biochem. J.*, **213**：39-41.
Guo, P. *et al.*（2013）*Mol. Phyl. Evol.*, **68**：144-149.
Guo, P. *et al.*（2014）*Zootaxa*, **3873**：425-440.
Hoge, A. R. & Romano-Hoge, S. A. R. W. L.（1981）*Mem. Inst. Butantan*, **42/43**：179-310.
今泉吉典（1957）自然科学と博物館, **24**：146-154.
Isogawa, K. *et al.*（1994）*Jpn. J. Herpetol.*, **15**：101-111.
Kardong, K. V.（1990）in "*Snakes of the Agkistrodon Complex：A Monographic Review*"（Gloyd, H.K. & Conant, R. eds.）, pp. 573-581. SSAR, Athens, Ohio.
Kharin, V. E. & Czeblukov, V. P.（2006）*Russ. J. Herpetol.*, **13**：227-241.
Kraus, F. *et al.*（1996）*Copeia*, **1996**：763-773.
Maki, M.（1931）"*A Monograph of the Snakes of Japan*". Dai-ichi Shobo, Tokyo.
Malnate, E. V.（1962）*Proc. Acad. Nat. Sci. Philadelphia*, **114**：251-299.
Malnate, E. V.（1990）in "*Snakes of the Agkistrodon Complex：A Monographic Review*"（Gloyd, H.K. & Conant, R. eds.）, pp. 583-588. SSAR, Athens, Ohio.
McCarthy, C. J.（1986）*Bull. Brit. Mus. Nat. Hist. Zool.*, **50**：127-161.
長沢　武（2000）『美麻村誌 自然編』（美麻村誌編纂委員会 編）, pp. 426-427. 美麻村誌刊行委員会.
中村健児・上野俊一（1963）『原色日本両生爬虫類図鑑』. 保育社.
日本爬虫両棲類学会（2016）日本産爬虫両棲類標準和名. http://zoo.zool.kyoto-u.ac.jp/herp/wamei.html
Ota, H.（1995）*Snake*, **27**：65-67.
Ota, H. *et al.*（1999）*Jpn. J. Herpetol.*, **18**：1-6.
Paik, N.-K. *et al.*（1993）*Snake*, **25**：99-104.
Paik, N.-K. *et al.*（1998）*Russ. J. Herpetol.*, **5**：97-102.
Parkinson, C. L.（1999）*Copeia*, **1999**：576-586.
Parkinson, C. L. *et al.*（1997）in "*Venomous Snakes：Ecology, and Snakebite*"（Thorpe, R. S. *et al.* eds.）, pp. 63-78. Zool. Soc. London.
Schulz, K.-D.（1996）"*A Monograph of the Colubrid Snakes of the Genus Elaphe Fitzinger*". Koeltz Scientific Books, Wurselen.
Siler, C. H. *et al.*（2012）*Zool. Scri.*, **42**：262-277.
Slowinski, J. B. *et al.*（1997）*Mol. Phyl. Evol.*, **8**：349-362.
Slowinski, J. B. & Keogh, S. J.（2000）*Mol. Phyl. Evol.*, **15**：157-164.
Stejneger, L.（1907）*Bull. U. S. Natl. Mus.*, **58**：1-557.
Takeuchi, H. *et al.*（2012）*Biol. J. Linn. Soc.*, **105**：395-408.
Takeuchi, H. *et al.*（2014）*Curr. Herpetol.*, **33**：148-153.
Toriba, M.（1986）*Jpn. J. Herpetol.*, **11**：124-136.
Toriba, M.（1987）*Snake*, **19**：1-4.
Toriba, M.（1992）*Snake*, **24**：16-22.
鳥羽通久（2004）爬虫両棲類学会報, **2004**：42.
鳥羽通久・太田英利（2006）爬虫両棲類学会報, **2006**：145-151.
浦田明夫・山口鉄男（1973）『男女群島の生物』（長崎県生物学会 編）, pp. 54-58. 長崎県生物学会.
Utiger, U. *et al.*（2002）*Russ. J. Herpetol.*, **9**：105-124.
Williams, D. *et al.*（2006）*Toxicon*, **48**：919-930.
Zhao, E. & Adler, K.（1993）"*Herpetology of China*". SSAR, Athens, Ohio.
Zweifel, R. G.（1998）*Herpetologica*, **54**：83-87.

13章　爬虫類の分子系統学

Dobzhansky, T.（1937）"*Genetics and the Origin of Species*". Columbia Univ. Press, New York.

Donnellan, S. C. (1991a) *Genetica*, **83**：207-222.
Donnellan, S. C. (1991b) *Genetica*, **83**：223-234.
Datta-Roy, A. *et al.* (2012) *Mol. Phyl. Evol.*, **63**：817-824.
Frost, D. R. & Etheridge, R. (1989) *Misc. Publ. Univ. Kans. Mus. Nat. Hist.*, **81**：1-65.
Greer, A. E. (1970a) *Bull. Mus. Comp. Zool.*, **139**：151-184.
Greer, A. E. (1970b) *Breviora*, **348**：1-30.
Greer, A. E. (1974) *Aust. J. Zool. Suppl. Ser.*, **31**：1-67.
Greer, A. E. (1976) *J. Nat. Hist.*, **10**：691-712.
Greer, A. E. (1977) *J. Nat. Hist.*, **11**：515-540.
Greer, A. E. (1978) *Rec. Aust. Mus.*, **32**：321-338.
Greer, A. E. (1979) *Rec. Aust. Mus.*, **32**：339-371.
Greer, A. E. (1986) *J. Herpetol.*, **20**：123-126.
Greer, A. E. (1989) "*The Biology and Evolutions of Australian Lizards*". Surrey Beatty & Sons, Chipping Norton.
Greer, A. E. & Shea, G. M. (2000) *J. Herpetol.*, **34**：329-341.
Hardy, G. S. (1979) *New Zealand J. Zool.*, **6**：609-612.
Hedges, S. B. (2014) *Zootaxa*, **3765**：317-338.
Honda, M. *et al.* (1999a) *Amphibia-Reptilia*, **20**：195-210.
Honda, M. *et al.* (1999b) *Zool. Sci.*, **16**：535-549.
Honda, M. *et al.* (1999c) *Zool. Sci.*, **16**：979-984.
Honda, M. *et al.* (1999d) *Genes Genet. Syst.*, **74**：135-139.
Honda, M. *et al.* (2000) *Mol. Phyl. Evol.*, **15**：452-461.
Honda, M. *et al.* (2003) *Genes Genet. Syst.*, **78**：71-80.
Hutchinson, M. N. (1981) in "*Proceeding of the Melbourne Herpetological Symposium*" (Banks, C. B. & Martin, A. A. eds.), pp. 176-193. Zoological Board of Victoria, Melbourne.
King, M. (1973) *Aust. J. Zool.*, **21**：21-32.
Mausfeld, P. *et al.* (2000) *Mol. Phyl. Evol.*, **17**：11-14.
Mausfeld, P. *et al.* (2002) *Zool. Anz.*, **241**：281-293.
Ota, H. *et al.* (1996) *Genetica*, **98**：87-94.
Pyron, R. A. *et al.* (2013) *BMC Evol. Biol.*, **13**：93.
Rawlinson, P. A. (1974) in "*Biogeography and Ecology in Tasmania*" (Williams, W. D. ed.), pp. 291-338. W. Junk, Hague.
Skinner, A. *et al.* (2011) *J. Biogeogr.*, **38**：1044-1058.
Vidal, N. & Hedges, S. B. (2005) *C. R. Biol.*, **328**：1000-1008.

14章　琉球列島における陸生爬虫類の種分化

Avise, C. A. (2000) "*Phylogeography*". Harvard Univ. Press, Massachusetts.
Brandley, M. C. *et al.* (2011) *Syst. Biol.*, **60**：3-15.
Brooks, D. R. *et al.* (2001) *J. Biogeogr.*, **28**：345-358.
Brown, W. C. & Alcala, A. C. (1957) *Copeia*, **1957**：39-41.
Cracraft, J. (1989) in "*Speciation and Its Consequence*" (Otte, D. & Endler, J. A. eds.), pp. 28-59. Sinauer Association, Inc., Massachusetts.
池原貞雄ら (1984)『琉球列島動物図鑑1　陸の脊椎動物』. 新星図書出版.
疋田　努 (2002)『爬虫類の進化』. 東京大学出版会.
Hikida, T. & Motokawa, J. (1999) in "*Tropical Island Herpetofauna*" (Ota, H. ed.), pp. 231-247. Elsevier Science, Amsterdam.
Hikida, T. & Ota, H. (1997) in "*Proceedings of the Symposium on Phylogeny, Biogeography, and Conservation of Fauna and Flora of East Asian Region*" (Lue, K.-Y. & Chen, T.-H. eds.), pp. 11-28. National Science Council, R. O. C., Taipei.
Honda, M. *et al.* (2014) *Zool. Sci.*, **31**：309-320.
皆藤琢磨 (2016)『奄美群島の自然史学 －亜熱帯島嶼の生物多様性－』(水田　拓 編), pp. 18-35. 東海大学出版部.
Kaito, T. & Toda, M. (2016) *Biol. J. Linn. Soc.*, **118**：187-199.

Kato, J. *et al.*（1994）*Biochem. Syst. Ecol.*, **22**：491-500.
木村政昭（1996）地学雑誌，**105**：259-285.
木村政昭（2002）『琉球弧の成立と生物の渡来』（木村政昭 編），pp. 19-54. 沖縄タイムス社.
木崎甲子郎・大城逸朗（1980）『琉球の自然史』（木崎甲子郎 編），pp. 8-37. 築地書館.
Koizumi, Y. *et al.*（2014）*Zool. Sci.*, **31**：228-236.
Kurita, K. & Hikida, T.（2014a）*Zool. Sci.*, **31**：464-474.
Kurita, K. & Hikida, T.（2014b）*Zool. Sci.*, **31**：187-194.
木場一夫・菊川大東（1969）日本生物地理学会会報，**25**：1-8.
前之園唯史・戸田　守（2007）*Akamata*, **18**：28-46.
根井正利（1990）『分子進化遺伝学』（五條堀 孝・斎藤成也 共訳）. 培風館.
Ota, H.（1998）*Res. Popul. Ecol.*, **40**：189-204.
太田英利（2002）『琉球弧の成立と生物の渡来』（木村政昭 編），pp. 175-186. 沖縄タイムス社.
Ota, H. *et al.*（1995）*J. Herpetol.*, **29**：44-50.
Ota, H. *et al.*（2002）*Biol. J. Linn. Soc.*, **76**：493-509.
Takeda, N. & Ota, H.（1996）*Herpetologica*, **52**：77-88.
Toda, M. *et al.*（1997）*Zool. Sci.*, **14**：859-867.
Toda, M. *et al.*（1999）in "*Tropical Island Herpetofauna*"（Ota, H. ed.），pp. 249-270. Elsevier Science, Amsterdam.
Toda, M. *et al.*（2001）*Zool. Scr.*, **30**：1-11.
戸田　守ら（2003）『琉球列島の陸水生物』（西田　睦ら 編），pp. 25-32. 東海大学出版会.
Tu, M.-C. *et al.*（2000）*Zool. Sci.*, **17**：1147-1157.
Wiley, E. O.（1981）"*Phylogenetics：The Theory and Practice of Phylogenetic Systematics*". John Wiley & Sons, Inc., New York.
Wojcicki, M. & Brooks, D. R.（2005）*J. Biogeogr.*, **32**：755-774.
Yasukawa, Y. *et al.*（1992）*Jpn. J. Herpetol.*, **14**：143-159.

第Ⅳ編　爬虫類の保全・飼育・防除

15章　爬虫類の保全

Baillie, J. & Groombridge, B.（1996）"*1996 IUCN Red List of Threatened Animals*". IUCN, Gland and Cambridge.
Bohm, M. *et al.*（2013）*Biol. Conserv.*, **157**：372-385.
Branch, W. R.（1988）"*South African Red Data Book – Reptiles and Amphibians*". South African National Science Program, Pretoria.
Grismer, L. L. *et al.*（1994）*Zool. Sci.*, **11**：319-335.
Hasegawa, M.（1999）in "*Tropical Island Herpetofauna：Origin, Current Diversity, and Conservation*"（Ota, H. ed.），pp. 129-154. Elsevier, Amsterdam.
疋田　努・鈴木　大（2010）爬虫両棲類学会報，**2010**：41-46.
Honda, M. *et al.*（2014）*Zool. Sci.*, **31**：309-320.
環境庁 編（1991）『日本の絶滅のおそれのある野生生物 －レッドデータブック－（脊椎動物）』. 自然環境研究センター.
環境庁 編（2000）『改訂・日本の絶滅のおそれのある野生生物 －レッドデータブック－（爬虫類・両生類）』. 自然環境研究センター.
環境省 編（2008）『改訂レッドリスト 附属説明資料　爬虫類・両生類』. 環境省.
環境省 編（2014）『レッドデータブック 2014　3 爬虫類・両生類 －日本の絶滅のおそれのある野生生物－』. ぎょうせい.
勝連盛輝ら（1996）沖縄生物学会誌，**34**：1-7.
Kikukawa, A. *et al.*（1998）*Biol. Conserv.*, **87**：149-153.
Kikukawa, A. *et al.*（1999）*J. Zool., London*, **249**：447-454.
Kurita, K. & Hikida, T.（2014a）*Zool. Sci.*, **31**：187-194.
Kurita, K. & Hikida, T.（2014b）*Zool. Sci.*, **31**：464-474.
松井正文（2014）『レッドデータブック 2014　3 爬虫類・両生類 －日本の絶滅のおそれのある野生生物－』（環境省 編），pp. xv-xvi. ぎょうせい.

Moritz, C.（1994）*Trends Ecol. Evol.*, **9**：373-375.
Moritz, C.（1995）*Phil. Trans. Royal Soc. London*, **349**：113-118.
Motokawa, J. & Hikida, T.（2003）*Zool. Sci.*, **20**：97-106.
中村健児・上野俊一（1963）『原色日本両生爬虫類図鑑』，保育社．
中村泰之（2016）『奄美群島の自然史学 －亜熱帯島嶼の生物多様性－』（水田　拓 編），pp. 351-369．東海大学出版部．
Nakamura, Y. *et al.*（2013）*Acta Herpetol.*, **8**：19-34.
Nakamura, Y. *et al.*（2014）*Acta Herpetol.*, **9**：61-73.
Okamoto, T. & Hikida, T.（2012）*Zootaxa*, **3436**：1-23.
太田英利（1996）『シリーズ日本の自然 地域編8　南の島々』（中村和郎ら 編），pp. 161-163. 岩波書店．
太田英利（2015）遺伝，**69**：86-94.
Ota, H.（1998）*Res. Popul. Ecol.*, **40**：189-204.
Ota, H. ed.（1999）"*Tropical Island Herpetofauna*：*Origin, Current Diversity, and Conservation*"．Elsevier, Amsterdam.
Ota, H.（2000a）*Tropics*, **10**：51-62.
Ota, H.（2000b）*Popul. Ecol.*, **42**：5-9.
Ota, H. & Iwanaga, S.（1997）*Zool. J. Linn. Soc.*, **121**：339-359.
Ota, H. *et al.*（1999）*Zool. Sci.*, **16**：159-166.
Ota, H. *et al.*（2005）*Biol. J. Linn. Soc.*, **79**：493-509.
太田英利ら（2004）爬虫両棲類学会報，**2004**：128-137.
大谷　勉（1995）*Akamata*, **(11)**：25-26.
Rodda, G. H. *et al.* eds.（1999）"*Problem Snake Management*：*The Habu and the Brown Treesnake*"．Cornell Univ. Press, Ithaca.
Sato, H. & Ota, H.（1999）in "*Tropical Island Herpetofauna*：*Origin, Current Diversity, and Conservation*"（Ota, H. ed.），pp. 317-334．Elsevier, Amsterdam.
Sato, K. *et al.*（1997）*Chelonian Conserv. Biol.*, **2**：600-603.
Suzuki, D. *et al.*（2011）*Chelonian Conserv. Biol.*, **10**：237-249.
Suzuki, D. *et al.*（2014）*J. Herpetol.*, **48**：445-454.
Suzuki, A. & Nagoshi, M.（1999）in "*Tropical Island Herpetofauna*：*Origin, Current Diversity, and Conservation*"（Ota, H. ed.），pp. 155-158．Elsevier, Amsterdam.
Toda, M. & Hikida, T.（2011）*Curr. Herpetol.*, **30**：33-39.
Toda, M. *et al.*（2001a）*Biol. J. Linn. Soc.*, **73**：153-165.
Toda, M. *et al.*（2001b）*Zool. Scr.*, **30**：1-11.
Toda, M. *et al.*（2005）*Biochem. Genet.*, **44**：1-17.
当山昌直（1997）『沖縄の帰化動物 －海をこえてきた生きものたち』（嵩原建二 編），pp. 4-11. 沖縄出版．

16章　ウミガメ類の研究の現状と保全

Ackerman, R. A.（1997）in "*The Biology of Sea Turtles*"（Lutz, P. L & Musick, J. A. eds.），pp. 83-106．CRC Press, Boca Raton, Florida.
Abecassis, M. *et al.*（2013）*PLoS One*, **8**：e73247.
Bjorndal, K. A.（1997）in "*The Biology of Sea Turtles*"（Lutz, P. L & Musick, J. A. eds.），pp. 199-232．CRC Press, Boca Raton, Florida.
Bocourt, M. M.（1868）*Ann. Sci. Nat., Ser. 5, Zool.*, **10**：121-122.
Bowen, B. W. *et al.*（1992）*Evolution*, **46**：865-881.
Bowen, B. W. *et al.*（1995）*Proc. Natl. Acad. Sci. U.S.A.*, **92**：3731-3734.
Bowen, B. W. & Karl, S. A.（2007）*Mol. Ecol.*, **16**：4886-4907.
Bustard, H. R.（1972）"*Sea Turtles*：*Their Natural History and Conservation*"．Wm. Collins Sons and Co., Ltd., London.
Carr, A. & Caldwell, D.（1956）*Amer. Mus. Novit.*, **1793**：1-23.
Carr, A. & Carr, M. H.（1970）*Ecology*, **51**：335-337.
Diez, C. E. & van Dam, R. P.（2003）*J. Herpetol.*, **37**：533-537.

Hailman, J. P. & Elowson, A. M.（1992）*Herpetologica*，**48**：1-30.
Hamabata, T. *et al.*（2015）*J. Exp. Mar. Biol. Ecol.*，**463**：181-188.
Hatase, H. *et al.*（2002）*Mar. Biol.*，**141**：299-305.
Ishihara, T. *et al.*（2011）*Curr. Herpetol.*，**30**：63-68.
IUCN（2012）"*2012 Red List of Threatened Species*"．www.iucnredlist.org.
亀崎直樹（2003）沿岸域，**16**：45-53.
亀崎直樹（2012）『ウミガメの自然史 －産卵と回遊の生物学－』（亀崎直樹 編），pp. 281-298. 東京大学出版会.
Kamezaki, N. & Matsui, M.（1995）*J. Herpetol.*，**29**：51-60.
亀崎直樹ら（1997）野生生物保護，**3**：29-39.
Kamezaki, N. *et al.*（2002）*Curr. Herpetol.*，**21**：95-97.
Kamezaki, N. *et al.*（2003）in "*Loggerhead Sea Turtles*"（Bolten, A. B. & Witherington, B. E. eds.），pp. 210-217. Smithsonian Books, Washington, D.C.
Karl, S. A. *et al.*（1992）*Genetica*，**131**：163-173.
Kikukawa, A. *et al.*（1999）*J. Zool.*，**249**：447-454.
Kuratani, S.（1987）*J. Anat.*，**154**：187-200.
Limpus, C. J. & Reed, P. C.（1985）in "*Biology of Australian Frogs and Reptilles*"（Grigg, G. *et al.* eds.），pp. 47-52. Royal Zoological Society of New South Wales, Sydney.
Lohmann, K. J. & Lohmann, C. M. F.（2003）in "*Loggerhead Sea Turtles*"（Bolten, A. B. & Witherington, B. E. eds.），pp. 44-62. Smithsonian Books, Washington, D.C.
Lutcavage, M. E. & Lutz, P. L.（1997）in "*The Biology of Sea Turtles*"（Luyz, P. L. & Musick, J. A. eds.），pp. 277-296. CRC Press, Boca Raton.
Miller, J. D.（1985）in "*Biology of the Reptilia, Development A*"（Gans, C. *et al.* eds.），pp. 269-328. Wiley-Ineterscience, New York.
宮脇逸朗（1981）海中公園情報，**53**：15-18.
Mortimer, J.（1990）*Copeia*，**1990**：802-817.
Narazaki, T. *et al.*（2006）*Mar. Biol.*，**62**：1251-1263.
Nichols, W. J. *et al.*（2000）*Bull. Mar. Sci.*，**67**：937-947.
Okamoto, K. & Kamezaki, N.（2014）*Curr. Herpetol.*，**33**：46-56.
Ramirez, C. J. C. *et al.*（1991）*Archelon*，**1**：1-4.
Resendiz, A. *et al.*（1998）*Pacif. Sci.*，**52**：151-153.
Santidrian, T. P. *et al.*（2015）*Glob. Change Biol.*，**21**：2980-2988.
Spotila, J. R.（2004）"*Sea Turtles：a complete guide to their biology, behavior, and conservation*". Johns Hopkins Univ. Press, Baltimore
菅沼弘行（1994）『日本の希少な野生水生生物に関する基礎資料（I）』（水産庁 編），pp. 469-478. 水産資源保護協会.
立川浩之・佐々木 章（1990）うみがめニュースレター，**6**：11-15.
Tamura, S. *et al.*（2014）*Nippon Suisan Gakkaishi*，**80**：900-907.
Wibbels, T.（2003）in "*The Biology of Sea Turtles. Volume II*"（Lutz, P. L. & Musick, J. A. eds.），pp. 103-134. CRC Press, Boca Raton, Florida.
Witherington, B. E. & Bjourndal, K. A.（1991）*Copeia*，**1991**：1060-1069.
Zug, G. R.（1996）*Mar. Turtle Newsletter*，**72**：2-5.

17章　爬虫類の飼育と繁殖

Davies, R. & Davies, V.（1998）『Q&Aマニュアル 爬虫両生類飼育入門』（千石正一 監訳）．緑書房.
Franke, J. & Telecky, T. M.（2001）"*Reptiles as Pets. An Examination of the Trade in Live Reptiles in the United States*". The Human Society of the United States, Washington, D.C.
Frankham, R. *et al.*（2007）『保全遺伝学入門』（西田 睦 監訳）．文一総合出版.
爬虫類・両生類の臨床と病理のための研究会（2003〜2006）『爬虫類両生類の臨床と病理に関するワークショップ，第2〜5回』．SCAPARA，相模原.
Harless, M. & Morlock, H. eds.（1979）"*Turtles. Perspectives and Research*". Wiley-Interscience, New York.
樋口広芳 編（1996）『保全生物学』．東京大学出版会.

希少動物人工繁殖研究会（2003）『希少動物人工繁殖研究会報告集．十年の歩み』．希少動物人工繁殖研究会．
千石正一（1991）『爬虫両生類飼育図鑑 －カメ・トカゲ・イモリ・カエルの飼い方－』．マリン企画．
千石正一（1996）『日本動物大百科 5 両生類・爬虫類・軟骨魚類』（千石正一ら 編），pp. 116-117. 平凡社．
千石正一（2004）『マルチメディア爬虫類両棲類図鑑 －爬虫類・両生類の不思議な世界へようこそ！－』．アストロアーツ／創育．
千石正一 総監修（2003～2005）『HER・PET・OLOGY 1～3』．誠文堂新光社．
鈴木克美・西 源二郎（2005）『水族館学 －水族館の望ましい発展のために－』．東海大学出版会．

18章　ハブの生態と防除

Burghardt, G. M.（1967）*Science*, **157**：718-721.
Chiszar, D. *et al.*（1992）in "*Biology of the Pitvipers*"（Campbell, J. A. & Brodie, E. D. Jr. eds.）, pp. 369-382. Selva, Texas.
Katsuren, S. *et al.*（1999）in "*Problem Snake Management - the Habu and the Brown Treesnake*"（Rodda, G. H. *et al.* eds.）, pp. 340-347. Comstock Publishing Associates, Ithaca.
木場一夫（1962）『奄美群島及びトカラ群島産ハブ属に関する研究』．日本学術振興会．
Mason, R. T.（1992）in "*Biology of the Reptilia, vol. 18, Physiology E, Hormones, Brain, and Behavior*"（Gans, C. & Crews, D. eds.）, pp. 114-228. Univ. Chicago Press, Chicago.
水上惟文ら（1980）*Snake*, **12**：8-10.
三島章義（1961）『ハブとその被害及び対策』．鹿児島県衛生部．
三島章義（1966）衛生動物，**17**：1-21.
西村昌彦（1992）沖縄生物学会誌，**30**：15-23.
西村昌彦（1993）日本生態学会誌，**43**：83-90.
Nishimura, M.（1998）*Biol. Mag. Okinawa*, **36**：59-68.
Nishimura, M.（2004）*Ann. Rep. Okinawa Pref. Inst. Health Env.*, **38**：39-52.
Nishimura, M.（2011）*Int. J. Trop. Med.*, **6**：77-80.
西村昌彦・新城安哲（1999）沖縄生物学会誌，**37**：37-55.
Nishimura, M. & Kamura, T.（1994）*Res. Popul. Ecol.*, **36**：115-120.
Rodda, G. H. *et al.* eds.（1999）"*Problem Snake Management - the Habu and the Brown Treesnake*". Comstock Publishing Associates, Ithaca.
Shiroma, H. & Akamine, H.（1999）in "*Problem Snake Management - the Habu and the Brown Treesnake*"（Rodda, G. H. *et al.* eds.）, pp. 327-339. Comstock Publishing Associates, Ithaca.
高良鉄夫（1962）琉球大学農家政工学部学術報告，**9**：1-202.
Tanaka, H. *et al.*（1999）in "*Problem Snake Management - the Habu and the Brown Treesnake*"（Rodda, G. H. *et al.* eds.）, pp. 224-229. Comstock Publishing Associates, Ithaca.

第 V 編　爬虫類学の未来

19章　爬虫類学の現状と将来に向けて

疋田 努（2002）『爬虫類の進化』．東京大学出版会．
松井正文（1992）『動物系統分類学 9（B2）脊椎動物（IIb2）爬虫類 II』．中山書店．
松井正文 編（2005）『これからの両棲類学』．裳華房．
中村健児・上野俊一（1963）『原色日本両生爬虫類図鑑』．保育社．
中村健児ら（1988）『動物系統分類学 9（B1）脊椎動物（IIb1）爬虫類 I』．中山書店．
Okada, Y. *et al.*（2011）*Curr. Herpetol.*, **30**：89-102.
関 慎太郎（2016）『野外観察のための日本産爬虫類図鑑』．緑書房．

生物名（和名）索引

ア

アイフィンガーガエル　93
アオウミガメ　184, 188, 189, 190, 195〜197, 229
アオウミガメ属　189
アオカナヘビ　45, 171, 186
アオジタトカゲ属　151
アオスジトカゲ　81, 168
アオダイショウ　69, 138
アオヘビ属　170
アカウミガメ　180, 182, 184, 188, 195, 197, 229
アカコッコ　72, 78
アカジムグリ　139
アガマ科　6
アカマタ　69
アコンティアス亜科　146
アジアマブヤ属　154
アドクス　127
アノマロケリス　128
アノールトカゲ　23
アフリカツメガエル　231
アフリカマブヤ属　154
アマミイシカワガエル　96
アムールカナヘビ　42
アメリカマムシ　68, 142
アメリカマムシ属　114
アメリカヤマガメ亜科　123
アメリカヤマガメ属　122, 123
アラフラヤスリミズヘビ　25
アリゲーター科　234
アリノストカゲ亜科　146
アルバロフォサウルス　131

イ

イグアナ科　6
イグアナ類　19
イグアノドン類　130
イシガキトカゲ　168
イシガメ亜科　123
イシガメ科　5, 50, 115, 117, 121
イシガメ属　51, 117, 120, 121, 122
イタチ　180, 183, 185
イノシシ　198
イヘヤトカゲモドキ　181
イベリアイワカナヘビ　23
イモリ　231
イワサキワモンベニヘビ　143
イワトカゲ　151
イワトカゲグループ　153
インドホシガメ　205, 207
インドヤマガメ属　122

ウ

ウシガエル　28, 231
ウスリーマムシ　142
ウタツサウルス　132
ウミイグアナ　18, 25
ウミガメ　69
ウミガメ科　5
ウミガメ類　127, 188, 236
ウミヘビ亜科　144
ウミヘビ類　134, 144

エ

エジプトリクガメ　206
エラスモサウルス科　132
エラブウミヘビ　144
エラブウミヘビ亜科　144
エントメラス属　92

オ

オオアタマガメ　129
オオアタマガメ科　115, 117
オオカミヘビ属　140, 141
オオシマトカゲ　95, 96, 168
オオトカゲ　235
オオトカゲ科　113
オオミミナシトカゲ　19
オオヤマガメ属　122
オオヨコクビガメ　22
オガサワラトカゲ　185
オガサワラヤモリ　106
オガサワラヤモリ属　108
オカダトカゲ　21, 72, 74, 184
オキナワイシカワガエル　95
オキナワキノボリトカゲ　95, 182, 229
オキナワトガケ　168
オキナワハツカネズミ　90
オキナワヤモリ　11, 186
オサガメ　195
オサガメ科　5
オドントケリス　124
オビトカゲモドキ　185, 205
オビラプトル　133
オマキトカゲ属　151
オルネイトツリーリザード　41

カ

カイチュウ科　89
カイメン　194, 197
カウディプテリクス　133
カガナイアス　132
カキネハリトカゲ　40
ガーターヘビ　21, 219
ガーデンスキンク　23
カナヘビ科　6, 39
カナヘビ属　39, 42, 90, 164, 165
カーボベルデマブヤ属　154

生物名（和名）索引

カミツキガメ　28, 208
カミツキガメ科　5, 117
カメ目　4, 5, 50, 115
カメ類　124, 207, 229, 231, 233, 234
カメレオン　90, 235
ガラガラヘビ　219, 224
ガラガラヘビ類　70
ガラスヒバァ　137, 181
カラタケトカゲグループ　148, 149
カリフォルニアキングヘビ　213
カントンクサガメ　121
カンムリガメ属　122

キ
キクザトサワヘビ　184, 185
キスジヒバァ　137
キタカナヘビ　49
キタタイヘイヨウガラガラヘビ　21
キノボリトカゲ　89, 96, 182, 184
キノボリトカゲ属　90, 95
キノボリトカゲ類　92, 162
キノボリヤモリ　111
ギョウチュウ目　93
恐竜類　124
曲頸類　125
曲竜類　131
魚竜類　132
鰭竜類　132
キールバック　23

ク
クサガメ　9, 51, 115, 121, 186, 229
クサガメ属　121
クサリヘビ科　7, 142, 216
クジャク　183
クチノシマトカゲ　168, 171
クメトカゲモドキ　181
クモノスガメ　206
グリーンアノール　185, 208,

229
グリーンイグアナ　207
クリルネマ属　91, 92, 95
グリーンアノール　36, 47
クロイワトカゲモドキ　25, 181, 183, 185, 186, 205
クロウミガメ　189, 190
クロガシラウミヘビ　144
クロコダイル科　234
クロボシウミヘビ　144

ケ
ケララヤマガメ属　122
原生動物　85
原虫類　85

コ
鉤頭虫類　85, 89
鉤頭動物　85
コガタセタカガメ属　122
コブラ亜科　144
コブラ科　7, 143, 144
コモチカナヘビ　20, 24
コリストデラ類　132
ゴールデンヘリユビカナヘビ　20

サ
ザウテルヘビ　137
サキシマカナヘビ　42, 164
サキシマキノボリトカゲ　28, 34, 93
サキシマスジオ　143
サキシマスベトカゲ　91
サキシマバイカダ　140, 141
サキシマハブ　164, 186, 209, 216
サキシママダラ　143
サクラサウルス　132
サバクヨルトカゲ　24
サラサナメラ　138
サルモネラ菌　208
サンガクマムシ　142
サンタナケリス　127

シ
シノサウロプテリクス　133
シベリアマムシ　141, 142
シマヘビ　21, 61, 62, 78, 93, 138, 229
ジムグリ　65, 138, 139
ジムグリ属　138, 139
シャチエミス　127
獣脚亜目　131
獣脚類　130, 131
獣型爬虫類　3, 4
シュウダ　138
主竜類　125
ショウカワ　132
条虫類　85, 88
初期爬虫類　3
シロアゴヤマガメ属　122
シロアリ　70
シロヘビ　139
シロマダラ　140, 229
シンチャンケリス科　126

ス
スクリャービノドン属　93
スタイネガーカナヘビ　45, 171
スッポン　186, 214
スッポン科　5, 126, 127
スッポン上科　126, 127
スッポンモドキ科　126, 127
スッポン類　202
ストケスイワトカゲ　24
ストライププラトーハリトカゲ　21
スベトカゲ亜科　146
スベトカゲ上科　154
スベトカゲ属　165
スペングラーヤマガメ　165
スリランカトカゲ属　154

セ
セダカヘビ科　6
舌形動物　85
節足動物　85

256

生物名（和名）索引

舌虫類　85
セマルハコガメ　115, 186
潜頸亜目　115
線形動物　85
潜頸類　125
線虫　94
線虫類　85, 88

ソ

ゾウガメ　129
双弓亜綱　4
双弓類　234

タ

タイパン亜科　144
タイマイ　188, 195, 197
ダイヤモンドガメ　202
タイリクヒバカリ　137
タイリクヤマカガシ　134, 135
タイワンスジオ　208
タイワンハブ　208, 216
タイワンヤマカガシ　135
タカサゴナメラ　138
タカチホヘビ　141
タカチホヘビ科　6
ダシアトカゲ　150
ダシアトカゲ属　147, 149
ダニ類　85
タワヤモリ　186
単弓亜綱　4
単弓類　133
ダンジョヒバカリ　138
単生類　85
タンビマムシ　142

チ

チャイロマダラ　141
鳥脚類　130, 131
チョウセンナメラ　138
鳥盤目　130, 131
鳥盤類　133

ツ

ツシママムシ　142

ツヤトカゲ属　147, 149

テ

テタヌラ類　131

ト

頭足類　132
トカゲ亜科　146
トカゲ亜目　4, 5, 100, 106
トカゲ科　6
トカゲ属　165, 168, 184
トカゲ類　229, 231, 233, 234
トカゲモドキ科　5
トカゲモドキ属　165
トカラハブ　162
ドリコサウルス類　132
トリティロドン類　133

ナ

ナガスベトカゲグループ　153
ナガスベトカゲ属　147
ナミヘビ科　6, 143
ナメラ属　138
ナンシュンケリス　129
ナンシュンケリス類　128

ニ

ニウエウミヘビ　144
ニシキヘビ　66
ニシクイガメ属　122
ニシヤモリ　11
ニセイシガメ属　117, 120, 122
二生類　85, 88, 89, 91, 94
ニッポノサウルス　130
ニホンイシガメ　51, 115, 185, 229, 235
ニホンイタチ　78
ニホンカナヘビ　45, 83, 92, 96
ニホンスッポン　115, 208
ニホントカゲ　72, 96, 171, 229
ニホンハナガメ　129

ニホンマムシ　65, 79, 141, 215
ニホンマムシ種群　142
ニホンヤモリ　9, 82, 186
ニンジャエミス　125

ヌ

ヌマガメ亜科　117
ヌマガメ科　5, 50, 60, 115, 117, 118

ネ

ネオエントメラス属　91, 92, 95
ネコトカゲグループ　154
ネコトカゲ属　154

ノ

ノネコ　180

ハ

ハコガメ属　122
ハシリトカゲ属　104
バタグールガメ亜科　117, 120
バタグールガメ科　115, 118
バタグールガメ属　122
パッポケリス　124
ハドロサウルス科　130
ハナガメ　59, 121, 129
ハナガメ属　121
バーバートカゲ　168
ハブ　47, 92, 93, 162, 186, 215, 229
ハブ属　142, 170, 215, 216
ハブ類　162, 165
ハミルトンガメ属　122
パラスマムシ種群　142
ハリトカゲ属　39

ヒ

ヒガシニホントカゲ　73
ヒキガエル類　96
ヒバァ属　165
ヒバカリ　82, 137

257

生物名（和名）索引

ヒバカリ属　137
ヒメウミガメ　195
ヒメハブ　66, 69, 92, 164, 216
ヒョウモントカゲモドキ　231
ヒラオリクガメ　206
ヒラタウミガメ　198
ヒロオヒルヤモリ　229

フ

フクイサウルス　130
フクイベナトル　130
フクイラプトル　130, 131
フタバサウルス　132
フタバスズキリュウ　132
フトアゴヒゲトカゲ　204
ブラウンアノール　18
ブラーミニメクラヘビ　70, 112, 134
プロガノケリス　124
プロトステガ科　127
フンセンチュウ　93
フンセンチュウ科　91
フンセンチュウ属　91, 92

ヘ

ヘサキリクガメ　207
ヘテラキス科　95
ヘドルリス科　91
ヘドルリス属　91, 96
ヘビ亜目　4, 6, 100, 106, 113
ヘビ類　134, 229, 231, 233, 234
ヘビカイチュウ　89, 94
ヘビコウチュウ　94
ヘビコウチュウ類　89
ヘビジママムシ　142
ヘビラブジアス属　91
ヘリグロヒメトカゲ　92, 93, 95, 96, 154
ヘリグロヒメトカゲ グループ　154
ヘリグロヒメトカゲ属　154
扁形動物　85

ホ

ホウシャガメ　207
ホオグロヤモリ　93, 95, 110, 114, 229
ホオジロクロガメ属　122
ホクブガーターヘビ　65
ホソメクラヘビ　70
哺乳類型爬虫類　133
ボルネオカワガメ属　122
ボルネオキノボリスキンク属　147, 149
ホンドスッポン　208

マ

マクロスキンク属　147
マダガスカルボア　90
マダラウミヘビ　144
マダラトカゲモドキ　181, 183
マダラヘビ属　140, 141
マチカネワニ　133
マブヤトカゲ グループ　147, 149
マブヤトカゲ属　146, 147, 149
マムシ　93
マムシ亜科　216
マムシ属　141
マムシ類　92
マルガメ属　122
マングース　180

ミ

ミクロラプトル　133
ミシシッピアカミミガメ　60, 208, 229, 235
ミズムシ　91
ミナミイシガメ　51, 115, 186
ミナミオオガシラ　215
ミナミトカゲ グループ　147, 149
ミナミヤモリ　25, 47, 90, 93, 95, 169, 186
ミミズトカゲ　233
ミミズトカゲ亜目　4

ミヤコカナヘビ　164, 171, 183, 185, 186
ミヤコトカゲ　185
ミヤコヒバァ　137, 181
ミヤコヒメヘビ　185
ミヤラヒメヘビ　181

ム

ムカシトカゲ　231, 233
ムカシトカゲ目　4
無弓亜綱　4
無弓類　234
ムツイタガメ属　122

メ

メイオラニア　125
メガネカイマン　207
メクラヘビ　70
メクラヘビ科　6, 106
メソダーモケリス　127
メダマガメ属　119, 122
メテテラキス属　89, 95

モ

モササウルス類　132

ヤ

ヤエヤマイシガメ　51
ヤエヤマセマルハコガメ　51, 185
ヤエヤマヒバァ　137
ヤクヤモリ　186
ヤマカガシ　66, 69, 82, 134
ヤマガメ亜科　120
ヤマガメ属　122
ヤモリ科　5, 106
ヤモリ属　171
ヤモリ類　93

ユ

ユウダ亜科　137
有鱗目　4, 5, 100, 132
ユーメシアトカゲ属　147

ヨ

羊膜類　2
ヨーロッパクサリヘビ　68
翼竜類　133
ヨナグニシュウダ　143, 181
ヨーロッパヌマガメ属　115

ラ

ラブジアス科　91
ラブジアス属　91
ラブジチス目　91, 93

リ

リクイグアナ　25
リクガメ亜科　117
リクガメ科　115, 117, 118, 206
リクガメ上科　115, 117, 118, 126
竜脚類　131
リュウキュウアオヘビ　170
リュウキュウヤマガメ　51, 95, 115, 164, 185, 186
竜盤目　130, 131

ワ

ワタセジネズミ　90
ワニ　202
ワニ目　4
ワニ類　207, 211, 231

生物名（学名）索引

A

Acanthodactylus aureus 20
Achalinus spinalis 141
Acrochordus arafurae 25
Adocus 127
Agkistrodon 114, 141
―― *contortrix* 68, 142
―― *halys* 141
Albalophosaurus 131
Alligatoridae 234
Amblyrhynchus cristatus 18
Amniota 2
Amphiesma 137
Amphisbaenia 4
Anapsida 4
Anolis
―― *aeneus* 36
―― *carolinensis* 36, 185, 208
―― *sagrei* 18
Anomalochelys 128
Apterygodon 147
Ascarididae 89
Aspidoscelis 104
Ateuchosaurus 154
―― Group 154
―― *pellopleurus* 154

B

Batagur 122
Bataguridae 115, 118
Batagurinae 117, 120
Boioga irregularis 216

C

Caiman crocodilus 207
Calamaria pavimentata miyarai 181
Calamaria pfefferi 185
Caretta caretta 180, 188
Caudipteryx 133
Chelonia 189
―― *agassizi* 189
―― *mydas* 184, 188
Chelydra serpentina 28, 208
Chinemys 121
Chioninia 154
Chondrilla 197
Cophosaurus texanus 19
Corucia 151
Crocodylia 4
Crocodylidae 234
Crotalus 70, 219
―― *viridis oreganus* 21
Cryptoblepharus nigropunctatus 185
Cryptodira 115
Cuora 122
―― *flavomarginata* 115
―― *flavomarginata evelynae* 51, 185
Cyclemys 122
Cyclophiops 170
―― *semicarinatus* 170

D

Dasia 147
Diapsida 4
Dinodon 140
―― *orientale* 140
―― *rufozonatum walli* 143
―― *semicarinatum* 69

E

Egernia 151
―― *stokesii* 24
Elaphe 138
―― *carinata* 138
―― *carinata yonaguniensis* 143, 181
―― *climacophora* 69, 138
―― *dione* 138
―― *mandarina* 138
―― *quadrivirgata* 21, 62, 138
―― *schrenskii* 138
―― *taeniura friesi* 208
―― *taeniura schmackeri* 143
Elapidae 144
Elapinae 144
Emoia atrocostata 185
Emydidae 115
Emydinae 117
Emys 115
Entomelas 92
Eretmochelys imbricata 188
Eugongylus Group 148
Eumeces latiscutatus 72
Eumecia 147
Euprepiophis 138, 139
―― *conspicillatus* 65, 139
Euprepis 154
Eutropis 154

F

Fukuiraptor 130
Fukuisaurus 130
Fukuivenator 130
Futabasaurus 132

G

Gekko 171
―― *hokouensis* 169, 186
―― *japonicus* 186

生物名（学名）索引

──── sp.　186
──── *tawaensis*　186
──── *yakuensis*　186
Geochelone
──── *elegans*　205, 207
──── *radiata*　207
──── *yniphora*　207
Geoclemys　122
Geoemyda　122
──── *japonica*　51, 115, 164, 185
──── *spengleri*　165
Geoemydidae　50, 115
Geoemydinae　120, 123
Gloydius　141
──── *blomhoffii*　65, 141
──── *brevicaudus*　142
──── *halys*　142
──── *intermedius*　142
──── *shedaoensis*　142
──── *tsushimaensis*　142
──── *ussuriensis*　142
Goniurosaurus
──── *kuroiwae*　181, 205
──── *kuroiwae orientalis*　181
──── *kuroiwae* subspp.　185
──── *kuroiwae toyamai*　181
──── *kuroiwae yamashinae*　181
──── *splendens*　185, 205

H

Hardella　122
Hebius　137
──── *concelarus*　137, 181
──── *ishigakiensis*　137
──── *pryeri*　137, 181
──── *vibakari danjoensis*　138
──── *vibakari ruthveni*　137
──── *vibakari vibakari*　137

Hedruridae　91
Hedruris　91
Hemidactylus frenatus　110
Hemiphyllodactylus typus　111
Heosemys　122
Heterakidae　95
Hexametra quadricornis　89
Hydrophiinae　144
Hydrophis
──── *cyanocinctus*　144
──── *melanocephalus*　144
──── *ornatus maresinensis*　144
Hypacrosaurus　130

I

Iguana iguana　207
Indotyphlops braminus　70, 112

J

Japalura　162
──── *polygonata ishigakiensis*　28
──── *polygonata polygonata*　182

K

Kaganaias　132
Kalicephalus brachycephalus　94
Kalicephalus spp.　89
Kappachelys　127
Kurilonema　91

L

Lacerta monticola　23
Lamprolepis　147
Lampropeltis getula californiae　214
Lampropholis guichenoti　23
Lankascincus　154
Laticauda schistorhynchus　144
Laticauda semifasciata　144

Laticaudinae　144
latiscutatus 種群　168
Lepidodactylus　108
──── *lugubris*　106
Leptotyphlops　70
Leucocephalon　122
Lithobates catesbeianus　28
Lycodon　140
──── *fasciatus*　141
──── *ruhstrati multifasciatum*　140
Lygosoma　147

M

Mabuya　146
──── Group　147
Macroscincus　147
Malaclemys terrapin　202
Malayemys　122
Mauremys　51, 117
──── *japonica*　51, 115, 185
──── *megalocephala*　234
──── *mutica*　115, 186
──── *mutica kami*　51
──── *mutica mutica*　51
──── *nigricans*　121
──── *reevesii*　51, 115, 186
──── *sinensis*　59, 121
Meiolania　125
Melanochelys　122
Mesodermochelys　127
Meteterakis　89
Microraptor　133
Morelia　66
Morenia　119, 122

N

Nanhsiungchelyidae　128
Nanhsiungchelys　129
Natricinae　137
Natrix tigrina leteralis　134
Neoentomelas　91
Ninjaemys　125
Nipponosaurus　130
Notochelys　122

261

生物名（学名）索引

O

Ocadia 121
— *nipponica* 129
— *sinensis* 129
Odontochelys 124
Opisthotropis kikuzatoi 184
Orlitia 122
Oviraptor 133
Ovophis okinavensis 66, 164, 216
Oxyuraninae 144
Oxyurida 93

P

Pangshura 122
Pappochelys 124
Pelodiscus
— *japonicus* 115
— *sinensis* 208
— *sinensis japonicus* 208
Phelsuma laticauda 229
Platysternidae 115
Platysternon megacephalum 129
Plestiodon 168, 184
— *barbouri* 168
— *elegans* 168
— *finitimus* 73
— *japonicus* 73, 171
— *kuchinoshimensis* 168
— *latiscutatus* 21, 74, 184
— *marginatus* 168
— *oshimensis* 168
— *stimpsonii* 168
Podocnemis expansa 22
Pogona vitticeps 204
Proganochelys 124
Protobothrops 162
— *elegans* 164, 186, 209, 216
— *flavoviridis* 162, 186, 215
— *mucrosquamatus* 208, 216
— *tokarensis* 162
Protostegidae 127
Python 66
Pyxis arachnoides 206
Pyxis planicauda 206

R

Rhabdias 91
Rhabdiasidae 91
Rhabditida 91
Rhabdophis tigrinus 66, 134
Rhabdophis tigrinus formosanus 135
Rhinoclemmydinae 123
Rhinoclemmys 122
Ristella 154
— Group 154

S

Sacalia 117, 122
Sakurasaurus 132
Santanachelys 127
Sauria 4
Sceloporus 39
— *undulatus* 41
— *virgatus* 21
Serpentes 4
Serpentirhabdias 91
Shachemys 127
Shokawa 132
Siebenrockiella 122
Sinomicrurus macclellandi iwasakii 143
Sinosauropteryx 133
Skrjabinodon 93
Sphenodontia 4
Sphenomorphs Group 148
Squamata 4, 5
Strongyloides 91
— *stercoralis* 93
Strongyloididae 91
Synapsida 4

T

Takydromus 39, 164
— *amurensis* 42
— *dorsalis* 42, 164
— *smaragdinus* 45, 171, 186
— *stejnegeri* 45, 171
— *tachydromoides* 44
— *toyamai* 164, 171, 183
Testudines 4, 5, 115
Testudinidae 115, 117, 206
Testudininae 117
Testudinoidea 115
Testudo kleinmanni 206
Thamnophis 219
— *elegans* 21
— *ordinoides* 65
Tiliqua 151
Toyotamaphimeia machikanensis 133
Trachemys scripta elegans 208
Trimeresurus 142
Tropidonophis mairii 23

U

Urosaurus ornatus 41
Utatsusaurus 132

V

Vijayachelys 122
Vipera berus 68
Viperidae 142

X

Xantusia vigilis 24
Xinchiangchelyidae 126

Z

Zootoca vivipara 20

事項索引
（人名を含む）

数字
12S rRNA　150, 152
16S rRNA　150, 152
3D プリンター　234
3倍体　102, 104
　——単為生殖種　112

欧字
Bertalanffyの成長モデル　29
CITES　204
CR（絶滅危惧ⅠA類）　177, 198
"Current Herpetology"　228
DD（情報不足）　177
DNA解析　189
EN（絶滅危惧ⅠB類）　177, 198
IUCN　175, 198
K選択　40
LP（絶滅のおそれのある地域個体群）　177
MPM　20
mtDNA　190, 193, 194, 196
nDNA　190, 194
NT（準絶滅危惧）　177
PTM　20
R（希少種）　180
RCM　42, 47
r選択　40
SINE　121, 153
TSD　22, 191
V（危急種）　180
VU（絶滅危惧Ⅱ類）　53, 177
WO　114
WW　113
W染色体　135, 136
"Zoological Science"　229, 230
ZW型　102, 113
ZZ　114

あ
「アジアのカメ危機」　50
アミノ酸配列　144
アルビノ　213
アレン・グリア（人名）　146
アロザイム　76, 121, 162
安価なペット　208

い
域外繁殖　186
域外保全　209, 211, 212
異型接合　106
異所的種分化モデル　157
伊豆・小笠原弧　74, 75
伊豆諸島　72, 73
伊豆半島　72, 73
胃洗浄法　58, 59
遺存系統　163
遺存種　163
遺伝子型　145
遺伝浸透　185, 186
遺伝的可塑性　103
遺伝的劣化　210
遺伝分散　145
糸巻き　54, 225
稲井層群　132
胃内容物　59
移入種　134
犬飼哲夫（人名）　11
違法取引　205
今泉吉典（人名）　135
陰茎　3
隠蔽種　235

う
ヴィット（人名）　26, 42
上野俊一（人名）　11, 135
ウティゲル（人名）　138
腕立て伏せディスプレイ　36
羽毛恐竜　133
鱗　3

え
餌　222
餌サイズ　30
蝦夷層群　131, 132
塩基配列　145

お
黄体　47
大型化　72
大阪層群　133
小笠原諸島　74, 107, 196
雄型　102
岡田彌一郎（人名）　10
沖縄両生爬虫類研究会　236
小熊　桿（人名）　12
オセアニア　111
親種　103
温度依存性決定　22, 191
温度依存性決定性　212
温度依存性決定様式　22

か
カー（人名）　188
外温性　2, 3
外温的体温調節　16, 17, 21
外温動物　16, 63
海上分散　74
海上分散説　74
回遊　188, 192
外来種　174, 186, 213, 235

263

事項索引

あ

外来生物　51, 185
外来性捕食者　180, 183
核DNA　119
化石　235
家畜化　213
勝浦層群　127, 131
環境DNA　234
環境収容力　40
環境省　175, 198
環境庁　175
関門層群　127

き

帰化　208, 209
鰭脚　127
危急種　180
危急度　176, 184
気候変動　191, 235
希少種　180
寄生蠕虫　85
寄生蠕虫類　88
寄生虫　85
季節移動　53
北谷累層　130, 131
北琉球　159
キーパー　204
求愛行動　58
嗅覚　67
旧北区系要素　9
休眠　54
強制授精型　58
共有派生形質　118, 119
清川累層　129
近交弱勢　210

く

空間分布　34
偶数倍体　103
偶発的単為生殖　113
クラッチサイズ　22
グロイド（人名）　141
黒田長禮（人名）　11
クローン　101, 102
桑島層　131
桑島累層　127

け

経済動物　202
頸腺　66
計測記録機器　194
系統推定　145
頸板　129
血縁関係　24, 26
血道弓　3
ゲノム　100
減数分裂　102
減数分裂前倍化　101, 103, 104
現存量　50

こ

古伊豆半島説　74
恒温動物　63
口蓋骨　144
口蓋骨突起　140
甲骨板　115, 119, 123
交雑　25
交雑個体　73
咬症　136, 217, 220, 223
咬症件数　217
咬症率　215
更新世　129, 160, 169
更新統　125
交接刺　93
後頭顆　3
行動圏　18
行動的体温調節　63
甲板　115, 124, 127
交尾　3
後鼻板　81
喉膜　18, 19, 23
小型化　72
黒化　55
黒化型　139
国外外来生物　9
国際自然保護連合　175, 198
国内外来種　209
誇示行動　18
御所浦層群　131
個体間干渉　45

個体間コミュニケーション　17
個体識別　34
個体数管理　196
個体追跡　51, 54
個体標識　25
古地理　75
固有亜種　8
固有種　8, 156
ゴリス（人名）　135
混獲　182, 188
混獲死　198
ゴンドワナ古大陸系　96
コンバットダンス　68, 224
コンピュータ断層撮影　234

さ

採集圧　206
最適採餌理論　32
サイテス　204, 206, 211
　——Ⅰ類　205
　——Ⅱ類　207
再導入　186, 211, 213
索餌海域　191, 195, 196
刺し網　218, 226
雑種起源説　104
雑種発生　100
サンゴ礁海域　197
三叉神経孔　118
三次元データ　234
三畳紀　124
産卵回数　195, 196
産卵行動　192
産卵数　72

し

飼育　200, 201
飼育愛好家　204
飼育繁殖　209
　——計画　210
シーボルト（人名）　10
ジェネラリスト　30
シェブロン骨　3
紫外線受容　23
視覚　23

事項索引

視覚的錯覚　66
嗜好体温　64
耳小柱　125
雌性配偶子　100
雌性発生　100
次世代シークエンサー　153
自然破壊　204
次端部動原体型　135
次中部動原体型　135
実験生物　232
実験動物　214
シトクロム　118
篠山層群　131, 132
死亡率　56
下総層群　129
社会的バッジ　35
終期融合　101, 113
『重修本草綱目啓蒙』　9
終宿主　90
臭腺　224
臭腺孔　118, 119
集団遺伝的調節　111
集団産卵　18
収斂　120, 122, 123
種概念　157
種間交雑　103
宿主特異性　89
種子分散　59
種の保存法　185, 205
種分化　75, 156, 171
ジュラ紀　125
シュルツ（人名）　138
シュレーゲル（人名）　10
準絶滅危惧　177
生涯繁殖成功度　34
消化管内容物　222
上顎骨　140
条件的単為生殖　101, 113, 114
商取引　185
情報不足　177
食性調査　59
食物連鎖　21
鋤鼻器　3
鋤鼻器官　19

「親愛なる敵」現象　18, 19
進化に重要な単位　184
人工衛星追跡　192
人工孵化　212
新参シノニム　121
森林伐採　182

す

スカベンジャー　59
スタイネガー（人名）　10, 72, 134
ストライプ模様　61, 62

せ

生活史　38, 235
生活史進化　26
性間競争仮説　27
成熟　46
成熟サイズ　22, 40, 46
成熟年齢　22, 46
性成熟　55, 80
性染色体　113
性選択　19
　　──仮説　27, 37
生息域外種保全　209
生息面積　182
生存率　22, 25, 221
生態系　210
成長過程　38
成長曲線　30
成長持続型　17
成長線　29
成長モデル　29
成長様式　38
成長率　221
性的二型　27, 37
性比　55, 191, 212
世界爬虫両棲類学会議　232
赤外線感知器官　224
世代交代　91
世代交番　91
世代時間　210
摂餌生態　194
絶対的単為生殖　100, 105
折衷型　58

絶滅確率　176, 184
絶滅危機　198
絶滅危惧ⅠA類　177
絶滅危惧ⅠB類　177, 198
絶滅危惧Ⅱ類　53, 177, 198
絶滅危惧種　177, 210, 213, 214
絶滅寸前　198
絶滅のおそれのある地域個体群　177
前頰板　81
センサス法　184
染色体　135
鮮新世　129, 160
潜水様式　194
宣伝ディスプレイ　36

そ

走査型電子顕微鏡　142
創始個体数　210
掃除屋　59
早成熟　40
相対一腹量　42
相同染色体　102
側頭弓　4
側頭窓　3, 4
側翼　93
鼠経孔　23
ソフトX線撮影　57

た

体温　63
待機宿主　90
体サイズ　27
代謝率　16
体色変化　235
胎生　38
大東諸島　107
対捕食者行動　66
第四紀　129
体鱗列数　81, 82, 141
台湾　162
高島春雄（人名）　11
高橋精一（人名）　10
多重交雑　108

265

事項索引

単為生殖　91, 100
　　偶発的――　113
　　条件的――　101, 113, 114
単為生殖種　134
単為発生　234
単系統群　118, 164
探索型　20, 69
　　――捕食者　19, 25
探索コスト　32
探索採餌　42
短鎖散在反復配列　121, 153
丹沢山地　75
探餌行動　69
淡水カメ類　236
タンパク質分解酵素　217
ダンハム（人名）　40, 41
端部動原体型　135

ち

遅延受精　114
地球温暖化　96, 233, 235
地磁気　193
遅成熟　40
中間栄養段階捕食者　20
中間宿主　85
超音波診断　57
超早熟　91
地理的隔離　157
地理的分断　158

つ

津房川層　129

て

定住性　54
ディスプレイ　19
ディスプレイ型　58
定置網　198
ティンクル（人名）　40
適応度　34
適応放散　128
手取層群　126, 127, 130, 131, 132, 133
テミンク（人名）　10
デューラップ　18

天然記念物　185, 205
電波発信器　51, 54, 225

と

同型接合　113
島嶼　72
島嶼化　156
同性間競争　19
逃避行動　66
動物愛護管理法　208
東洋区系要素　9
トカラ構造海峡　160
トカラ列島　134, 169
毒　234
毒牙　70, 216
毒腺　216
特定外来種　213
毒ヘビ　215
トラップ　218, 220, 225
トランススクリプトーム　153
鳥羽通久（人名）　11
トンプソン（人名）　10

な

内温的体温調整　22
内温動物　63
内耳　125
内的自然増加率　40
ナイワイアロスキ（人名）　41
永井龜彦（人名）　10
中村健児（人名）　11, 12, 135
中琉球　159
波江元吉（人名）　10
なわばり　18, 35, 36
なわばり行動　66
南海トラフ　75
南西諸島　195, 196

に

臭い物質　219
二次極体　113
二次口蓋　129, 149
日光浴　64
ニッチ　21

日本ウミガメ会議　236
日本ウミガメ協議会　236
日本産爬虫両棲類標準和名リスト　8
日本動物学会　230
日本爬虫両棲類学会　228, 236

ね

年1回繁殖　40
年複数回繁殖　40
年齢構成　221

の

農地造成　182
野口英世（人名）　11

は

配偶行動　18
背甲　124, 129
肺呼吸　3
胚発生　191
ハイブリッドスウォーム　186
白亜紀　125, 130, 133, 235
白体　47
バスタード（人名）　188
長谷川雅美（人名）　84
爬虫両棲類学　2
『爬虫両棲類学会報』　228
爬虫類学　2, 228
爬虫類飼育者　203
爬虫類飼養　203
爬虫類輸入　207
ハビタット選択　231
ハビタットモデリング　231
ハブ駆除　225
ハブ咬症　216
ハプロタイプ　77, 194
ハロウエル（人名）　10
半クローン　102, 113
半澤正四郎（人名）　11
繁殖　201, 221
繁殖行動　57
繁殖成功度　27, 37

事項索引

繁殖生態　57
繁殖生態学　40
繁殖生物学　203
繁殖努力　38, 47
繁殖なわばり　28
繁殖能力仮説　27
繁殖率　25
半数体　102
斑点タイプ　65
半倍数性決定　93

ひ

尾下板数　134, 136, 137
微進化　111
ピット器官　216
ビテロジェニン　57
一腹卵数　22, 37, 39, 40, 44, 46
皮膚呼吸　3
肥満度　221
姫浦層群　131
表型的雄型　102
表現型　145
表現型分散　145
標識再捕獲調査　25
標識再捕獲法　29, 51, 54, 55, 184, 192

ふ

ファンデンブルグ（人名）　10
フィリピン海プレート　75
フェロモン　219
フェンス　218
孵化子　45
深田　祝（人名）　13
孵化幼体　77
福井玉夫（人名）　85
腹甲　124
複合骨　140
腹肋骨　124
附属書 I　204
双葉層群　132
腹甲　118
不法取引　205
孵卵温度　22, 23

プレートテクトニクス説　75
分解者　59
分岐時間　163
分岐分類学　117
分散　167
分子遺伝学　238
分子系統学　145, 238
分子時計　166
分断仮説　166
分布面積　181
糞分析　58

へ

並行進化　120, 122, 123
ペット　86, 96, 182, 203, 231
　安価な――　208
ヘミペニス　138, 139
変温性　3
変温動物　16, 17, 63

ほ

ボイエ（人名）　10
防除研究　215
法規制　205
防御ディスプレイ　66
方形骨　125
旁蝶形骨　141
抱卵　133
保菌動物　211
ホゲ（人名）　142
母系遺伝　194
捕食回避　65
捕食行動　69
捕食者
　探索型――　19, 25
　中間栄養段階――　20
　待ち伏せ型――　19, 25
保全　53, 199, 231
保全遺伝学　231
保全生物学　174, 187
母浜回帰　192, 194
ホームレンジ　53
『本草綱目』　9

ま

マイクロサテライト　234
マイクロサテライトマーカー　24
牧茂市郎（人名）　10, 134
待ち伏せ型　20, 32, 33, 69
　――捕食者　19, 25
待ち伏せタイプ　42
松井孝爾（人名）　11
松尾層群　131

み

箕作佳吉（人名）　11
ミトコンドリア DNA　118, 138, 142, 144, 150, 183
緑亀　208
南琉球　159
御船層群　127, 131, 133
三宅島　72

む

無弓型　4
無性生殖　100

め

雌異型　102, 113
メラニズム　55

も

モデル生物　232
モデル動物　231
戻し交雑　186
モニタリング　196, 199, 211

や

ヤコブソン器官　3, 19, 23, 67, 216
野生絶滅種　213
山口左仲（人名）　85

ゆ

有効集団サイズ　210
有性生殖　100
雄性配偶子　100

事項索引

誘導トラップ　218, 226

よ

洋上分散　167
養殖　201
養殖個体　214
幼生生殖　91
幼体　77
羊膜　2
翼状骨　144

ら

卵黄蓄積濾胞　37, 47
卵殻　125
卵胞　222

り

陸生カメ　128
陸生爬虫類　156
リボソーム遺伝子　118
琉球列島　156
両性生殖　91, 100, 105
梁軟骨　141
リンネ（人名）　188
鱗板　127
鱗板溝　127

る

類似度　158, 161
涙腺　127
累代飼育　210

れ

齢構成　57
歴史生物地理学　166
レッドデータブック　175
レッドリスト　53, 175, 198

ろ

ローラシア古大陸系　96
ロガー　194
ロジスティック成長モデル　29
濾胞閉鎖　48
ロマノーホゲ（人名）　142

わ

ワシントン条約　189, 204
　──の附属書　185
渡瀬線　11

編集者 紹介

松井 正文（まつい まさふみ）（1章、19章執筆）

- 1950年　長野県に生まれる。京都大学大学院 理学研究科 博士課程中退。
- 現　在　京都大学名誉教授、京都大学理学博士。前 日本爬虫両棲類学会会長。
- 主　著　『これからの両棲類学』（編集・執筆、裳華房）、『バイオディバーシティ・シリーズ 7 脊椎動物の多様性と系統』（編集・執筆、裳華房）、『動物系統分類学 第 9 巻下 B2 脊椎動物（IIb2）爬虫類 II』（中山書店）

おもな研究分野は、動物系統分類学で、東アジア・東南アジアの両棲類相形成史に興味をもっているが、その関連で爬虫類にも関心がある。

執筆者 紹介

竹中 踐（たけなか せん）（2章、4章執筆）

- 1950年　東京都に生まれる。筑波大学大学院 生物科学研究科 博士課程修了。
- 現　在　東海大学 生物学部 教授、理学博士。
- 主　著　『生態学からみた北海道』（分担執筆、北海道大学図書刊行会）、『日本動物大百科 5　両生類・爬虫類・軟骨魚類』（分担執筆、平凡社）、『かなへび』（福音館書店）

おもな研究分野は、カナヘビ類の生活史と形態変異。エゾアカガエルの繁殖行動やグリーンアノール、ハブなどの繁殖生態、ムクドリの行動圏、開発と爬虫類・両生類の生息分布の関係などを研究してきた。

田中 聡（たなか さとし）（3章執筆）

- 1957年　京都府に生まれる。琉球大学大学院 理学研究科 修士課程、および鳴門教育大学大学院 学校教育研究科 修士課程修了。
- 現　在　沖縄県立知念高等学校 教諭、理学修士・教育学修士。
- 主　著　『日本動物大百科 5　両生類・爬虫類・軟骨魚類』（分担執筆、平凡社）、『トカゲの世界』（沖縄出版）、『これからの両棲類学』（分担執筆、裳華房）

40年来、沖縄各地で両棲類・爬虫類の野外研究を続けている。近年はシロアゴガエルの防除や沖縄島在来の両棲類の保全・復元につなげる基礎研究にとくに力を入れている。

安川 雄一郎（やすかわ ゆういちろう）（5章、10章執筆）

- 1967年　東京都に生まれる。京都大学大学院 理学研究科 博士後期課程修了。
- 現　在　高田爬虫類研究所 沖縄分室 非常勤研究員、博士（理学）。
- 主　著　『日本動物第百科 5　両生類・爬虫類・軟骨魚類』（分担執筆、平凡社）、『爬虫類と両生類の写真図鑑』（共訳、日本ヴォーグ社）、『外来種ハンドブック』（分担執筆、地人書館）

爬虫類、とくにカメ類の系統分類、進化、外来種問題、飼育下繁殖などについて幅広く研究を行っている。

執筆者紹介

森　　哲 (6章執筆)
もり　あきら

1963年　大阪府に生まれる。京都大学大学院 理学研究科 博士後期課程修了。
現　在　京都大学大学院 理学研究科 准教授、博士（理学）。
主　著　『生き物たちのつづれ織り －多様性と普遍性が彩る生物模様－（上）(下)』（監修・執筆、京都大学学術出版会）、『マダガスカルを知るための62章』（分担執筆、明石書店）、『研究者が教える動物飼育 第3巻 －ウニ, ナマコから脊椎動物へ－』（分担執筆、共立出版）

おもな研究分野は、ヘビ類を中心とした爬虫類の行動学、生態学。とくに捕食行動や防御行動に関心をもっている。現在は、ヤマカガシを含むアジア産の一部のヘビがもつ、頸腺という毒器官による防御機構の研究をおもに進めている。

疋田　努 (7章執筆)
ひきだ　つとむ

1951年　大分県に生まれる。京都大学大学院 理学研究科 博士課程単位取得退学。
現　在　京都大学名誉教授、博士（理学）。
主　著　『爬虫類の進化』(東京大学出版会)、『動物系統分類学 第9巻下B1 脊椎動物(IIb1) 爬虫類I』（分担執筆、中山書店）、"Current Herpetology in East Asia"（分担編集・執筆、日本爬虫両棲類学会）

おもな研究分野は爬虫類の分類学・系統学・生物地理学。最近は古文書や方言地理学から外来種の移入時期や過去の分布を調べている。

長谷川英男 (8章執筆)
はせがわひでお

1949年　新潟県に生まれる。新潟大学大学院 医学研究科 博士課程修了。
現　在　大分大学名誉教授、医学博士。
主　著　『絵でわかる寄生虫の世界』（講談社）、『フィールドの寄生虫学 －水族寄生虫学の最前線－』（分担執筆、東海大学出版会）、『線虫の生物学』（分担執筆、東京大学出版会）

寄生線虫類の系統分類学的研究を40年余続けている。主要研究テーマは琉球列島の両棲爬虫類の寄生線虫相、インドネシア産ネズミの寄生線虫相、類人猿とヒトの寄生線虫の共進化など。

太田英利 (9章、15章執筆)
おおたひでとし

1959年　愛知県に生まれる。京都大学大学院 理学研究科 博士課程中退。
現　在　兵庫県立大学 自然・環境科学研究所 教授／兵庫県立人と自然の博物館 研究部長、博士（理学）。
主　著　『日本の絶滅危惧生物』（共著、保育社）、『動物世界遺産 レッド・データ・アニマルズ（全8巻）』（共編著、講談社）、『小学館の図鑑NEO　両生類・はちゅう類』（共著、小学館）

東アジアから西部オセアニアにかけての熱帯、亜熱帯島嶼域における爬虫類の系統的、分類学的多様性とその成立過程の解明に向けた研究に取り組んでいる。また近年は、こうした多様性の保全のための調査や教育にも取り組んでいる。

執筆者紹介

平山 廉（ひらやま れん）（11章執筆）

1956年 東京都に生まれる。京都大学大学院 理学研究科 博士後期課程退学。
現　在　早稲田大学 国際教養学部 教授、博士（理学）。
主　著　『最新恐竜学』（平凡社新書）、『カメのきた道 −甲羅に秘められた2億年の生命進化−』（NHK出版）、『TJムック　最新版！恐竜のすべて −定説を覆す！恐竜研究の最前線−』（宝島社）

専門は化石爬虫類、とくに恐竜時代のカメ類の系統進化や古生物地理ならびに機能形態学に大きな関心をもっている。

鳥羽通久（とりば みちひさ）（12章執筆）

1950年 群馬県に生まれる。東北大学 理学部 化学科卒業。
2011年 逝去。元 財団法人 日本蛇族学術研究所 所長、博士（医学）。
主　著　『日本動物第百科5　両生類・爬虫類・軟骨魚類』（分担執筆、平凡社）、『ニューワイド学研の図鑑　爬虫類・両生類』（分担監修・指導、学習研究社）、『立体モデル大図鑑　コブラのからだ』（翻訳、講談社）

研究対象はヘビ類全般にわたり、とくに東アジア産ヘビ類の細胞分類学的・骨学的研究、マムシ亜科の系統分類学的研究、アオマダラウミヘビ種群の分類と分布に関する研究、ネパールやスリランカの毒蛇咬症とヘビ類相に関する研究などを行った。

本多正尚（ほんだ まさなお）（13章執筆）

1968年 茨城県に生まれる。京都大学大学院 理学研究科 博士後期課程修了。
現　在　筑波大学 生命環境系 教授、博士（理学）。
主　著　『アカオオハシモズの社会』（分担執筆、京都大学学術出版会）、"Social Organization of the Rufous Vanga"（分担執筆、Trans Pacific Press）

おもな研究分野は、爬虫類の分子系統学および保全遺伝学。最近は、鳥類から節足動物まで幅広く研究を行っている。

戸田 守（とだ まもる）（14章執筆）

1968年 神奈川県に生まれる。京都大学大学院 理学研究科 博士後期課程修了。
現　在　琉球大学 熱帯生物圏研究センター 准教授、博士（理学）。
主　著　『奄美群島の自然史学 −亜熱帯島嶼の生物多様性−』（分担執筆、東海大学出版部）、『これからの両棲類学』（分担執筆、裳華房）、『日本の動物はいつどこからきたのか −動物地理学の挑戦−』（分担執筆、岩波書店）

おもな研究分野は、分類学、系統地理学。とくに琉球列島を中心とする東アジア島嶼域の爬虫両棲類を対象に、地理変異、ファウナの形成史、種分化に関する研究を進めている。

執筆者紹介

当山昌直（とうやままさなお）（15章執筆）

1951年　沖縄県に生まれる。琉球大学 理工学部 生物学科卒業。
現　在　沖縄県教育庁 文化財課 主査。
主　著　『琉球列島の陸水生物』（分担執筆、東海大学出版会）、『奄美沖縄 環境史資料集成』（共編著、南方新社）

琉球列島の両生爬虫類について、40年余にわたって調査研究を続けてきた。近年は、保全との関連から、両棲爬虫類をはじめ、生物文化の聞き取り調査を行っている。

亀崎直樹（かめざきなおき）（16章執筆）

1956年　愛知県に生まれる。京都大学大学院 人間・環境学研究科 博士後期課程修了。
現　在　岡山理科大学 生物地球学部 教授、博士（人間・環境学）。
主　著　『ウミガメの自然史 －産卵と回遊の生物学－』（編集、東京大学出版会）、『現代に生きるための 生物学の基礎』（化学同人）、『現代日本生物誌4　イルカとウミガメ －海を旅する動物のいま－』（共著、岩波書店）

おもな研究分野はウミガメの自然史。形態学、生態学、行動学、遺伝学、民族社会学などを統合し、ウミガメ類の実態を解明してきた。最近では外来種アカミミガメを中心に淡水ガメの研究も行っている。

千石正一（せんごくしょういち）（17章執筆）

1949年　東京都に生まれる。東京農工大学 農学部 蚕糸生物学科卒業。
2012年　逝去。元 財団法人 自然環境研究センター 研究主幹。
主　著　『原色/両生・爬虫類』（編集・執筆、家の光協会）、『爬虫両生類飼育図鑑 －カメ・トカゲ・イモリ・カエルの飼い方－』（マリン企画）、『マルチメディア爬虫類両生類図鑑 －爬虫類・両生類の不思議な世界へようこそ！－』（監修・執筆、アスキー）

爬虫類に限らず、動物全般の面白さを、テレヴィ番組などを通じて普及啓発させた。また、とくに爬虫類の飼育の分野では、おびただしい経験を積んでおり、その蓄積にもとづいて多くの図鑑や飼育ガイド、それにエッセイ、論評などを著した。

西村昌彦（にしむらまさひこ）（18章執筆）

1952年　京都府に生まれる。京都大学大学院 理学研究科 博士後期課程中退。
　　　　元 沖縄県衛生環境研究所 主任研究員、博士（理学）。
主　著　『詳しいハブ対策－気づかない危険の回避を永遠に－』（新星出版）、"Problem Snake Management：The Habu and the Brown Treesnake"（分担執筆、Comstock Publishing Associates）

生物の動きの様式、ハブの生態・対策・被害の疫学などについて研究してきた。

これからの爬虫類学

2017 年 2 月 20 日　第 1 版 1 刷発行

検 印 省 略	編　者	松　井　正　文
	発 行 者	吉　野　和　浩
定価はカバーに表示してあります．	発 行 所	東京都千代田区四番町 8-1 電　話　　03-3262-9166 ㈹ 郵便番号　102-0081 株式会社　裳　華　房
	印 刷 所	三報社印刷株式会社
	製 本 所	牧製本印刷株式会社

社団法人
自然科学書協会会員

JCOPY 〈㈳出版者著作権管理機構 委託出版物〉
本書の無断複写は著作権法上での例外を除き禁じられています．複写される場合は，そのつど事前に，㈳出版者著作権管理機構（電話03-3513-6969，FAX 03-3513-6979，e-mail: info@jcopy.or.jp）の許諾を得てください．

ISBN978-4-7853-5867-9

Ⓒ 松井正文，2017　　Printed in Japan

☆ ホルモンから見た生命現象と進化シリーズ ☆

<日本比較内分泌学会 編集委員会>
高橋明義(委員長)，小林牧人(副委員長)，天野勝文，安東宏徳，海谷啓之，水澤寛太

I 比較内分泌学入門 －序－　　　　　　　　和田　勝 著　　近刊
II 発生・変態・リズム －時－　　天野勝文・田川正朋 共編　定価 (本体 2500 円＋税)
III 成長・成熟・性決定 －継－　　伊藤道彦・高橋明義 共編　定価 (本体 2400 円＋税)
IV 求愛・性行動と脳の性分化 －愛－
　　　　　　　　　　　小林牧人・小澤一史・棟方有宗 共編　定価 (本体 2100 円＋税)
V ホメオスタシスと適応 －恒－　海谷啓之・内山　実 共編　定価 (本体 2600 円＋税)
VI 回遊・渡り －巡－　　　　　　安東宏徳・浦野明央 共編　定価 (本体 2300 円＋税)
VII 生体防御・社会性 －守－　　　水澤寛太・矢田　崇 共編　定価 (本体 2900 円＋税)

☆ 新・生命科学シリーズ ☆　　　　　　　　既刊 13 点

動物の系統分類と進化　　　　　　　　　藤田敏彦 著　定価 (本体 2500 円＋税)
動物の発生と分化　　　　　　　浅島　誠・駒崎伸二 共著　定価 (本体 2300 円＋税)
ゼブラフィッシュの発生遺伝学　　　　　　弥益　恭 著　定価 (本体 2600 円＋税)
動物の形態 －進化と発生－　　　　　　　八杉貞雄 著　定価 (本体 2200 円＋税)
動物の性　　　　　　　　　　　　　　　守　隆夫 著　定価 (本体 2100 円＋税)
動物行動の分子生物学　　　　　　　　久保健雄 他共著　定価 (本体 2400 円＋税)
動物の生態 －脊椎動物の進化生態を中心に－　　松本忠夫 著　定価 (本体 2400 円＋税)
遺伝子操作の基本原理　　　　　　赤坂甲治・大山義彦 共著　定価 (本体 2600 円＋税)
エピジェネティクス　　　　　　　　大山　隆・東中川徹 共著　定価 (本体 2700 円＋税)

マダガスカルの動物 －その華麗なる適応放散－　山岸　哲 編　定価 (本体 4200 円＋税)
行動遺伝学入門 －動物とヒトの"こころ"の科学－　小出　剛・山元大輔 編著　定価 (本体 2800 円＋税)
遺伝子と性行動 －性差の生物学－　　　　山元大輔 著　定価 (本体 2400 円＋税)
時間生物学の基礎　　富岡憲治・沼田英治・井上愼一 共著　定価 (本体 2700 円＋税)
ゲノム編集入門 － ZFN・TALEN・CRISPR-Cas9 －　山本　卓 編　定価 (本体 3300 円＋税)

裳華房ホームページ　http://www.shokabo.co.jp/　2017 年 2 月現在